普通高等教育一流本科专业建设系列教材

模式识别

张东波　编著

科学出版社
北京

内 容 简 介

本书是一本立足于统计模式识别理论，介绍模式识别原理与方法的教材。全书共 7 章，按照监督模式识别和非监督模式识别两类问题组织教材内容，其中重点介绍监督模式识别系统中的分类器设计和特征获取两个核心环节的理论与方法。本书整体内容逻辑线索清晰，关键要点总结全面，同时配有大量的例题，有助于读者阅读和理解。每章后的习题供读者学习使用，同时附带的思考题对启发读者的深入思考有积极意义。

本书适合作为高等院校电子信息类专业及人工智能相关专业的高年级本科生和研究生学习模式识别的教材或参考书，也可供从事模式识别工作的广大科技工作人员参考。建议将全书作为研究生的教学内容，而目录中不带*号的部分可以由教师选择作为本科生课程的内容。

图书在版编目（CIP）数据

模式识别/张东波编著. 一北京：科学出版社，2024.5
（普通高等教育一流本科专业建设系列教材）
ISBN 978-7-03-078508-4

Ⅰ. ①模…　Ⅱ. ①张…　Ⅲ. ①模式识别　Ⅳ. ①O235

中国国家版本馆 CIP 数据核字（2024）第 094961 号

责任编辑：孙露露　王会明 / 责任校对：马英菊
责任印制：吕春珉 / 封面设计：东方人华平面设计部

科学出版社 出版
北京东黄城根北街 16 号
邮政编码：100717
http://www.sciencep.com

三河市良远印务有限公司印刷
科学出版社发行　各地新华书店经销
*
2024 年 5 月第 一 版　开本：787×1092 1/16
2024 年 5 月第一次印刷　印张：12
字数：284 000

定价：48.00 元
（如有印装质量问题，我社负责调换）
销售部电话 010-62136230　编辑部电话 010-62135978-2010

前　　言

本书是一本介绍模式识别原理与方法的教材。分类和辨识作为人类认知外部世界的一种基本智能行为能力，对于人们理解外部环境具有重要意义。让机器像人一样具有分类和识别能力是智能化时代的必然需求，而模式识别的理论和技术正是研究通过数学的方法和手段解决各种现实世界中分类和识别问题的专门知识。

目前，针对信息技术和人工智能等相关领域和专业的本科生和研究生开设了模式识别课程，该课程既是本科生入门知识和学习的必要储备，又能满足研究生继续深入学习并在此基础上开展研究和解决实际问题的需要，如何兼顾不同层次学生阶段学习的需要是本书编写的一个重要考虑因素。本着编写一本通俗易懂、深入浅出的教材的意图，作者面向应用和实践，将知识和方法背后的思想和来由阐述清楚。同时参考已有的经典教材，在较为系统的框架内介绍该领域的知识和方法，揭示其间的联系和发展逻辑，从而最大限度地帮助学生系统构建知识体系以及厘清知识之间的逻辑关系。本书从面向实践和解决工程问题的角度出发，分析和阐述相关理论和方法的适用性和局限性，使学生在学习过程中既能掌握扎实的理论知识，又能结合实际任务分析和选择合适的解决问题的方法。

为了激发学生的思考，同时也在一定程度上锻炼学生认识复杂问题和分析复杂事物的思辨能力，作者有意在每章后的思考题部分提出一些开放性问题。这些问题有一定的难度和深度，对于学生来说具有一定的挑战性，而且很多问题也不一定有标准解答，但是如果学生愿意深入思考和探讨，则对于学生深刻理解有关知识以及关注其中更为本质的事物规律具有非常积极的作用。

作为一本内容较为精练的教材，作者在每一章节精心挑选了比较经典的、富有代表性的方法和技术进行介绍。在撰写过程中，作者有意加强了各章节部分的逻辑性和条理性，使读者在阅读过程中能够更好地把握各部分内容的关联性，以便帮助读者理解和学习相关知识。

本书作为主要介绍统计模式识别的教材，涉及概率论和数理统计、优化理论与方法、机器学习等相关的基础知识。为了让读者尽可能关注模式识别本身的问题，除了必要的说明之外，书中没有对其中复杂的数学推导和证明展开过多的赘述，希望进一步深入了解相关原理的读者可以通过其他文献资料再做深入学习。

本书在初稿完成后，邀请了若干专业教师分别审阅了其中的部分或全部章节，他们提出的改进意见和反馈对于本书质量的提高发挥了重要作用，在此向他们表示衷心的感谢。另外，研究生黄雄、胡坤、龙彦文、胡军等参与了书中图表的加工、例题和习题的搜集和整理，以及教学课件的制作，为本书的出版做出了重要的贡献。本书得到了湘潭大学研究生精品教材项目（项目编号：YJSJC2022LG01）资助、湖南省研究生优质课程立项资助以及湖南省学位与研究生教学改革研究项目（项目编号：2023JGYB131）资助，在此一并表示感谢。

鉴于作者水平所限，书中难免存在疏漏之处，欢迎专家和读者不吝批评与指正，作者将不胜感激。

张东波

2023 年 12 月

目　　录

第1章 绪 论

1.1 模式识别概念与内涵

对事物进行分门别类是人类认识客观世界的基本能力，通过分类，人类得以脱离混沌无知的状态，从而建立起对世界的确切认知，并能够在无限丰富、多种多样且纷繁复杂的世界中建立条理和秩序。分类是人们建立、描述、表达、认识和理解秩序的手段和方法，从本质上来说，对事物进行分类是对事物共有的特性和规律进行总结和归纳的一种思维方法。

对事物的识别和分类是人们在现实生活中时时刻刻都需要处理的问题。例如，人在室内活动时，需要判断室内场景，哪里是客厅？哪里是厨房？所要寻找的物体在哪里？房间里是谁？他在干什么？或者人们偶遇某个陌生人时，会自然判断此人的性别、高矮、胖瘦等外貌特征，也会从其行为、语言判断这个人的性格、喜好等；在驾驶汽车时，驾驶员需要随时对外部环境进行观察，通过识别获得路面环境信息，如车道、车辆、行人、交通灯、路面行车标识符、道路标识牌和指示牌等。在所有这些场景中，如果没有对事物的识别能力，不难想象，人们将会寸步难行。可以说，人类的一切行为的前提都需要建立在对外部环境的观察和分析的基础上，而这种观察和分析通常都离不开对事物的分类和辨识，所以分类和识别能力也是人类一种最基本的智能行为能力。

随着智能化时代的到来，人们希望由机器来代替人完成各种任务，期望机器像人一样也具备分类和识别能力。为了使机器能够解决各种分类和识别问题，催生出相关的科学理论和技术。模式识别的理论与方法正是研究如何通过数学的手段，使机器具备类人的识别能力的理论以及解决实际识别问题的技术。

尽管“模式识别”是一个比较学术化的概念术语，但是术语本身实际上就已经非常清楚地凸显了其所要表达的内涵。“模式识别”的英文是“pattern recognition”，通过对中英文词语解析，人们可以阐述清楚概念的内涵。为此可以将模式识别拆解成“模式（pattern）”和“识别（recognition）”两个词语来加以解释。

在中文中，“模”和“式”意思相近，都表示“法”，即规律的意思；而 pattern 在英文中通常表示事物的原型或模板。因此，在模式识别学科中，模式代表具有共同特性和规律的一类事物，其中的事物既可以是具体的对象，也可以是抽象的过程或事件。模式在日常语言表达中也称作模式类，因此模式识别也通常称作模式分类。

在中文中，识，知也，是认识的意思；别，分解也，是辨别的意思。由此可知，所谓识别，就是将事物分门别类地认出来。英文的 recognition 表示对以前认识过的事物再认识。因此，识别就是对事物通过分门别类的方式进行认识的一种行为。

模式识别的内涵概括起来就是：对具有共同特性或规律的事物进行分类和辨识。模式识别要解决的问题就是在对事物进行观察的前提下，获得关于事物特性的描述和特征表示，进而利用其特征将具体的事物划分到一定类别中去。

1.2 模式识别问题描述

1.2.1 认识模式识别问题

为了对模式识别问题以及模式识别系统的组成有一个基本的认识，不妨从易于理解的简单模式识别问题出发。假设需要对苹果和梨两种水果进行判别，从直觉上来说，人的认知既然能够区分出两种不同的水果类别，那么就表示这两者之间确实存在可鉴别的差异性。准确判断的前提就是尽可能获得这种差异信息。因此，首先需要对这两种水果进行必要的观测。其中观测的手段和视角多种多样，可以是直接的（如水果本身的特征），也可以是间接的（如果树的特征），既可以借助直觉感观（外观形状），也可以通过认知的分析和计算（营养成分、组织结构、基因等）来描述对象。

对于人来说，通常只要给出水果的图片，通过大脑视觉通路神经网络的逐层加工处理，马上就能做出直觉推断，而对于当前的基于冯·诺依曼结构的计算机来说，其并不擅长直觉推理。因此，要让计算机能够理解待识别对象，首先必须将其转化为计算机能够理解的数据并保存在存储器中，这就涉及对象在计算机中如何表示的问题。以图 1-1 所示的苹果和梨为例，直觉上，区别两种水果最简便的观测信息是颜色和形状，两种水果在颜色和形状上具有明显差异。在示例图中，苹果表面为红色，梨表面为黄色。在形状上，苹果的宽度略大于高度，而梨的宽度小于高度。假设只利用颜色和形状特征来区别它们，则首先需要解决颜色和形状在计算机中的表示问题。颜色的表示通常借助颜色空间来描述。例如，建立在三基色原理基础上的常用 RGB 颜色，对于每一种颜色可以用 R（红色）、G（绿色）、B（蓝色）3 个通道的值（0～255）来表示。对于形状，为了排除尺度缩放的影响，同时为了利用宽和高之间的关系，可以采用高和宽的比值作为形状的一种简化表示。因此，在计算机中可以用一个四维向量 $\boldsymbol{x}=[x_1,x_2,x_3,x_4]^{\mathrm{T}}$ 来表示水果，其中 x_1、x_2、x_3 分别表示 R、G、B 三通道的值，$x_4=h/l$ 为高宽比。对于比较容易区分的苹果和梨，上述 4 个观测特征通常就足以解决两种水果的识别问题。

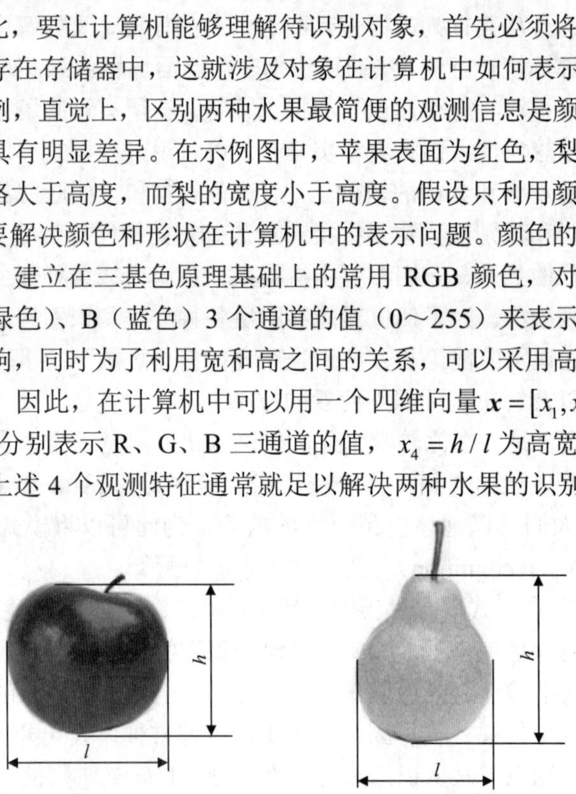

图 1-1（彩图）

图 1-1 苹果和梨示例图（h 和 l 分别表示高度和宽度测量值）

当然，对于实际的苹果和梨的分类问题来说，现实情况比示例图片更复杂。例如，苹果也有黄色品种的，未成熟的苹果表面是青绿色的，也有高度大于宽度的苹果品种，如蛇果。梨也有长得像苹果的品种，如莱阳的黄金梨、丰水梨等。因此要想真正将实际的苹果和梨准确分类，仅有颜色和形状特征仍是不够的。解决的途径之一是从更多的视角去观察这两种水果，如气味、纹理、味道等，也即获得更多、更全面的可鉴别信息。还有一条途径是找到鉴别力强的更为本质的特征。例如，如果能够测得其基因，则苹果和梨的分类是一个很容易判断的分类问题。

需要说明的是，对事物进行分类之前，通常会预先对其进行一定的观察，从理论上来说，对事物的观察视角具有无穷维度，因此对于事物的描述具有多样性和无限性。但是所有能够获得的观察特征并不是都有助于事物的分类，有的特征和分类问题没有关联性，有的特征和分类有一定的关联性，但是这种关联性不是本质关联关系，也就是两者之间并没有因果决定关系。相反，如果能够找到反映事物类别的本质特征，则分类问题通常在人类认知体系中就会上升为常识，此时的模式识别问题借助知识规则就可以得到解决。例如，以男性和女性判别为例，假设观察到的是对象戴没戴眼镜这个信息，显然戴没戴眼镜和性别没有关系，两者之间的关系不存在确定的规律性。如果获得的是对象的身高特征，由于男性平均身高高于女性，因此身高和性别之间具有一定的关联性。例如，假设对象的身高为 1.8m，那么其有 80%的概率是男性，属于女性的概率可能只有20%。进一步地，如果可以测得对象的染色体，由于染色体和性别之间在一定条件下具有明确的规律，性染色体 XX 代表女性，XY 代表男性，则性别判定问题是很简单的决策问题。所以，在获得观测特征时，希望排除无关特征，尽可能获取本质特征。但是，很多时候人们对事物的认识不够深刻，不足以找到确定事物类别的本质规律，不能明确揭示其本质特征，有时由于条件、环境和成本的限制，也可能问题本身具有不确定性，或者样本的异质性和数据采集的不准确，不能获得本质特征。因此，实际上经常面临的情况是，人们获得了一些和类别有关的关联特征，这些特征和分类任务之间具有一定的随机不确定性关联关系，需要借助不确定分析和推理的手段来解决实际的模式识别问题。

1.2.2 模式识别问题基本术语说明

为了后续章节对于模式识别问题的描述，这里有必要对一些基本术语进行说明和约定。

（1）样本。研究对象的某个个体称为样本。如果样本的观察维度为 n，则通常样本在计算机中表示为 n 维特征向量的形式，即样本 $\boldsymbol{x}$ 记作 $\boldsymbol{x}=[x_1,x_2,\cdots,x_n]^{\mathrm{T}}$。

（2）样本集。若干样本组成的集合称为样本集，假设样本数目为 N，则样本集记作 $\boldsymbol{X}=\{\boldsymbol{x}_1,\boldsymbol{x}_2,\cdots,\boldsymbol{x}_N\}$，相应地，第 c 类的样本集记为 $\boldsymbol{X}_c$。此外，在监督模式识别方法中，样本集还可以划分为训练样本集、校验样本集和测试样本集，或进一步划分为多个子集。

（3）类或类别。具有相同特性的事物总体称为类。处于同一类的事物在感兴趣的性质上具有不可区分性，它们均属于同一模式类。类别 i 通常记为 ω_i，全部类别集合记为 $\boldsymbol{\Omega}$，也称为解释空间，$\omega_i\in\boldsymbol{\Omega}$（$i=1,2,\cdots,c$）。

（4）特征。特征是指描述和表示样本的观测信息，通常也称作属性，一般为数值形式的实数值。如果存在多个特征，则通过它们可以构成样本表示的特征向量。样本的特征构成特征空间，也称为表示空间，每一个样本为特征空间的一个点。有些情况下，样本的特征可能是非数值型的名义特征（nominal features），如性别是男或女，衣服的颜色有红色、绿色、蓝色等；也可能是序数特征（ordinal features），如风险等级低、中、高，衣服尺码有 XL、L、M 等。必要时，可以采用编码[如独热编码（one-hot coding）、数值编码等]技术手段将名义特征和序数特征转换为数值特征再做处理。不做特别说明的话，本书所涉及的特征均默认为实数型的数值特征。

（5）已知样本。它是指类别标号已知的样本。类别标号通常由解释空间 $\boldsymbol{\Omega}$ 中的 $\omega_i(i=1,2,\cdots,c)$ 来赋值，如果样本的类别事先已知，则已知样本通常由配对的 $\{\boldsymbol{x}_k,\omega_k\}\in\{\boldsymbol{X},\boldsymbol{\Omega}\}$ 来表示。

（6）未知样本。它是指只知特征 $\boldsymbol{x}$ 而类别 ω 未知的样本。通常待测样本或非监督模式识别问题中的样本为未知样本。

1.2.3 特征空间、假设空间与解释空间的关系

对于要解决的模式识别问题来说，就是要确定特征空间到解释空间的映射关系。能够反映特征空间和解释空间关系的映射也称为假设，全部可能的假设所代表的函数空间构成假设空间。这种映射关系并不具有唯一性，通过看待问题的不同视角、不同的求解思路和方法会得到不同的假设解。模式识别任务需要解决的就是从假设空间中找到符合特征空间数据分布特点的假设。对于某训练样本集 $\boldsymbol{X}_c$，如果其对应的类别解释空间为 $\boldsymbol{\Omega}_c$，则对于模式识别任务来说，需要找到符合 $\boldsymbol{X}_c$ 到 $\boldsymbol{\Omega}_c$ 的映射关系的假设，所有符合该映射关系的假设构成的集合也称为版本空间 $\boldsymbol{H}_v$，其为假设空间的一个子集。在后续章节中会介绍各种解决模式识别问题的理论与方法。特征空间、假设空间、解释空间三者的关系如图 1-2 所示。

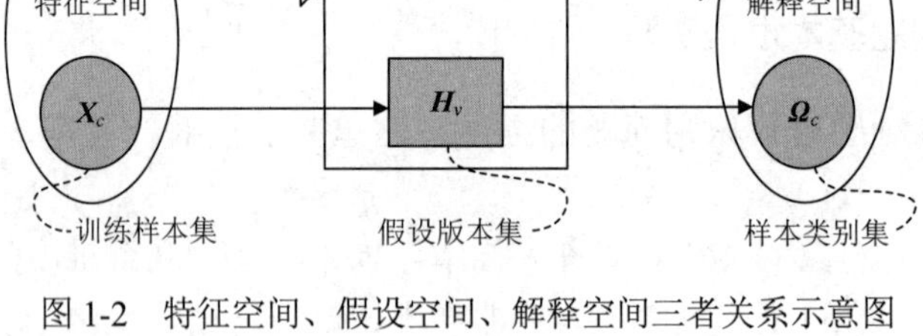

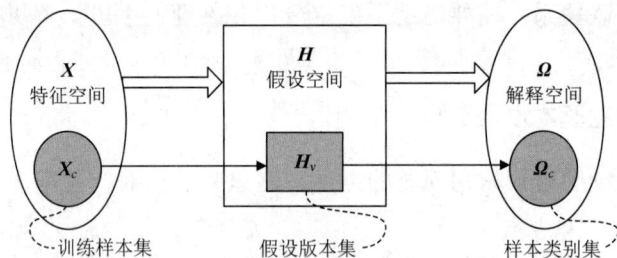

图 1-2 特征空间、假设空间、解释空间三者关系示意图

1.3 模式识别系统组成

1.3.1 模式识别系统的基本构成

一个实际的模式识别系统通常包括特征获取、分类器设计、分类决策 3 个主要组成

部分。此外，可能还有原始观测数据获取与预处理、系统性能评估等环节。在此之前还有必要对问题进行分析，确定其是否属于模式识别领域研究的问题，并分析哪些观测信息可能与分类任务有关，以及选择何种适合数据分布特点的模型。模式识别系统的基本构成如图 1-3 所示。

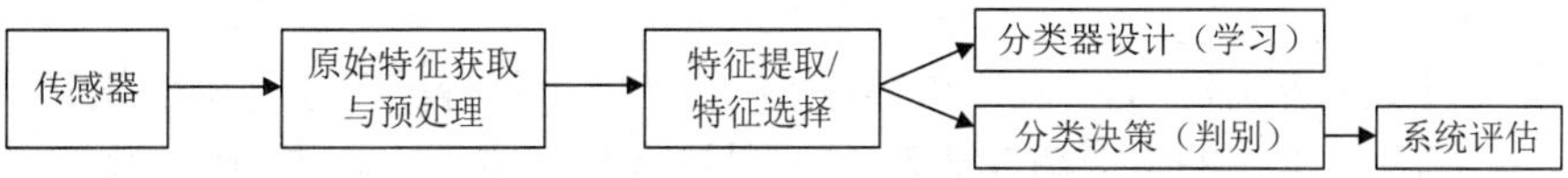

图 1-3 模式识别系统的基本构成

图 1-3 中各部分原理如下。

传感器：为了获得对象的观测信息，通常需要借助各种传感器（如图像传感器、语音转换、触觉传感器等）将各种真实的模拟信号转换为计算机可以处理的数字信号。由于传感器在这里起到对对象进行观测的作用，因此传感器在模式识别系统中也可以称为观测器。

原始特征获取与预处理：在对事物的本质特征缺乏深刻认识时，人们通常会尝试从各种可能的视角对事物进行观察，以便获得足够的与分类有关的特征，在这一阶段获得的特征称为原始特征。原始特征通常维数较高，里面往往存在冗余的相关特征和无关特征，特征采集时的数据噪声和各种干扰等不确定性因素的影响也无法避免。因此，为了有利于后续的分类识别，在采集过程中或采集后，需要对原始数据进行必要的预处理。这种预处理可能是噪声滤除、数值归一化、尺度归一化、照明均衡化、目标配准、背景滤除和姿态校正等，取决于问题的具体情况。

特征提取/特征选择：由于原始特征中存在冗余特征，并非特征越多越有利于分类，而且获取特征需要代价和成本，因此在设计模式识别系统时，期望在保证分类性能的前提下代价最小，也就是用尽可能少的特征解决模式识别问题，并符合系统性能要求。这就涉及特征降维的问题。特征降维有两种途径：一是特征提取，二是特征选择。特征提取通常采取线性变换或非线性变换，将原有高维特征空间映射为低维特征空间，从而达到降维的目的；而特征选择则通过选取原有高维特征空间的一个子集作为解决分类问题的特征空间。关于特征提取和特征选择的方法在后续章节会有专门介绍。

分类器设计（学习）：选取合适的分类器模型和方法，利用已知样本对分类器进行训练。看待问题视角与处理问题策略的不同引出了不同的分类器设计思想和方法。不同的分类器模型和方法通常都有各自的优点、局限性和适用性，在选取和设计时需要具体情况具体分析。

分类决策（判别）：对于未知的待测样本，利用所设计的分类器进行分类。

系统评估：一个已经设计好的模式识别系统其性能需要评估，以便在面对真实环境时，能相对客观地对系统决策时可能产生的错误和风险做出准确的预判。这里涉及评价准则和评价指标。评价准则通常指系统的泛化能力，期望利用有限的样本设计出泛化性能良好的识别模型，从而使系统能适应无穷的、未知的待测样本的识别。为了保证泛化能力，目前具体的做法是将搜集到的有限样本划分为独立的训练集（训练识别模型）、校验集（避免过学习）和测试集（评估系统性能）。对于分类问题，常用的评价指标有准确率（accuracy）、精度（precision）、召回率（recall）、错误率（error）、接受者操作特征（receiver operating characteristic，ROC）、ROC 曲线下面积（area under ROC curve，AUC）等。

1.3.2 模式识别系统构建的核心问题

在模式识别系统构建的各环节中，其中分类器设计和特征获取是构建模式识别系统的两个核心问题，本书的主要教学内容都是围绕这两个核心问题来组织的。

虽然模式识别系统构建的各个环节任务按图 1-4 所示组织好了，但是在设计过程中，仍需要进行反馈，至少在设计阶段是必要的，因为各个环节之间是相互影响的。例如，原始特征的获取和预处理肯定会影响特征的选择和提取，同时分类器的性能也取决于特征的鉴别能力。如果特征选取不合适，则无论采用多么先进的分类器模型和方法，后期都难以获得好的分类性能。因此，设计一个实用的模式识别系统，除了需要考虑各环节的任务要求外，还需要从系统的角度对模型进行优化。

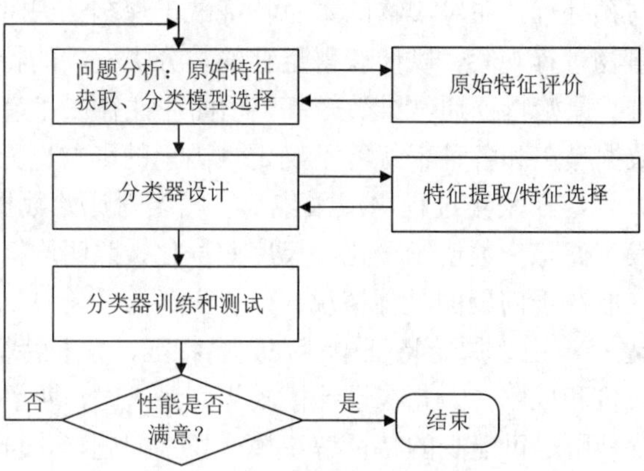

图 1-4 模式识别系统设计流程

1.4 模式识别方法分类

1.4.1 基于知识和数据的模式识别

对于模式识别方法的分类没有明确的定义。由于模式识别系统的目的是寻找特征空间和解释空间之间的一种映射关系，根据如何获得这种映射关系可以将模式识别方法分为基于知识的模式识别和基于数据的模式识别。

基于知识的模式识别指的是人们已经对事物有所认知，其特征和类别之间的关系可以描述成一定的准则或规则，也称之为知识规则，基于知识规则建立推理系统，并可对未知样本进行推理决策。典型的代表性方法有专家系统（图 1-5）、句法模式识别、决策树（图 1-6）和模糊模式识别等，它们通常被归类为结构模式识别。由于事物信息的丰富性，有限的规则不能涵盖所有的可能性，也有很多场景难以用知识规则来描述，如怎样通过对人脸图像的描述来区分对象性别就是一个很难描述清楚的问题，这就导致基于知识的模式识别在实际应用中有很大的局限性，适用场景也极为有限。

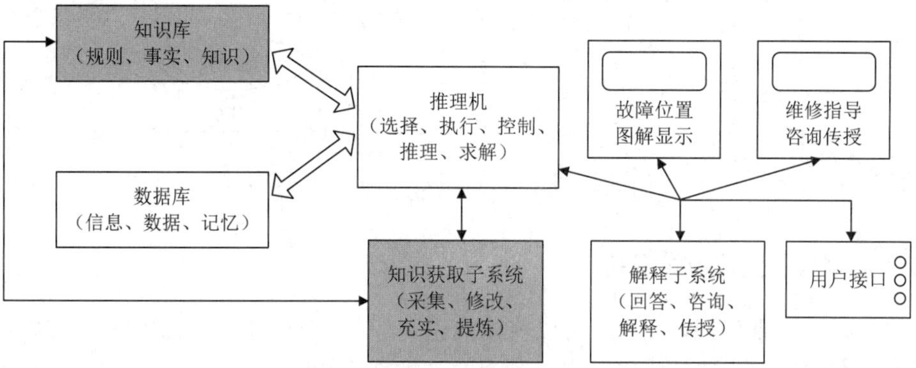

图 1-5　美国 GE 内燃电力机车故障诊断的专家系统

序号	拥有房产（是/否）	婚姻(单身/已婚/离婚)	收入(千元)	无法偿还债务(是/否)
1	是	单身	125	否
2	否	已婚	100	否
3	否	单身	70	否
4	是	已婚	120	否
5	否	离婚	95	是
6	否	已婚	60	否
7	是	离婚	220	否
8	否	单身	85	是
9	否	已婚	75	否
10	否	单身	90	是

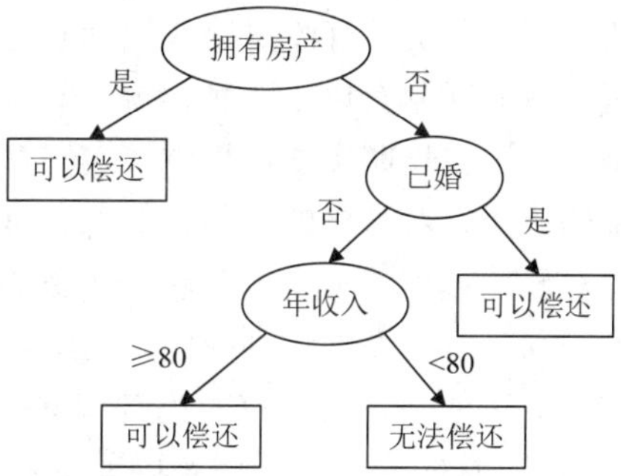

图 1-6　债务偿还能力判断决策树

基于数据的模式识别通常也称为基于学习的模式识别。对于缺乏认识的各种应用场景，可以收集数据作为训练样本，并通过机器学习方法训练出相应的模式识别分类器，使之能对未知样本进行分类。典型的基于数据的模式识别方法有贝叶斯决策、线性分类器、支持向量机（support vector machine，SVM）、神经网络模式识别等。基于学习的模式识别通常归类为统计模式识别。尽管对于问题的内部机理缺乏认识，但是收集带类别标号的样本是相对比较容易的，因此基于数据的模式识别适用范围广，很多看起来比较困难的模式识别问题，借助机器学习方法通常都能获得不错的结果。相比基于知识的模式识别，基于数据的模式识别目前应用更为广泛。

图 1-7 是基于数据的模式识别原理示意图。其中观测的过程也就是特征获取的过程，而特征向量 $\boldsymbol{x}$ 和输出 y 之间的系统则代表特征空间到解释空间的映射关系，由于实际系统模型通常是未知的，因此希望通过学习机，利用已知样本学出能够反映特征空间到解释空间之间关系的一个模型。根据问题的特点，可以预先指定模型结构，在模型结构类型选定以后，其进一步需要确定的就是模型中的参数向量 $\boldsymbol{\theta}$ 。为了确定参数 $\boldsymbol{\theta}$ ，需要借助带输出标记的已知样本集合 $\boldsymbol{D}=\{\boldsymbol{x}_i, y_i\}(i=1,2,\cdots,N)$ 来对模型参数进行学习，而学习的原则是使真实输出 y 和模型输出 y' 尽可能一致，这一般通过调整参数 $\boldsymbol{\theta}$ 使整个训练样本集中 y 和 y' 不一致造成的误差损失 $l(y,y')$ 最小化来实现。其中常用的误差损失函数有

均方误差函数、错分样本数、交叉熵和 K-L 散度（Kullback-Leibler divergence）等。

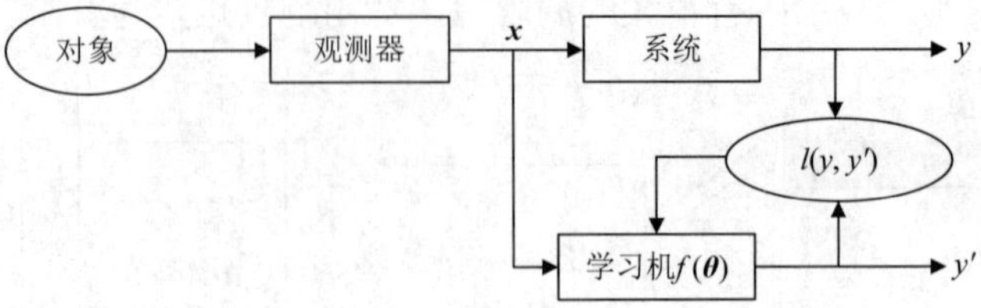

图 1-7 基于数据的模式识别原理示意图

1.4.2 监督与非监督模式识别

根据模式识别问题的不同，可以将模式识别任务分为监督模式识别和非监督模式识别。如果在构建分类器的训练阶段，利用的是类别已知的样本，这种情况下设计分类器称为监督模式识别。相反，如果在训练阶段采用的是类别未知的样本，则称为非监督模式识别。之所以有监督模式识别和非监督模式识别之分，是因为人们日常所遇到的模式识别问题通常有以下两种情况。

（1）在长期实践过程中，人们对一些事物的分类识别已经形成明确的认知，如对性别的分类、对水果的分类、对各种常见物体的分类等。因此，在搜集训练样本时，通过对对象的观察，不仅可以获得对象的特征描述，同时根据认知，专家也很容易判断对象的类别。这类模式识别问题，借助监督模式识别方法来解决。监督模式识别是概念驱动的，解决的是在表示空间找到和解释空间相对应的假设。

（2）有的模式识别问题以前没解决过，也有可能是需要从新的视角对事物进行分类，现阶段人们对其缺乏认知，该如何分类、应该分为几类完全不清楚。例如，要求将客户分成几类目标客户群以便提供针对性的服务。发现一个新的生态系统，其生命形态完全不同于人们已有的认知，需要对其中的生物进行分类。在一个完全不同于地球的星球，要求对其地貌、地物进行分类。不同于监督模式识别，很多非监督模式识别问题不存在唯一解，如何归类、归几类往往取决于分类的目的和视角。图 1-8 所示的图形分类任务，如果分别按照形状、灰度等级、大小划分，则会得到不同的分类结果。

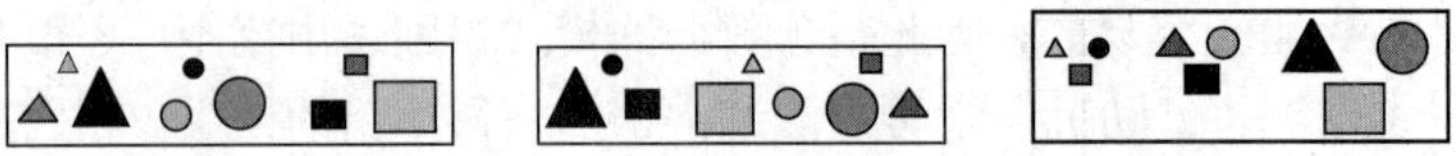

（a）按形状分类　（b）按灰度分类　（c）按大小分类

图 1-8 按形状、灰度、大小进行聚类的示意图

对于非监督分类问题，此时所能利用的只有样本的特征，根据物以类聚的原则，通过对样本间相似性的度量，采用聚类算法将样本划分为若干聚类。但是聚类方法的不同往往产生不同的聚类结果，聚类结果是否合理、是否满足分类意图、是否具有实际意义等，这些都依赖聚类后的评价，因此非监督模式识别最后还要对聚类结果进行解释。非监督模式识别是数据驱动的，与监督模式识别相反，它所解决的是在解释空间找到和表示空间相对应的假设。

1.5 模式识别应用举例

随着模式识别理论和方法的发展，以及智能化时代的到来，各行各业涌现出大量需要借助模式识别技术来解决的模式识别问题和应用场景。下面通过若干典型应用示例来说明模式识别系统在实际应用中的特点，通过这些示例可以看到模式识别技术的广阔应用前景。

1.5.1 人脸识别

人脸识别作为身份识别的一种手段，在日常生活中有大量的应用场景，如门禁管理、社保管理、刷脸支付、海关通关、景区管理、人员监控、高铁检票等。人脸作为一种便于通过相机采取非接触手段获取的身份特征，具有采集方便、鉴别能力强的特点，因此在很多需要认证身份的场景中得到广泛应用。

图 1-9 是一个基于人脸识别的门禁系统。由于外观的差异，通常不同的人脸图像有明显区别，因此在很多情况下，借助脸部图像就可以实现身份识别。利用相机可以获取脸部图像，但是为了排除或尽可能降低由于光照的变化，人脸姿态的变化，距离远近造成的尺度变化，以及佩戴物、发型的干扰等因素的影响，在获取脸部图像之后，有必要对人脸图像进行预处理，包括滤波去噪、姿态校正、人脸区域定位等。然后在标准化的脸部图像基础上进行特征提取。对于门禁管理系统而言，需要预先通过注册登记，采集合法用户的脸部图像，并通过标准化处理以及特征提取，建立合法用户的人脸数据库。在门禁系统启用后，对任何想通过门禁的人员，系统会采集其脸部图像，预处理后提取其脸部特征并和数据库中的人脸进行特征比对：如果比对成功，则开门；否则系统认为其为非法用户，拒绝开门。

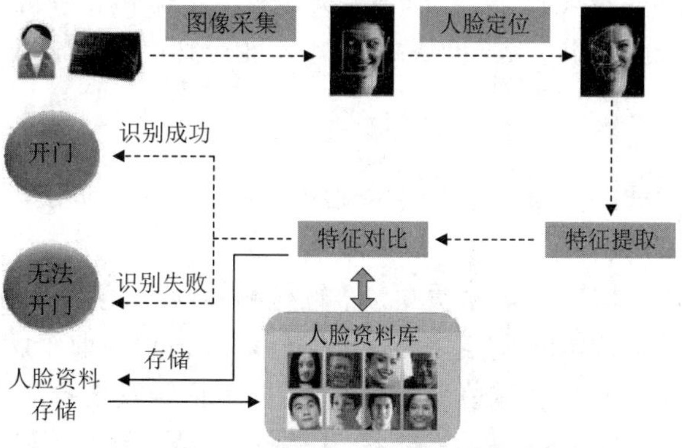

图 1-9 基于人脸识别的门禁系统

1.5.2 语音识别

语音是除视觉外，人类获取外界信息的第二大来源。语音识别在实际应用中也有大量的应用场景，如语音文本识别、说话人识别、即时翻译等。不同于图像的是，语音信号经过麦克风或麦克风阵列采集转换后，成为数字化的时间序列信号。对于这种连续的语音信号，同样首先需要经过一系列预处理，按照时间窗分割成片段帧（如每帧 25ms，两帧之间间隔 10ms），从而将连续的语音分成相对孤立的音素。随后每一帧语音经过特定的信号处理被提取为一个特征向量，其中每一个特征向量代表一个音素，虽然语音的内容和发音多变，但其基本音素数目是有限的，因此音素的识别是一个多类模式识别问题，可以借助概率模型——隐马尔可夫模型来实现。对于隐马尔可夫模型的训练，同样需要大量已知的语音信号来确定模型中的一系列参数，训练用的语音数据集称为语料库。在决策阶段，未知语音经过处理后进入训练好的分类器，得到语音识别结果。

实际上，一段自然语音包含一系列连续音素，而不是单个独立音素，因此语音识别系统还需要一个更高层的隐马尔可夫模型建模相邻音素的关系，并在音素识别的基础上继续进行后续处理，才能最终识别出完整的语音内容。

1.5.3 字符与文字识别

字符与文字识别属于模式识别的典型应用，具体包括印刷字符和文字识别、手写数字识别、手写文字识别等，应用场景有光学字符识别、证件或票据的文字识别、道路标识信息提取以及广告文字识别等。

要想将印刷的或手写的文字输入计算机中，通常需要借助扫描仪将其转换成图像，然后借助图像处理和识别技术识别出其中的文字。文字具有特定的结构和外观，对其进行特征描述通常有两种思路：一是利用统计的手段，如将文字做多个方向的投影，统计投影到各个方向的像素点密度作为特征；二是利用文字的笔画分解，根据其结构特点编码成特征。提取特征后，每个文字就用一个特征向量来表示，借助通常的多类模式识别方法就可以实现文字的识别。当然在实际文字识别系统中，为了获得良好的鲁棒性，通常还需要对文字做旋转、尺度变换，或借助具有旋转、尺度不变性的特征描述算子提取鲁棒特征。另外，在单字识别前，有时需要先进行版面分析、字符分割等预处理，在单字识别后，也需要进行上下文匹配等后处理，才能得到更好的识别效果。

1.5.4 车牌识别

车牌识别是现代智能交通系统中的重要组成部分之一，应用十分广泛。车牌是车辆的身份标识，车牌的自动识别技术可以实现汽车身份的自动登记及验证，该技术在公路收费、停车管理、交通监控、车辆调度、车辆检测等场合有广泛的应用。

车牌识别系统能够检测到受监控路面的车辆，并自动提取车牌信息（含汉字字符、英文字母、阿拉伯数字及号牌颜色），其硬件一般包括触发设备（监测车辆是否进入视野）、摄像设备、照明设备、图像采集设备、识别车牌号码的计算机等，其软件核心包括车牌定位算法、车牌字符分割算法和光学字符识别算法等。一个完整的车牌识别系统应包括车辆检测、图像采集、车牌识别等几部分。当车辆检测部分检测到车辆时触发图像采集单元，采集当前的视频图像。车牌识别单元对图像进行处理，定位出牌照位置，再将牌照中的字符分割出来进行识别，然后组成牌照号码输出，如图 1-10 所示。

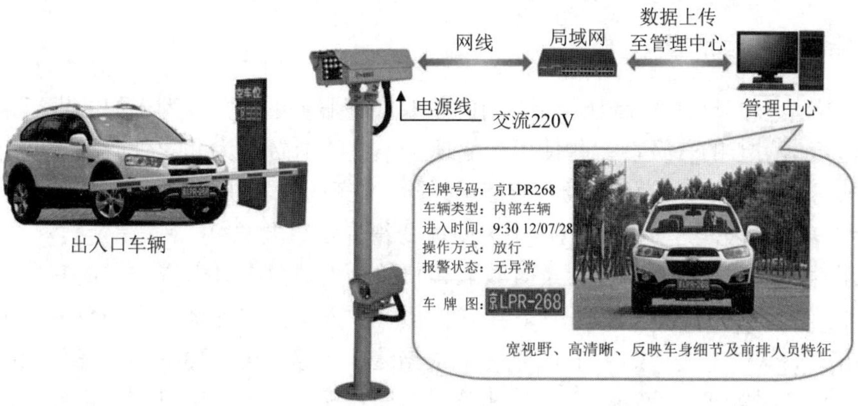

图 1-10 车牌识别系统

1.5.5 故障诊断

故障诊断是一种了解和掌握机器和设备在运行过程中的状态，确定其整体或局部正常或异常，早期发现故障及其原因，并能预报故障发展趋势的技术。

故障诊断的主要任务有故障检测、故障类型判断、故障定位及故障恢复等。故障检测是指与系统建立连接后，周期性地向下位机发送检测信号，通过接收的监测数据，判断系统是否产生故障；故障类型判断就是系统在检测出故障之后，通过分析判断出系统故障的类型；故障定位是在前两者的基础上细化故障种类，诊断出系统具体故障部位和故障原因，为故障恢复做准备。其中的故障检测、故障类型判断、故障定位任务通常都属于模式识别应用范畴。

图 1-11 是一个基于振动信号监测轴承是否存在故障的原理框图，其抽取了轴承振动的时域特征、频域特征以及时频域特征，由于原始特征具有冗余性，在原始特征基础上需要进一步通过特征筛选技术进行特征降维，提取出必要的重要特征，然后在此基础上通过训练样本学习故障诊断模型。

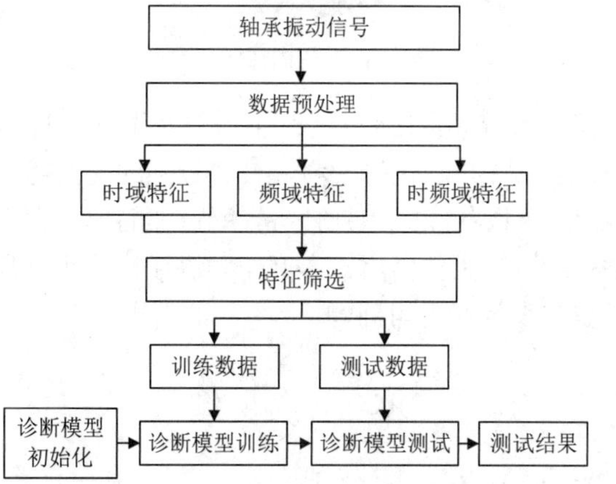

图 1-11 轴承的故障诊断

1.5.6 信用卡风险预警

信用卡是人们日常生活中一种常用的获取银行服务的介质，为人们的生活带来很多便利。随着信用卡的普及，一些使用者出现了不良的消费行为和习惯，一旦使用者出现意外或恶意透支，银行将承担极大的信用风险。在商业银行的业务损失风险中，信用风险占比约 90%。因此，如何控制信用风险就变得异常重要。

为了对风险进行评估，需要及时获取客户的个人信息。对借贷个人或商户的信用风险造成影响的因素包括年龄、职业、工作性质、收入、消费习惯、资产负债情况、项目发展状况、钱款用途等，如图 1-12 所示。根据这些因素，可以建立异常操作风险、欺诈风险、客户信用等级评分等关于风险和信用的评判模型。一旦监测到异常数据，模型就会给出预警，以便客户和银行及时介入干预，从而防范风险或阻止风险损失扩大。常用的信用风险评估方法有神经网络、Logistic（逻辑斯蒂）回归、决策树、多元判别分析等，它们都属于常用的模式识别方法。

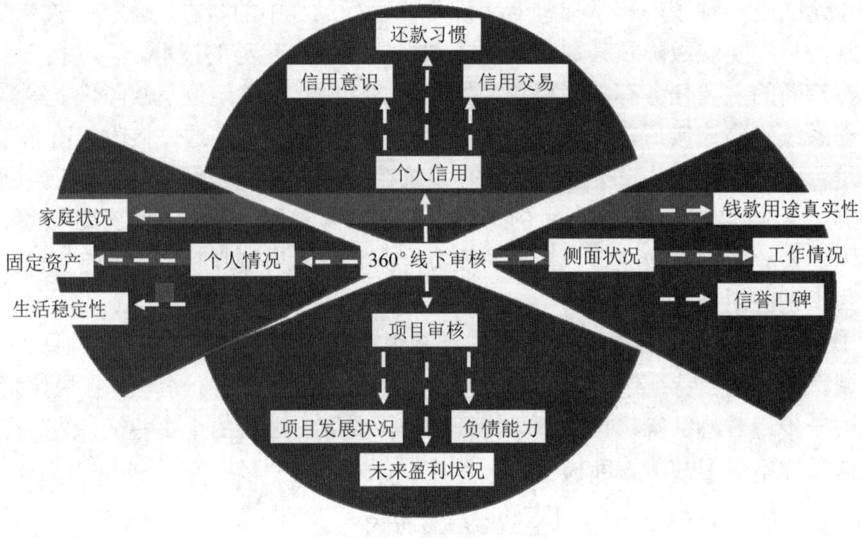

图 1-12 信用风险评估

一个实际的模式识别系统通常比较复杂，不但涉及不同学科的知识和技术，如机械、电气、计算机、电子、通信、自动化等学科，具有较强的交叉综合性，而且模式识别的应用场景千差万别，针对不同的模式识别任务，所设计的模式识别系统组成也具有很大的差异。这需要针对实际情况具体考虑。本书作为讲述模式识别原理的教材，主要关注的是其中的分类器模型的设计和学习问题。

本章小结

模式识别能力是人类认识客观世界的一种基本智能能力，在人的感知和认知思维层面存在各种和模式识别有关的问题，模式识别涉及的应用场景在人类的生产和生活中普遍存在。由于人们通常对模式识别问题缺乏深刻认识或受条件和成本的限制，因此不能或难以获得反映问题本质的特征，而只能获得一些和事物分类相关联的特征，此时特征空间到解释空间之间的映射关系需要借助模式识别的方法和技术来构建。

分类器设计和特征获取是构建模式识别系统的两个核心问题，本书的主要教学内容围绕这两个核心问题来组织。同时考虑到基于数据的模式识别具有更为广泛的适用性，因此本书以基于学习的模式识别方法为主线，按照监督模式识别和非监督模式识别两类问题分别展开教学。

习 题

T1.1 请通过表 1-1 所列实际的数据集示例，说明样本、样本集、类或类别、特征、已知样本、未知样本的概念。

表 1-1 鸢尾花卉品种预测

序号	花萼长度/cm	花萼宽度/cm	花瓣长度/cm	花瓣宽度/cm	品种
1	5.1	3.5	1.4	0.2	山鸢尾
2	4.9	3.0	1.4	0.2	山鸢尾
3	7.0	3.2	4.7	1.4	变色鸢尾
4	6.4	3.2	4.5	1.5	变色鸢尾
5	6.5	3.0	5.8	2.2	弗吉尼亚鸢尾
6	7.2	3.6	6.1	2.5	弗吉尼亚鸢尾
7	6.9	3.2	5.7	2.3	弗吉尼亚鸢尾
8	4.8	3.4	1.9	0.2	山鸢尾

T1.2 请举出分别代表完全确定、完全随机、不确定性问题的 3 个例子，以便理解什么类型的问题是适合使用模式识别方法解决的问题。

T1.3 请根据实际生活观察，列举出 3 个属于非监督模式识别问题的实例。

T1.4 分别举一应用实例，说明知识驱动的模式识别和数据驱动的模式识别方法。

T1.5 请给出一个典型的监督模式识别应用示例。

T1.6 请给出一个典型的非监督模式识别应用示例。

思 考 题

S1.1 人脑具有通用识别能力，且其内部决策机制为直觉推断，这和目前计算机处理模式识别问题的方式有很大差别，现有计算机如何借鉴人脑机制实现多任务识别或可无限扩充的开放识别能力?

S1.2 本质特征和因果关系是否具有必然联系?

S1.3 非监督模式识别问题为什么不存在唯一解决方案？这对于人们认识客观世界具有什么启发意义?

第 2 章　基于概率统计的贝叶斯分类器

2.1　引　　言

如前文所述，对于事物的分类和决策通常依赖于对事物的观察，如果观察得到的特征和类别之间存在因果联系，则依靠知识规则即可判别该事物的类别。但是通常情况下，观察得到的特征只是有助于分类的关联特征。例如，身高和性别之间的关联，众所周知，正常人群中，中国男性平均身高（1.7m）高于女性平均身高（1.6m），但这只是统计意义上的关系，对于具体个体，即便观察到其身高为 1.8m，也无法确定其是男性还是女性，但是在经验认知中，该个体属于男性的可能性大于女性。不妨假设统计后发现该人群中，身高 1.8m 的样本中，男性比例为 80%，女性比例为 20%。在此基础上，如果将其判为男性，则判断正确的概率是 0.8，出错的概率是 0.2；相反如果将其判为女性，则判断正确的概率只有 0.2，出错的概率是 0.8。通过上述例子不难看出，如果特征和类别之间不存在确定性的因果关系，则可以借助概率统计的手段来描述两者之间的不确定性关系，因此本章讨论的分类方法恰是建立在概率统计视角基础上的。

从概率统计的角度应该如何进行分类决策？为了便于理解，仍可以从实际生活中找到例子来加以说明。例如，有一堆由苹果和梨混合而成的水果，每次由机械臂从中随机抓取一个，在抓取前，请你预测下一个抓取的是苹果还是梨？如果事先没有任何关于这堆水果的信息，那只能盲目或随机猜测。现在如果告诉你，这堆水果由 80 个苹果和 20 个梨组成，那么不管实际上下一次抓取的是哪种水果，都会猜测它是苹果，因为判断正确的概率是 0.8，判断出错的概率只有 0.2。使判断尽可能正确是进行决策时的自然选择。进一步，如果允许在猜测之前对已经抓取的水果进行观测，简单起见，假设已经测量得到该水果的高宽比 $h/l = 0.95$，而且通过以往的观察统计，假设高宽比 $h/l = 0.95$ 时，属于苹果的概率为 0.9，属于梨的概率为 0.1，则此时进行决策，为了使决策错误率最小，会将其决策为苹果。

通过上述例子可以发现，如果从概率角度来解决模式识别问题，会遇到 3 种情况：第一种情况是对问题缺乏任何观察，此时除了随机猜测，没有更好的办法；第二种情况是对于事物的整体有一定的观察和了解，此时决策依据是先验概率 $P(\omega_i)$，决策目标是使错误率最小；第三种情况是获得了事物个体的观察信息 $\boldsymbol{x}$，此时决策依据是后验概率 $P(\omega_i \mid \boldsymbol{x})$，决策目标也是使错误率最小。通常需要解决的模式识别问题都是人类有所认知的问题，因此面对的往往是第二种情况和第三种情况，其中第三种情况更为常见，因为在进行决策之前，为了避免盲目性，人们总会想方设法获得待判别个体的有利于决策的观察信息。

因此，从概率统计角度使错误率最小的决策规则如下。

（1）如果只知道类别的先验概率 $P(\omega_i)(i=1,2,\cdots,c)$

$$P(\omega_i)=\max_{j=1,2,\cdots,c} P(\omega_j),\quad \boldsymbol{x}\in\omega_i \tag{2-1}$$

（2）如果对物体有所观测，而且知道观测特征 $\boldsymbol{x}$ 已知情况下的后验概率 $P(\omega_i\mid\boldsymbol{x})$，有

$$P(\omega_i\mid\boldsymbol{x})=\max_{j=1,2,\cdots,c} P(\omega_j\mid\boldsymbol{x}),\quad \boldsymbol{x}\in\omega_i \tag{2-2}$$

因此理论上，不管是第二种情况还是第三种情况，只要知道其中的先验概率 $P(\omega_i)$ 或后验概率 $P(\omega_i\mid\boldsymbol{x})$，按照式（2-1）或式（2-2）解决模式分类决策问题似乎是很容易实现的。但是在实践中，作为统计概率值，先验概率和后验概率值都需要通过对大量样本的统计估计才能近似获得。其中先验概率的估计比较容易解决，假设样本都是从符合总体分布的概率密度函数中独立抽取得到的，那么第 i 类样本占全部样本的比例即为各类先验概率 $P(\omega_i)$ 的估计值。但是，直接估计后验概率则非常困难，因为需要为每一个观测值 $\boldsymbol{x}$ 都搜集大量的样本，由于 $\boldsymbol{x}$ 本身是连续空间中的特征向量，而且不能排除观测过程中由于噪声造成的偏差，因此想要采集到与观测值 $\boldsymbol{x}$ 完全相同的大量样本在实践中难以达成。为了求取后验概率，需要转换思路。根据概率论中的贝叶斯公式（Bayes' formula 或 Bayesian theorem），有

$$P(\omega_i\mid\boldsymbol{x})=\frac{p(\omega_i,\boldsymbol{x})}{p(\boldsymbol{x})}=\frac{p(\boldsymbol{x}\mid\omega_i)P(\omega_i)}{\sum_{j=1}^{c}p(\boldsymbol{x}\mid\omega_j)P(\omega_j)} \tag{2-3}$$

式中：$p(\omega_i,\boldsymbol{x})$ 为联合概率密度，表示样本特征向量为 $\boldsymbol{x}$ 且属于 ω_i 的概率，可以将其分解为

$$p(\omega_i,\boldsymbol{x})=p(\boldsymbol{x}\mid\omega_i)P(\omega_i)=p(\omega_i\mid\boldsymbol{x})p(\boldsymbol{x}) \tag{2-4}$$

式中：$p(\boldsymbol{x}\mid\omega_i)$ 为类条件概率密度；$p(\boldsymbol{x})$ 为样本 $\boldsymbol{x}$ 的总体概率密度。搜集大量同一类样本是容易实现的，因此在同类样本中去统计观测值 $\boldsymbol{x}$ 的概率，即类条件概率密度 $p(\boldsymbol{x}\mid\omega_i)$，虽然也是比较困难的，但还是有一定的办法，后续 2.8 节、2.9 节将会介绍。式（2-3）中的分母项 $p(\boldsymbol{x})$ 作为公共归一化项，并不影响 $P(\omega_i\mid\boldsymbol{x})$ 的大小关系，因此 $P(\omega_i\mid\boldsymbol{x})$ 的大小关系只取决于分子项 $p(\boldsymbol{x}\mid\omega_i)P(\omega_i)$。所以，实际上不必计算出后验概率，可以直接用先验概率和类条件概率乘积的大小来进行决策，有

$$p(\boldsymbol{x}\mid\omega_i)P(\omega_i)=\max_{j=1,2,\cdots,c} p(\boldsymbol{x}\mid\omega_j)P(\omega_j),\quad \boldsymbol{x}\in\omega_i \tag{2-5}$$

由于最终利用贝叶斯公式将后验概率的直接估计问题转换为先验概率和类条件概率的估计及其乘积计算问题，因此概率统计决策也称为贝叶斯决策，而且其决策可以实现错误率最小，因此也称为最小错误率贝叶斯决策。

尽管使决策错误率最小是比较普遍的要求，但在实际问题中，有时人们对于决策造成的风险或影响等后果因素更为关注，而不是只关注决策错误率，由此引出了最小风险贝叶斯决策。在有些任务中，有时人们对某一类的错误率更为敏感，由此又引出了限定一类错误率前提下使另一类错误率最小的 Neyman-Pearson（N-P）决策。

2.2 最小错误率贝叶斯分类器

2.2.1 分类决策的错误率及决策规则

从概率统计决策来说，采用任何决策都存在决策出错的可能。如果决策的依据是后验概率，以两类别问题为例，则分类决策的错误率定义如下。

对于两类别问题，某样本$\boldsymbol{x}$要么属于ω_1，要么属于ω_2，即满足

$$P(\omega_1|\boldsymbol{x})+P(\omega_2|\boldsymbol{x})=1 \tag{2-6}$$

决策出错的情况有两种：①如果样本$\boldsymbol{x}$本身属于第一类，但是将其决策为第二类，此时分类错误率为$P(\omega_2|\boldsymbol{x})$；②反过来，如果样本$\boldsymbol{x}$本身属于第二类，但是将其决策为第一类，此时分类错误率为$P(\omega_1|\boldsymbol{x})$。也就是说，样本$\boldsymbol{x}$下的分类错误率为

$$P(e|\boldsymbol{x})=\begin{cases}P(\omega_2|\boldsymbol{x}), & \boldsymbol{x}\in\omega_1\\ P(\omega_1|\boldsymbol{x}), & \boldsymbol{x}\in\omega_2\end{cases} \tag{2-7}$$

则对于特征空间所有可能的样本，其总的平均错误率为

$$P(e)=\int P(e|\boldsymbol{x})p(\boldsymbol{x})\mathrm{d}\boldsymbol{x} \tag{2-8}$$

将在全部样本上做出正确决策的概率称为正确率，记作$P(c)$，则$P(c)=1-P(e)$。

为了使决策错误率最小，需要确定决策规则，使得按该规则决策，式（2-8）有最小值。由于其中积分项$P(e|\boldsymbol{x})$和$p(\boldsymbol{x})$均是非负实数，且只有$P(e|\boldsymbol{x})$和决策有关，因此如果对于$\forall\boldsymbol{x}$，错误率$P(e|\boldsymbol{x})$总是最小，则积分得到的$P(e)$一定有最小值。根据式(2-7)，如果对于其中第一种情况总有$P(\omega_2|\boldsymbol{x})<P(\omega_1|\boldsymbol{x})$，以及对于第二种情况总有$P(\omega_1|\boldsymbol{x})<P(\omega_2|\boldsymbol{x})$，则$P(e|\boldsymbol{x})$总取最小值，因此总的平均错误率$P(e)$最小。所以，对于两类别问题，使错误率最小的决策规则为

$$\text{如果}P(\omega_1|\boldsymbol{x})>P(\omega_2|\boldsymbol{x})\text{，则}\boldsymbol{x}\in\omega_1\text{，否则}\boldsymbol{x}\in\omega_2 \tag{2-9}$$

或者简洁地表示为：哪一类的后验概率最大则决策为哪一类，此时决策错误率最小。式（2-9）即为两类别问题的最小错误率贝叶斯决策规则。该决策规则在多类别决策时同样成立，因为当$\boldsymbol{x}\in\omega_i$时，决策正确的概率为$P(\omega_i|\boldsymbol{x})$，出错的概率为

$$P(e|\boldsymbol{x})=1-P(\omega_i|\boldsymbol{x}),\ x\in\omega_i$$

对于任意个体$\forall\boldsymbol{x}$决策时，如果总是选择$P(\omega_i|\boldsymbol{x})$有最大值的类别，则$P(e|\boldsymbol{x})$总是最小的。

2.2.2 两类别问题最小错误率贝叶斯决策规则的等价形式

两类别问题的最小错误率贝叶斯决策规则有以下多种等价形式。

（1）根据式（2-2），有

$$P(\omega_i|\boldsymbol{x})=\max_{j=1,2}P(\omega_j|\boldsymbol{x}),\quad \boldsymbol{x}\in\omega_i \tag{2-10}$$

（2）根据式（2-5），有

$$p(\boldsymbol{x}|\omega_i)P(\omega_i)=\max_{j=1,2}p(\boldsymbol{x}|\omega_j)P(\omega_j),\quad \boldsymbol{x}\in\omega_i \tag{2-11}$$

（3）由于先验概率 $P(\omega_i)$ 与样本 $\boldsymbol{x}$ 无关，如果将含 $\boldsymbol{x}$ 的项和不含 $\boldsymbol{x}$ 的项分别合并，则变换后的决策规则变为

$$l(\boldsymbol{x})=\frac{p(\boldsymbol{x}\mid\omega_1)}{p(\boldsymbol{x}\mid\omega_2)}\gtrless\frac{P(\omega_2)}{P(\omega_1)},\quad \boldsymbol{x}\in\begin{cases}\omega_1\\ \omega_2\end{cases} \tag{2-12}$$

式中：$l(\boldsymbol{x})$ 为似然函数比。如果其大于阈值 $P(\omega_2)/P(\omega_1)$，则决策为第一类；否则决策为第二类。其中，$p(\boldsymbol{x}\mid\omega_i)$ 衡量了在第 i 类样本中观察到 $\boldsymbol{x}$ 的可能性，也称为似然度。

（4）由于很多时候概率密度函数取对数后变成了加减运算，计算更为简便，因此通常对似然函数取对数，变成对数似然函数比后，决策规则变为

$$h(\boldsymbol{x})=\ln l(\boldsymbol{x})=\ln p(\boldsymbol{x}\mid\omega_1)-\ln p(\boldsymbol{x}\mid\omega_2)\gtrless\ln\frac{P(\omega_2)}{P(\omega_1)},\quad \boldsymbol{x}\in\begin{cases}\omega_1\\ \omega_2\end{cases} \tag{2-13}$$

上述 4 种决策规则是完全等价的，其中式（2-12）、式（2-13）分别称为似然比决策规则和对数似然比决策规则。

例 2-1　假设在细胞识别中，病变细胞和正常细胞的先验概率分别为 $P(\omega_1)=0.05$ 和 $P(\omega_2)=0.95$。现有一待识别细胞，其观察特征向量为 $\boldsymbol{x}$，根据其类条件概率分布曲线，得知 $p(\boldsymbol{x}\mid\omega_1)=0.5$、$p(\boldsymbol{x}\mid\omega_2)=0.2$，请判断细胞 $\boldsymbol{x}$ 是病变细胞还是正常细胞。

解　（1）采用后验概率决策。

$$P(\omega_1\mid\boldsymbol{x})=\frac{p(\boldsymbol{x}\mid\omega_1)P(\omega_1)}{\sum_{j=1}^{2}p(\boldsymbol{x}\mid\omega_j)P(\omega_j)}=\frac{0.5\times0.05}{0.5\times0.05+0.2\times0.95}\approx0.116$$

$$P(\omega_2\mid\boldsymbol{x})=\frac{p(\boldsymbol{x}\mid\omega_2)P(\omega_2)}{\sum_{j=1}^{2}p(\boldsymbol{x}\mid\omega_j)P(\omega_j)}=\frac{0.2\times0.95}{0.5\times0.05+0.2\times0.95}\approx0.884$$

因为 $P(\omega_2\mid\boldsymbol{x})>P(\omega_1\mid\boldsymbol{x})$，所以 $\boldsymbol{x}\in\omega_2$，为正常细胞。

（2）采用先验概率和类条件概率决策。

$$p(\boldsymbol{x}\mid\omega_1)P(\omega_1)=0.5\times0.05=0.025$$
$$p(\boldsymbol{x}\mid\omega_2)P(\omega_2)=0.2\times0.95=0.19$$

因为 $p(\boldsymbol{x}\mid\omega_2)P(\omega_2)>p(\boldsymbol{x}\mid\omega_1)P(\omega_1)$，所以 $\boldsymbol{x}\in\omega_2$，为正常细胞。

当然，还可以采用似然比决策规则或对数似然比决策规则进行判别，但是由于上述决策规则都是等价的，因此得到的决策结果也将是一致的。

例 2-2　为了预测某高发地区地震，假设 ω_1 表示地震，ω_2 表示正常。对该地区的统计表明，其每周发生地震的概率为 20%，即 $P(\omega_1)=0.2$，正常的概率 $P(\omega_2)=1-0.2=0.8$。通常地震与生物异常反应之间有一定的联系，若用生物是否有异常反应作为观测信息 x 来对地震进行预测，其取值只有“异常”和“正常”两种结果。根据观测记录，发现有以下统计结果：

- 地震前一周内出现生物异常反应的概率为 0.6，即 $P(x=\text{异常}\mid\omega_1)=0.6$；

- 地震前一周内生物正常反应的概率为 0.4，即 $P(x=\text{正常}\mid\omega_1)=0.4$；
- 一周内没有发生地震但出现生物异常的概率为 0.1，即 $P(x=\text{异常}\mid\omega_2)=0.1$；
- 一周内没有发生地震时生物正常的概率为 0.9，即 $P(x=\text{正常}\mid\omega_2)=0.9$。

若某日观察到明显的生物异常反应现象，此情况属于地震还是正常？

解 （1）采用先验概率和类条件概率决策。

$$P(x=\text{异常}\mid\omega_1)P(\omega_1)=0.6\times0.2=0.12$$

$$P(x=\text{异常}\mid\omega_2)P(\omega_2)=0.1\times0.8=0.08$$

因为 $P(x=\text{异常}\mid\omega_1)P(\omega_1)>P(x=\text{异常}\mid\omega_2)P(\omega_2)$，所以预测为第一类，即为地震。

（2）采用似然比决策规则。

似然比为

$$l(x)=\frac{P(x=\text{异常}\mid\omega_1)}{P(x=\text{异常}\mid\omega_2)}=\frac{0.6}{0.1}=6$$

判决阈值为

$$\theta=\frac{P(\omega_2)}{P(\omega_1)}=\frac{0.8}{0.2}=4$$

因为 $l(x)>\theta$，所以判为第一类，即为地震。

2.2.3 决策出错情况分析

为了正确理解决策错误率，还是以两类问题为例进行错误率分析。假设某决策函数将样本空间划分为第一类的决策域 R_1 和第二类的决策域 R_2，则决策出错有以下两种情况：

（1）将属于 ω_2 的样本错分为 ω_1，即第二类的样本落入第一类决策域 R_1 中；

（2）将属于 ω_1 的样本错分为 ω_2，即第一类的样本落入第二类决策域 R_2 中。

根据式（2-8），此时错误率为

$$\begin{aligned}P(e)&=P(\boldsymbol{x}\in R_1,\omega_2)+P(\boldsymbol{x}\in R_2,\omega_1)\\&=\int_{R_1}P(\omega_2\mid\boldsymbol{x})p(\boldsymbol{x})\mathrm{d}\boldsymbol{x}+\int_{R_2}P(\omega_1\mid\boldsymbol{x})p(\boldsymbol{x})\mathrm{d}\boldsymbol{x}\\&=\int_{R_1}p(\boldsymbol{x}\mid\omega_2)P(\omega_2)\mathrm{d}\boldsymbol{x}+\int_{R_2}p(\boldsymbol{x}\mid\omega_1)P(\omega_1)\mathrm{d}\boldsymbol{x}\\&=P(\omega_2)\int_{R_1}p(\boldsymbol{x}\mid\omega_2)\mathrm{d}\boldsymbol{x}+P(\omega_1)\int_{R_2}p(\boldsymbol{x}\mid\omega_1)\mathrm{d}\boldsymbol{x}\\&=P(\omega_2)P_2(e)+P(\omega_1)P_1(e)\end{aligned}\tag{2-14}$$

其中，

$$P_1(e)=\int_{R_2}p(\boldsymbol{x}\mid\omega_1)\mathrm{d}\boldsymbol{x}\tag{2-15}$$

$$P_2(e)=\int_{R_1}p(\boldsymbol{x}\mid\omega_2)\mathrm{d}\boldsymbol{x}\tag{2-16}$$

分别称为第一类错误率和第二类错误率。$P_1(e)$表示将第一类样本错分为第二类的错误率，$P_2(e)$表示将第二类样本错分为第一类的错误率。两种错误率分别用先验概率加权就是总的平均错误率。

一维情况下的决策错误率如图 2-1 所示。

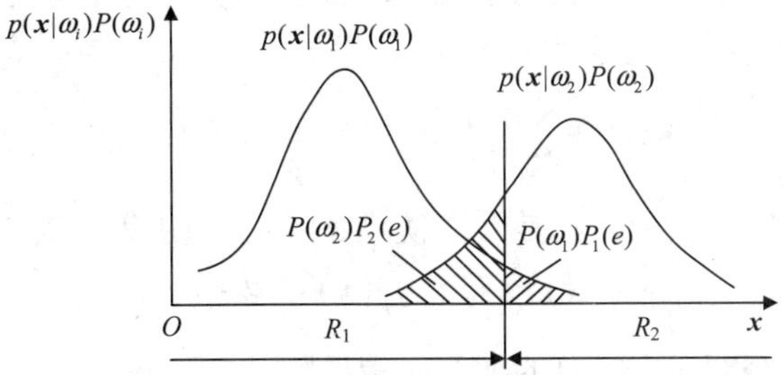

图 2-1　一维情况下的决策错误率

图 2-1 中竖线代表某一任意设定的决策边界，左边代表第一类样本的决策域R_1，右边代表第二类样本的决策域R_2。竖线和x轴以及两条曲线所围成的阴影部分面积之和即为总的错误率，其中左边代表的是第二类错误率，右边代表的是第一类错误率。不难判断，当决策边界刚好位于两条曲线的交点时，阴影部分面积有最小值，此时决策边界$\boldsymbol{x}=\boldsymbol{t}$，其刚好满足$p(\boldsymbol{t}|\omega_1)P(\omega_1)=p(\boldsymbol{t}|\omega_2)P(\omega_2)$，而且第一类决策域$R_1$满足$p(\boldsymbol{x}|\omega_1)P(\omega_1)>p(\boldsymbol{x}|\omega_2)P(\omega_2)$，第二类决策域$R_2$满足$p(\boldsymbol{x}|\omega_1)P(\omega_1)<p(\boldsymbol{x}|\omega_2)P(\omega_2)$，正好符合最小错误率决策规则，如图 2-2 所示。

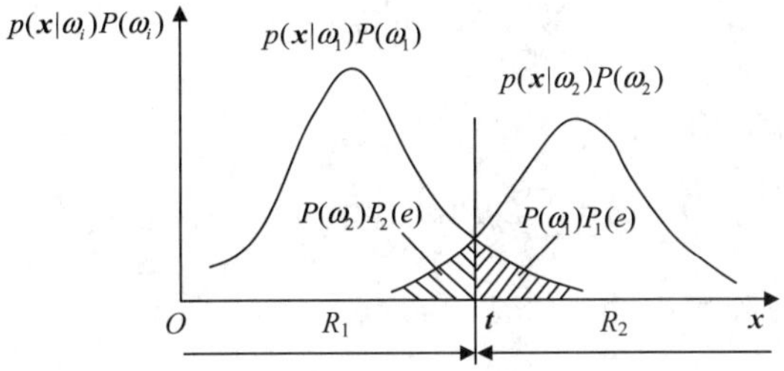

图 2-2　$\boldsymbol{x}=\boldsymbol{t}$时决策错误率最小

2.3　最小风险贝叶斯分类器

基于后验概率的贝叶斯决策虽然有最小错误率，但是在很多决策问题中，相对于决策错误率，人们更为关心的是决策出错后所造成的风险，因为不同的决策错误所产生的风险往往有较大差异。例如，在前期筛查阶段，将癌症病人漏判为正常人，其可能会使病人错过最佳诊疗时间，最终造成无法挽回的生命风险，相反，将无病的人误判为患者，其可能的风险只是增加了患者一定的痛苦和治疗成本，但是相对于生命风险还在承受范围内。通过上面的例子，引出了最小风险决策问题。

为了描述最小风险决策问题，需要将问题做以下表述。

2.3.1 最小风险决策问题表述

由于在实际情况中，还有拒绝决策或合并决策的情况，因此类别空间不一定等同于决策空间。假设可能的决策空间 $D=\{d_1,d_2,\cdots,d_k\}$ 由 k 个决策组成，而类别空间 $\Omega=\{\omega_1,\omega_2,\cdots,\omega_c\}$ 由 c 个可能的类别组成。如果对于 ω_j 类的样本采取决策 d_i 的风险，记作 L_{ij}，则对于样本 $\boldsymbol{x}$，采取决策 d_i 的风险为

$$r_i(\boldsymbol{x})=\sum_{j=1}^{c}L_{ij}P(\omega_j\mid\boldsymbol{x}),\ i=1,2,\cdots,k \tag{2-17}$$

所谓最小风险贝叶斯决策，就是采取使 $r_i(\boldsymbol{x})$ 最小的决策，其决策规则为

$$r_i(\boldsymbol{x})=\min_{j=1,2,\cdots,k}r_j(\boldsymbol{x}),\ \ d=d_i \tag{2-18}$$

对于特征空间所有的样本，总的期望决策风险为

$$R=\int r(\boldsymbol{x})p(\boldsymbol{x})\mathrm{d}\boldsymbol{x} \tag{2-19}$$

如果按照式(2-18)决策，则对于每一个样本 $\boldsymbol{x}$，可能的决策风险 $r(\boldsymbol{x})$ 总是最小的，则对于全部样本来说，总的期望决策风险一定也是最小的。

2.3.2 最小风险贝叶斯决策过程及等价决策规则

在实际应用中，对样本 $\boldsymbol{x}$，其最小风险贝叶斯决策过程如下。

（1）首先利用贝叶斯公式计算，即

$$P(\omega_j\mid\boldsymbol{x})=\frac{p(\boldsymbol{x}\mid\omega_j)P(\omega_j)}{\sum_{i=1}^{c}p(\boldsymbol{x}\mid\omega_i)P(\omega_i)},\ j=1,2,\cdots,c \tag{2-20}$$

（2）计算条件风险，有

$$r_i(\boldsymbol{x})=\sum_{j=1}^{c}L_{ij}P(\omega_j\mid\boldsymbol{x}),\ i=1,2,\cdots,k \tag{2-21}$$

（3）选择使条件风险最小的决策 d_i，有

$$r_i(\boldsymbol{x})=\min_{j=1,2,\cdots,k}r_j(\boldsymbol{x}) \tag{2-22}$$

需要注意的是，决策风险 L_{ij} 的值通常需要专家通过经验给定，其一般设为非负常数。例如，

$$L_{ij}=\begin{cases}0, & i=j\\ \text{正实数}, & i\neq j\end{cases} \tag{2-23}$$

特别地，对于两类决策问题，最小风险贝叶斯决策为

$$L_{11}P(\omega_1\mid\boldsymbol{x})+L_{12}P(\omega_2\mid\boldsymbol{x})\lessgtr L_{21}P(\omega_1\mid\boldsymbol{x})+L_{22}P(\omega_2\mid\boldsymbol{x}),\ \ \boldsymbol{x}\in\begin{cases}\omega_1\\ \omega_2\end{cases} \tag{2-24}$$

通常情况下，决策正确的风险较小，决策出错的风险较大。即一般情况下，$L_{11}<L_{21}$、$L_{22}<L_{12}$。式（2-24）经变换，可以得到以下几种等价的决策规则，即

$$(L_{11}-L_{21})P(\omega_1 \mid \boldsymbol{x}) \lessgtr (L_{22}-L_{12})P(\omega_2 \mid \boldsymbol{x}),\ \boldsymbol{x}\in\begin{cases}\omega_1\\ \omega_2\end{cases} \tag{2-25}$$

$$\frac{P(\omega_1 \mid \boldsymbol{x})}{P(\omega_2 \mid \boldsymbol{x})}=\frac{p(\boldsymbol{x}\mid\omega_1)P(\omega_1)}{p(\boldsymbol{x}\mid\omega_2)P(\omega_2)} \gtrless \frac{L_{22}-L_{12}}{L_{11}-L_{21}}=\frac{L_{12}-L_{22}}{L_{21}-L_{11}},\ \boldsymbol{x}\in\begin{cases}\omega_1\\ \omega_2\end{cases} \tag{2-26}$$

$$l(\boldsymbol{x})=\frac{p(\boldsymbol{x}\mid\omega_1)}{p(\boldsymbol{x}\mid\omega_2)} \gtrless \frac{P(\omega_2)}{P(\omega_1)}\frac{L_{12}-L_{22}}{L_{21}-L_{11}},\ \boldsymbol{x}\in\begin{cases}\omega_1\\ \omega_2\end{cases} \tag{2-27}$$

式（2-25）～式（2-27）变换过程中用到了 $L_{11}<L_{21}$、$L_{22}<L_{12}$ 条件。根据式（2-27），决策时可以根据先验概率和风险函数计算出似然比阈值 θ，即

$$\theta=\frac{P(\omega_2)}{P(\omega_1)}\frac{L_{12}-L_{22}}{L_{21}-L_{11}} \tag{2-28}$$

对于每一个待分类样本，只需利用似然比和阈值进行比较即可决策。

值得说明的是，当风险函数取为特殊的 0-1 损失函数时，也就是决策正确风险为 0，决策错误风险为 1，即

$$L_{ii}=0;\ L_{ij}=1,\ i\neq j \tag{2-29}$$

此时，式（2-17）可以写成

$$r_i(\boldsymbol{x})=\sum_{j=1}^{c}L_{ij}P(\omega_j \mid \boldsymbol{x})=1-P(\omega_i \mid \boldsymbol{x}) \tag{2-30}$$

在决策时，要求 $r_i(\boldsymbol{x})$ 有最小值，也即意味着 $P(\omega_i \mid \boldsymbol{x})$ 有最大值，此时风险最小，也即后验概率要最大，所以此时的最小风险决策等价为最小错误率贝叶斯决策。

例 2-3　还是前述细胞识别问题（例 2-1），现在假设病变细胞先验概率为 $P(\omega_1)=0.05$，正常细胞先验概率为 $P(\omega_2)=0.95$。待识别细胞的观察特征为 $\boldsymbol{x}$，从类条件概率分布曲线查得 $p(\boldsymbol{x}\mid\omega_1)=0.5$、$p(\boldsymbol{x}\mid\omega_2)=0.2$，假设损失函数分别为 $L_{11}=0$、$L_{21}=10$、$L_{22}=0$、$L_{12}=1$。请按最小风险贝叶斯决策分类。

解　（1）分别计算各类决策风险。

在例 2-1 中已经算得 $P(\omega_1 \mid \boldsymbol{x})=0.116$、$P(\omega_2 \mid \boldsymbol{x})=0.884$，因此

$$r_1(\boldsymbol{x})=L_{11}P(\omega_1 \mid \boldsymbol{x})+L_{12}P(\omega_2 \mid \boldsymbol{x})\approx 0\times 0.116+1\times 0.884=0.884$$

$$r_2(\boldsymbol{x})=L_{21}P(\omega_1 \mid \boldsymbol{x})+L_{22}P(\omega_2 \mid \boldsymbol{x})\approx 10\times 0.116+0\times 0.884=1.16$$

由于 $r_1(\boldsymbol{x})<r_2(\boldsymbol{x})$，根据最小风险原则，将 $\boldsymbol{x}$ 判为病变细胞，即 $\boldsymbol{x}\in\omega_1$ 时风险最小。

（2）根据式（2-27）似然比决策规则，首先计算决策阈值 θ。

$$\theta=\frac{P(\omega_2)}{P(\omega_1)}\frac{L_{12}-L_{22}}{L_{21}-L_{11}}=\frac{0.95}{0.05}\times\frac{1-0}{10-0}=1.9$$

$$l(\boldsymbol{x})=\frac{p(\boldsymbol{x}\mid\omega_1)}{p(\boldsymbol{x}\mid\omega_2)}=\frac{0.5}{0.2}=2.5$$

由于似然比 $l(\boldsymbol{x})>\theta$，因此 $\boldsymbol{x}\in\omega_1$ 为病变细胞。

2.4 N-P 决策分类

前述的最小错误率贝叶斯决策立足于总体错误率的最小化，但在实践中，人们并不一定总是关注总体错误率，而是对某一类错误率更为敏感。例如，企业生产的电子产品，在质检时会出现两种错误：一种是产品有缺陷，而没有被检测出来，这种错误称为漏检（false negative）；还有一种是产品没有缺陷，但是被误判为有问题产品，这种错误称为误检（false positive）。产品漏检会造成有问题产品流入市场，在后期往往引起用户投诉，对企业声誉可能造成严重影响；而误检造成的影响，还有可能通过人工核查加以排除，因此此时企业往往要求漏检不得超过某一阈值。在有的食品检测过程中，则要求尽可能降低误检，因为判为不合格的食品，有可能直接分拣出来就销毁了，此时过高的误检造成的损失企业难以承受，因此食品企业有可能对误检更为敏感。

针对上述情况，引出了对某一类错误率加以限制的条件下使另一类错误率最小化的决策问题，称为奈曼-皮尔逊（Neyman-Pearson）决策，简称 N-P 决策。例如，要求漏检率不超过某一设定阈值情况下，再考虑使误检率最小。以两类别问题为例，其总的错误率为

$$P(e)=P(\omega_1)P_1(e)+P(\omega_2)P_2(e) \tag{2-31}$$

式中：$P_1(e)=\int_{R_2}p(\boldsymbol{x}|\omega_1)\mathrm{d}\boldsymbol{x}$、$P_2(e)=\int_{R_1}p(\boldsymbol{x}|\omega_2)\mathrm{d}\boldsymbol{x}$，分别称为第一类错误率和第二类错误率。两类问题的 N-P 决策就是在要求 $P_2(e)=\varepsilon$ 的限制下，使 $P_1(e)$ 最小。上述问题可以描述为带约束的拉格朗日极值问题，即

$$Q=P_1(e)+\lambda[P_2(e)-\varepsilon] \tag{2-32}$$

将式（2-32）展开，有

$$\begin{aligned}
Q&=\int_{R_2}p(\boldsymbol{x}|\omega_1)\mathrm{d}\boldsymbol{x}+\lambda\left[\int_{R_1}p(\boldsymbol{x}|\omega_2)\mathrm{d}\boldsymbol{x}-\varepsilon\right]\\
&=1-\int_{R_1}p(\boldsymbol{x}|\omega_1)\mathrm{d}\boldsymbol{x}+\lambda\left[\int_{R_1}p(\boldsymbol{x}|\omega_2)\mathrm{d}\boldsymbol{x}-\varepsilon\right]\\
&=1-\lambda\varepsilon+\int_{R_1}[\lambda p(\boldsymbol{x}|\omega_2)-p(\boldsymbol{x}|\omega_1)]\mathrm{d}\boldsymbol{x}
\end{aligned} \tag{2-33}$$

要使 Q 最小，则要求对于决策域 R_1 内的任意 $\boldsymbol{x}$，$\lambda p(\boldsymbol{x}|\omega_2)-p(\boldsymbol{x}|\omega_1)$ 总是小于 0，即 $\lambda p(\boldsymbol{x}|\omega_2)<p(\boldsymbol{x}|\omega_1)$，也就是对于决策域 R_1 来说，需满足

$$\frac{p(\boldsymbol{x}|\omega_1)}{p(\boldsymbol{x}|\omega_2)}>\lambda\rightarrow\boldsymbol{x}\in\omega_1 \tag{2-34}$$

同理，式（2-34）也可以变换为

$$\begin{aligned}Q&=\int_{R_2}p(\boldsymbol{x}\mid\omega_1)\mathrm{d}\boldsymbol{x}+\lambda\left[\int_{R_1}p(\boldsymbol{x}\mid\omega_2)\mathrm{d}\boldsymbol{x}-\varepsilon\right]\\&=\int_{R_2}p(\boldsymbol{x}\mid\omega_1)\mathrm{d}\boldsymbol{x}+\lambda\left[1-\int_{R_2}p(\boldsymbol{x}\mid\omega_2)\mathrm{d}\boldsymbol{x}-\varepsilon\right]\\&=\lambda(1-\varepsilon)+\int_{R_2}[p(\boldsymbol{x}\mid\omega_1)-\lambda p(\boldsymbol{x}\mid\omega_2)]\mathrm{d}\boldsymbol{x}\end{aligned}\tag{2-35}$$

同理，要使Q最小，则要求对于决策域R_2内的任意$\boldsymbol{x}$，$p(\boldsymbol{x}\mid\omega_1)-\lambda p(\boldsymbol{x}\mid\omega_2)$总是小于 0，即$\lambda p(\boldsymbol{x}\mid\omega_2)>p(\boldsymbol{x}\mid\omega_1)$，也就是对于决策域$R_2$来说，需满足

$$\frac{p(\boldsymbol{x}\mid\omega_1)}{p(\boldsymbol{x}\mid\omega_2)}<\lambda\to\boldsymbol{x}\in\omega_2\tag{2-36}$$

根据式（2-34）和式（2-36），可知 N-P 决策规则为

$$\frac{p(\boldsymbol{x}\mid\omega_1)}{p(\boldsymbol{x}\mid\omega_2)}\gtrless\lambda\to\boldsymbol{x}\in\begin{cases}\omega_1\\\omega_2\end{cases}\tag{2-37}$$

所以，对于 N-P 决策来说，其实际要确定的是似然比决策阈值λ，而该决策阈值求取需要从$P_2(e)=\varepsilon$的约束条件入手。

虽然知道了 N-P 决策规则，但是阈值λ却不容易计算，尽管知道在决策边界$\boldsymbol{x}=\boldsymbol{t}$上，刚好满足

$$\frac{p(\boldsymbol{t}\mid\omega_1)}{p(\boldsymbol{t}\mid\omega_2)}=\lambda\tag{2-38}$$

但是$\boldsymbol{t}$的计算需要根据约束条件$P_2(e)=\varepsilon$来完成，即

$$P_2(e)=\int_{R_1}p(\boldsymbol{x}\mid\omega_2)\mathrm{d}\boldsymbol{x}=\varepsilon\tag{2-39}$$

其中决策域R_1和边界$\boldsymbol{t}$有关，由于$\boldsymbol{x}$通常为高维向量，因此式(2-39)涉及多重积分，很难求得封闭解，需要用数值方法求解。但是如果将式（2-39）转化为似然比密度函数，则可以相对容易地确定阈值λ。由于似然比函数$l(\boldsymbol{x})=p(\boldsymbol{x}\mid\omega_1)/p(\boldsymbol{x}\mid\omega_2)$，不难看出$l$和$\boldsymbol{x}$具有一一对应关系，因此对于密度函数来说，显然有$p(\boldsymbol{x}\mid\omega_2)=p(l\mid\omega_2)$，而且$l$是不小于 0 的一维标量。此时式（2-37）的决策规则从似然比函数的视角来看，决策域R_1对应$l>\lambda$，决策域R_2对应$0\leqslant l<\lambda$，如图 2-3 所示。

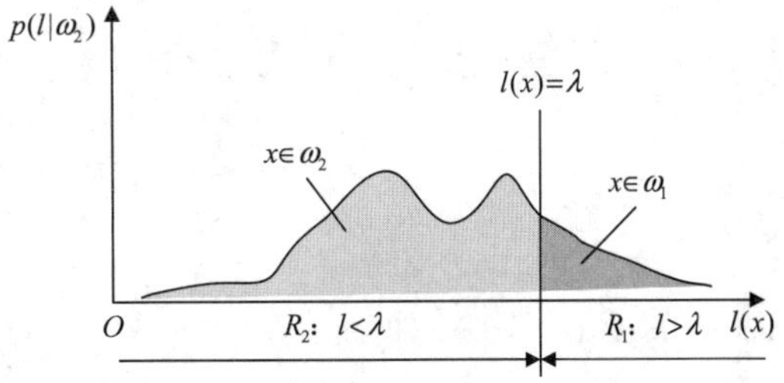

图 2-3　似然函数概率分布与决策域

由此

$$P_2(e)=\int_{R_1}p(\boldsymbol{x}\mid\omega_2)\mathrm{d}\boldsymbol{x}=1-\int_{R_2}p(\boldsymbol{x}\mid\omega_2)\mathrm{d}\boldsymbol{x}=1-\int_0^{\lambda}p(l\mid\omega_2)\mathrm{d}l=\varepsilon\tag{2-40}$$

由于概率密度函数$p(l\,|\,\omega_2)$总是大于等于 0 的，因此$P_2(e)$显然是λ的单调递减函数，可以先随意设定一个λ，计算出此时的$P_2(e)$，根据其大于还是小于ε，试探性地增大或减小λ值。经过这样的多次尝试，总可找到合适的λ值，使之刚好满足$P_2(e)=\varepsilon$的约束条件。

例 2-4 一个正态分布的两类模式，已知均值向量$\boldsymbol{M}_1=[-1\quad 0]^{\mathrm{T}}$，$\boldsymbol{M}_2=[1\quad 0]^{\mathrm{T}}$，协方差矩阵为单位矩阵，即$\boldsymbol{\Sigma}_1=\boldsymbol{\Sigma}_2=\boldsymbol{I}$，设$P_2(e)$=0.046，求 N-P 决策的似然比阈值$\lambda$和判别界面。

解 （1）求类条件概率密度函数。根据正态分布定义，有

$$P(\boldsymbol{x}|\omega_i)=\frac{1}{(2\pi)^{\frac{n}{2}}|\boldsymbol{\Sigma}_i|^{\frac{1}{2}}}\exp\left\{-\frac{1}{2}(\boldsymbol{x}-\boldsymbol{M}_i)^{\mathrm{T}}\boldsymbol{\Sigma}_i^{-1}(\boldsymbol{x}-\boldsymbol{M}_i)\right\},\ i=1,2$$

由已知条件计算可得

$$|\boldsymbol{\Sigma}_i|^{\frac{1}{2}}=\begin{vmatrix}1 & 0\\ 0 & 1\end{vmatrix}^{\frac{1}{2}}=1,\ \boldsymbol{\Sigma}_i^{-1}=\begin{pmatrix}1 & 0\\ 0 & 1\end{pmatrix}^{-1}=\begin{pmatrix}1 & 0\\ 0 & 1\end{pmatrix}=\boldsymbol{I}$$

故

$$P(\boldsymbol{x}|\omega_1)=\frac{1}{2\pi}\exp\left\{-\frac{1}{2}(\boldsymbol{x}-\boldsymbol{M}_1)^{\mathrm{T}}(\boldsymbol{x}-\boldsymbol{M}_1)\right\}=\frac{1}{2\pi}\exp\left\{-\frac{(x_1+1)^2+x_2^2}{2}\right\}$$

$$P(\boldsymbol{x}|\omega_2)=\frac{1}{2\pi}\exp\left\{-\frac{1}{2}(\boldsymbol{x}-\boldsymbol{M}_2)^{\mathrm{T}}(\boldsymbol{x}-\boldsymbol{M}_2)\right\}=\frac{1}{2\pi}\exp\left\{-\frac{(x_1-1)^2+x_2^2}{2}\right\}$$

（2）计算似然比，即

$$\frac{P(\boldsymbol{x}|\omega_1)}{P(\boldsymbol{x}|\omega_2)}=\exp\left\{-\frac{1}{2}\left(x_1^{\ 2}+2x_1+1+x_2^2\right)+\frac{1}{2}\left(x_1^{\ 2}-2x_1+1+x_2^2\right)\right\}=\exp\{-2x_1\}$$

（3）求判别式，即

$$\text{决策规则：若}\exp\{-2x_1\}\gtrless\lambda\text{，则}\ \boldsymbol{x}\in\begin{cases}\omega_1\\ \omega_2\end{cases}$$

上式两边取自然对数，有$-2x_1\gtrless\ln\lambda$，得判别式

$$\text{若}x_1\gtrless-\frac{1}{2}\ln\lambda\text{，则}\ \boldsymbol{x}\in\begin{cases}\omega_1\\ \omega_2\end{cases}$$

（4）求似然比阈值λ。

由$P_2(e)$与λ的关系，有

$$P_2(e)=\int_{R_1}P(\boldsymbol{x}|\omega_2)\mathrm{d}\boldsymbol{x}=\int_{-\infty}^{x_1}\int_{-\infty}^{x_2}\frac{1}{2\pi}\exp\left\{-\frac{(x_1-1)^2+x_2^2}{2}\right\}\mathrm{d}x_2\mathrm{d}x_1$$

上式可分离成两个正态分布函数的积分，即

$$P_2(e)=\int_{-\infty}^{-\frac{1}{2}\ln\lambda}\frac{1}{\sqrt{2\pi}}\exp\left\{-\frac{(x_1-1)^2}{2}\right\}\mathrm{d}x_1\cdot\int_{-\infty}^{+\infty}\frac{1}{\sqrt{2\pi}}\exp\left\{-\frac{x_2^2}{2}\right\}\mathrm{d}x_2$$

其中 $\int_{-\infty}^{+\infty}\frac{1}{\sqrt{2\pi}}\exp\left\{-\frac{x_2^2}{2}\right\}dx_2=1$。同时令 $x_1-1=y$，因此上式变为

$$P_2(e)=\int_{-\infty}^{-\frac{1}{2}\ln\lambda-1}\frac{1}{\sqrt{2\pi}}\exp\left\{-\frac{y^2}{2}\right\}dy$$

表 2-1 所列为标准正态分布 $\Phi(\xi)=\int_{-\infty}^{\xi}\frac{1}{\sqrt{2\pi}}\exp\left(-\frac{y^2}{2}\right)dy$ 在 $\xi>0$ 上的一部分值，因为此时 $\xi=-\frac{1}{2}\ln\lambda-1$，由于要求 $P_2(e)=0.046$，故在表 2-1 中首先查 $\Phi(-\xi)=1-0.046=0.954$，可取的值有 0.9535 或 0.9545（表中加粗数字），不妨取后者。查表可知，相应的 $-\xi=1.69$，可得 $\xi=-1.69$。

表 2-1　$\xi>0$ 的标准正态分布表部分内容

ξ	0	1	2	3	4	5	6	7	8	9
0.0	0.5000	0.5040	0.5080	0.5120	0.5160	0.5199	0.5239	0.5279	0.5319	0.5359
0.1	0.5398	0.5438	0.5478	0.5517	0.5557	0.5596	0.5636	0.5675	0.5714	0.5753
⋮	⋮	⋮	⋮	⋮	⋮	⋮	⋮	⋮	⋮	⋮
1.5	0.9332	0.9345	0.9357	0.9370	0.9382	0.9394	0.5406	0.9418	0.9430	0.9441
1.6	0.9452	0.9463	0.9474	0.9484	0.9495	0.9505	0.9159	0.9525	**0.9535**	**0.9545**
1.7	0.9554	0.9564	0.9573	0.9582	0.9591	0.9599	0.9608	0.9616	0.9625	0.9633
1.8	0.9641	0.9648	0.9656	0.9664	0.9671	0.9678	0.9686	0.9693	0.9700	0.9706
1.9	0.9713	0.9719	0.9726	0.9732	0.9738	0.9744	0.9750	0.9756	0.9762	0.9767
⋮	⋮	⋮	⋮	⋮	⋮	⋮	⋮	⋮	⋮	⋮

$$-\frac{1}{2}\ln\lambda-1=-1.69$$

计算得

$$\lambda=e^{1.38}=3.98$$

根据判别式，得到的判别界面为

$$x_1=-\frac{1}{2}\ln\lambda=-0.69$$

N-P 决策结果如图 2-4 所示。

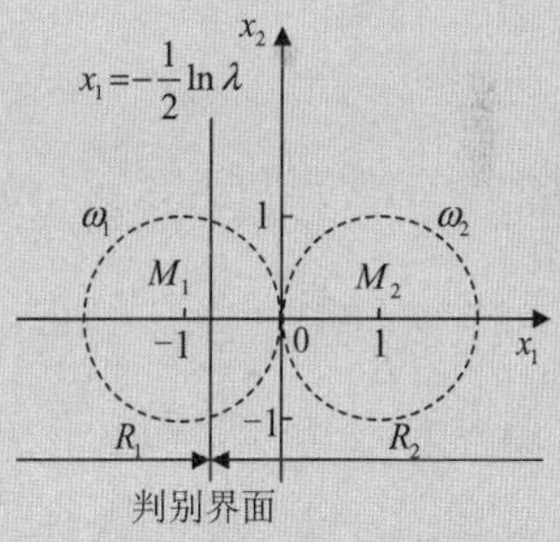

图 2-4　N-P 决策结果

至此，提到了在不同应用需求下的 3 种基于概率统计基础上的贝叶斯决策方法，其中最小风险贝叶斯决策和 N-P 决策在特定条件下，都会退化为最小错误率贝叶斯决策。以两类别问题为例，当采用 0-1 风险损失时，最小风险决策就等价于最小错误率决策，当似然比阈值设为 $P(\omega_2)/P(\omega_1)$ 时，N-P 决策也等价于最小错误率决策。或者从似然比决策规则的角度来说，3 种决策方法的区别只是决策阈值选取不同而已，当决策阈值为 $P(\omega_2)/P(\omega_1)$ 时，决策有最小错误率；当决策阈值为 $\frac{P(\omega_2)}{P(\omega_1)}\frac{L_{12}-L_{22}}{L_{21}-L_{11}}$ 时，决策有最小风

险；而当决策阈值 λ 使得 $P_2(e)=1-\int_0^{\lambda} p(l\mid\omega_2)\mathrm{d}l=\varepsilon$ 时，则此时符合 N-P 决策规则，在 $P_2(e)=\varepsilon$ 的前提下，满足 $P_1(e)$ 最小的要求。也就是根据似然比决策规则有

最小错误率贝叶斯决策，即

$$l(\boldsymbol{x})=\frac{p(\boldsymbol{x}\mid\omega_1)}{p(\boldsymbol{x}\mid\omega_2)}\gtrless\frac{P(\omega_2)}{P(\omega_1)}，\text{则}\boldsymbol{x}\in\begin{cases}\omega_1\\\omega_2\end{cases}\tag{2-41}$$

最小风险贝叶斯决策，即

$$l(\boldsymbol{x})=\frac{p(\boldsymbol{x}\mid\omega_1)}{p(\boldsymbol{x}\mid\omega_2)}\gtrless\frac{P(\omega_2)}{P(\omega_1)}\frac{L_{12}-L_{22}}{L_{21}-L_{11}}，\text{则}\boldsymbol{x}\in\begin{cases}\omega_1\\\omega_2\end{cases}\tag{2-42}$$

N-P 决策，即

$$l(\boldsymbol{x})=\frac{p(\boldsymbol{x}\mid\omega_1)}{p(\boldsymbol{x}\mid\omega_2)}\gtrless\lambda\Rightarrow\boldsymbol{x}\in\begin{cases}\omega_1\\\omega_2\end{cases}\tag{2-43}$$

其中，λ 满足 $1-\int_0^{\lambda} p(l\mid\omega_2)\mathrm{d}l=\varepsilon$。

2.5 判别函数与判别面

不管是最小错误率决策、最小风险决策还是 N-P 决策，对于 C 类问题，通过决策规则，其将特征空间划分为 C 类区域 $R_i(i=1,2,\cdots,C)$。决策规则也就是分类判别的依据，从上述决策规则可知，其为特征 $\boldsymbol{x}$ 的函数，通过等价变换，不难定义进行决策判断的判别函数 $g(\boldsymbol{x})$，为便于统一描述，不妨规定判别函数为单调上升函数。例如，对于最小错误率决策，有

$$\text{若}P(\omega_i\mid\boldsymbol{x})=\max_{j=1,2,\cdots,c}P(\omega_j\mid\boldsymbol{x})，\text{则}\boldsymbol{x}\in\omega_i\tag{2-44}$$

则此时类 i 的判别函数 $g_i(\boldsymbol{x})=P(\omega_i\mid\boldsymbol{x})$。对于最小风险决策，判别函数则可以定义为 $g_i(\boldsymbol{x})=-r_i(\boldsymbol{x})=-\sum_{j=1}^{c}L_{ij}P(\omega_j\mid\boldsymbol{x})$。如果类 i 和类 j 刚好相邻，则两类决策边界刚好满足 $g_i(\boldsymbol{x})=g_j(\boldsymbol{x})$，即判别面 $g_{ij}(\boldsymbol{x})$ 由判别函数

$$g_{ij}(\boldsymbol{x})=g_i(\boldsymbol{x})-g_j(\boldsymbol{x})=0，\ i、j=1,2,\cdots,C，\ i\neq j\tag{2-45}$$

决定，其中每个决策域 R_i 均至少由 $C-1$ 个判别面组合而成，此时的判别规则也可以统一表示为

$$\text{若}\ g_i(\boldsymbol{x})=\max_{j=1,2,\cdots,c}g_j(\boldsymbol{x})，\text{则}\ \boldsymbol{x}\in\omega_i\ \text{或}\ \boldsymbol{x}\in R_i\tag{2-46}$$

对于判别函数和判别面，从几何意义上，也可理解为通过决策边界，其将特征空间划分为 C 类区域，对于决策域 R_i，其满足 $g_{ij}(\boldsymbol{x})>0，\ \forall j\neq i$。

对于两类判别问题，判别函数可以简化为

$$g(\boldsymbol{x})=g_1(\boldsymbol{x})-g_2(\boldsymbol{x})\tag{2-47}$$

且决策规则也可以简化为：如果 $g(\boldsymbol{x})>0$，则 $\boldsymbol{x}$ 判别为 ω_1；否则判别为 ω_2。

2.6　正态分布下的贝叶斯分类器

对基于概率统计的贝叶斯分类器来说，其判别函数和判别面实际上取决于概率密度函数，如 $P(\omega_i|\boldsymbol{x})$ 或 $p(\boldsymbol{x}|\omega_i)$ 或 $P(\omega_i)$。实际情况下的概率密度函数通常比较复杂，因此由概率密度函数决定的判别面也往往是非常复杂的几何曲面。但在很多实际问题中，样本在特征空间总是呈现聚集性，因此可以用正态分布函数，即高斯概率密度函数来近似样本在特征空间上的分布特性，而且根据中心极限定理，当某个随机变量可以看作多个独立随机变量的叠加时，随着叠加的随机变量趋近于无穷大时，叠加产生的随机变量近似于高斯分布。由此可见，很多时候高斯概率密度函数可以看作对实际概率密度函数的一种近似，是一种比较常用的概率分布函数。同时由于高斯函数形式简单，便于理论分析，而且具有直观的几何意义，因此正态分布下的贝叶斯分类器是目前研究得比较透彻的分类器模型。

2.6.1　单变量正态分布

单变量正态分布的概率密度函数定义为

$$p(x)=\frac{1}{\sqrt{2\pi}\sigma}\exp\left\{-\frac{1}{2}\left(\frac{x-\mu}{\sigma}\right)^2\right\} \tag{2-48}$$

式中：μ 为随机变量的均值；σ 为标准差。

$$\mu=E(x)=\int_{-\infty}^{+\infty}xp(x)\mathrm{d}x \tag{2-49}$$

$$\sigma^2=E\left((x-\mu)^2\right)=\int_{-\infty}^{+\infty}(x-\mu)^2\,p(x)\mathrm{d}x \tag{2-50}$$

式（2-48）描述的正态分布概率密度函数如图 2-5 所示，其形状由 μ 和 σ 两个参量完全确定，为简单起见，通常将其简记为 $N(\mu,\sigma^2)$。其中，均值 μ 决定样本分布的峰值点，σ 决定样本的分散程度，随着 σ 的增大，分布曲线会变得平缓。符合正态分布的样本主要集中在均值 μ 附近，其中约有 95%的样本分布在 $[\mu-2\sigma,\mu+2\sigma]$ 区间内。

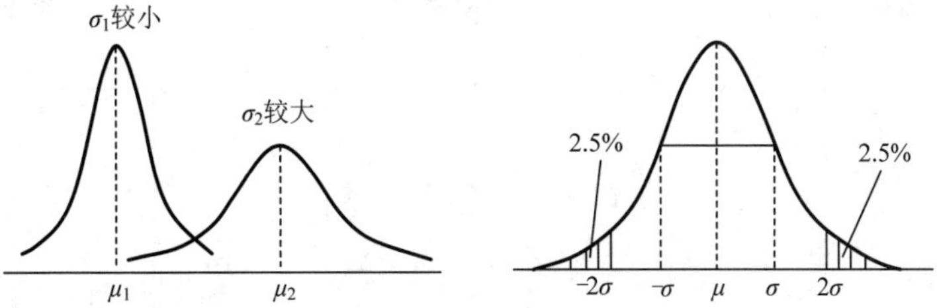

图 2-5　正态分布下的单变量概率密度函数

2.6.2　多变量正态分布

当特征空间为高维空间时，此时特征向量 $\boldsymbol{x}$ 的分布密度函数对应的是多元变量高维

概率密度函数，多元变量的正态分布函数定义为

$$p(\boldsymbol{x})=\frac{1}{(2\pi)^{\frac{n}{2}}|\boldsymbol{\Sigma}|^{\frac{1}{2}}}\exp\left\{-\frac{1}{2}(\boldsymbol{x}-\boldsymbol{\mu})^{\mathrm{T}}\boldsymbol{\Sigma}^{-1}(\boldsymbol{x}-\boldsymbol{\mu})\right\} \tag{2-51}$$

式中：$\boldsymbol{x}=[x_1,x_2,\cdots,x_n]$ 为 n 维特征向量；$\boldsymbol{\mu}=[\mu_1,\mu_2,\cdots,\mu_d]$ 为 d 维均值向量；$\boldsymbol{\Sigma}$ 为 $n\times n$ 维协方差矩阵，为对称正定矩阵，其独立元素个数为 $n(n+1)/2$；$\boldsymbol{\Sigma}^{-1}$ 为 $\boldsymbol{\Sigma}$ 的逆矩阵；$|\boldsymbol{\Sigma}|$ 为 $\boldsymbol{\Sigma}$ 的行列式。其中，

$$\boldsymbol{\mu}=E(\boldsymbol{x}) \tag{2-52}$$

$$\boldsymbol{\Sigma}=E\left((\boldsymbol{x}-\boldsymbol{\mu})(\boldsymbol{x}-\boldsymbol{\mu})^{\mathrm{T}}\right)=\begin{bmatrix}\sigma_{11} & \cdots & \sigma_{1n}\\ \vdots & & \vdots\\ \sigma_{n1} & \cdots & \sigma_{nn}\end{bmatrix} \tag{2-53}$$

多元正态分布函数只与 $\boldsymbol{\mu}$ 和 $\boldsymbol{\Sigma}$ 参数有关，简记为 $N(\boldsymbol{\mu},\boldsymbol{\Sigma})$。当 $\boldsymbol{x}$ 的全部分量两两统计独立时，协方差矩阵 $\boldsymbol{\Sigma}$ 为对角矩阵，所有非对角线元素为零（$\sigma_{ij}=0$，$i\neq j$），此时多元概率密度函数等价为 n 个单变量正态分布概率密度函数的乘积，即

$$p(\boldsymbol{x})=p(x_1)p(x_2)\cdots p(x_n) \tag{2-54}$$

其中，

$$p(x_i)=\frac{1}{\sqrt{2\pi}\sigma_{ii}}\exp\left\{-\frac{1}{2}\left(\frac{x-\mu_i}{\sigma_{ii}}\right)^2\right\} \tag{2-55}$$

以二维正态分布函数为例，图 2-6 给出了均值 $\boldsymbol{\mu}=[0\ \ 0]^{\mathrm{T}}$ 时，不同协方差矩阵下的正态分布函数示意图。

图 2-6（彩图）

$\boldsymbol{\Sigma}=\begin{bmatrix}1.0 & 0\\ 0 & 1.0\end{bmatrix}$　　$\boldsymbol{\Sigma}=\begin{bmatrix}2.5 & 0\\ 0 & 1.0\end{bmatrix}$　　$\boldsymbol{\Sigma}=\begin{bmatrix}1.0 & 0.5\\ 0.5 & 1.0\end{bmatrix}$

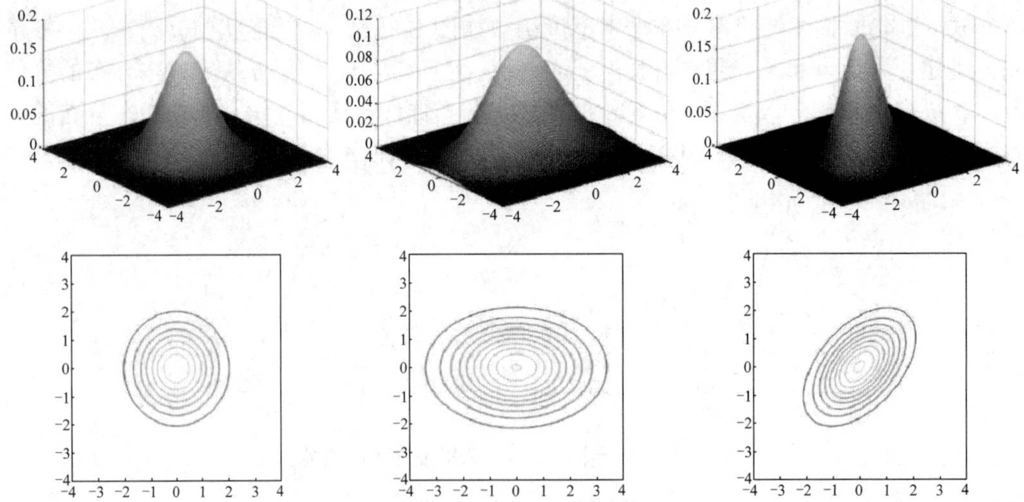

图 2-6　二维正态分布概率密度函数

由式（2-51）可知，当概率密度函数中的指数项 $(\boldsymbol{x}-\boldsymbol{\mu})^{\mathrm{T}}\boldsymbol{\Sigma}^{-1}(\boldsymbol{x}-\boldsymbol{\mu})=$ 常数时，概率

密度 $p(\boldsymbol{x})$ 值不变，此时等密度点构成的等密度线（等高线）在 x_1Ox_2 坐标平面上的投影为椭圆，椭圆的中心取决于均值向量 $\boldsymbol{\mu}$，椭圆的形状取决于协方差矩阵 $\boldsymbol{\Sigma}$。椭圆的主轴方向由 $\boldsymbol{\Sigma}$ 的特征向量决定，主轴长度与 $\boldsymbol{\Sigma}$ 相应特征值成正比。当 $\boldsymbol{\Sigma}$ 为单位阵时，等密度线在 x_1Ox_2 坐标平面上的投影为圆。

2.6.3　正态分布下的贝叶斯决策

根据最小错误率决策规则，根据式（2-5）的决策规则，判别函数 $g_i(\boldsymbol{x})$ 可以定义为 $g_i(\boldsymbol{x})=p(\boldsymbol{x}|\omega_i)P(\omega_i)$，在多元正态分布假设下，其中类条件概率密度函数符合正态分布，此时

$$g_i(\boldsymbol{x})=\frac{1}{(2\pi)^{\frac{n}{2}}|\boldsymbol{\Sigma}_i|^{\frac{1}{2}}}\exp\left\{-\frac{1}{2}(\boldsymbol{x}-\boldsymbol{\mu}_i)^{\mathrm{T}}\boldsymbol{\Sigma}_i^{-1}(\boldsymbol{x}-\boldsymbol{\mu}_i)\right\}P(\omega_i) \tag{2-56}$$

为便于计算，不妨两边取自然对数，从而将乘法转换为加法运算，由于自然对数 ln 为单调函数，因此取对数后不影响判别函数大小关系，此时的判别函数变为

$$\begin{aligned}\ln[g_i(\boldsymbol{x})]&=\ln[p(\boldsymbol{x}|\omega_i)P(\omega_i)]=\ln[p(\boldsymbol{x}|\omega_i)]+\ln[P(\omega_i)]\\&=\ln[P(\omega_i)]-\frac{n}{2}\ln 2\pi-\frac{1}{2}\ln|\boldsymbol{\Sigma}_i|-\frac{1}{2}(\boldsymbol{x}-\boldsymbol{\mu}_i)^{\mathrm{T}}\boldsymbol{\Sigma}_i^{-1}(\boldsymbol{x}-\boldsymbol{\mu}_i)\end{aligned} \tag{2-57}$$

去掉不影响决策且与类别 i 无关的项，简化后得到正态分布下最小错误率贝叶斯决策的判别函数为

$$g_i(\boldsymbol{x})=\ln[P(\omega_i)]-\frac{1}{2}\ln|\boldsymbol{\Sigma}_i|-\frac{1}{2}(\boldsymbol{x}-\boldsymbol{\mu}_i)^{\mathrm{T}}\boldsymbol{\Sigma}_i^{-1}(\boldsymbol{x}-\boldsymbol{\mu}_i),\ i=1,2,\cdots,C \tag{2-58}$$

同理，对于类别 j，其判别函数如式（2-58）。因此，ω_i 和 ω_j 的决策面为

$$g_i(\boldsymbol{x})-g_j(\boldsymbol{x})=0 \tag{2-59}$$

将式（2-58）代入式（2-59）后即得

$$\ln\left[\frac{P(\omega_i)}{P(\omega_j)}\right]-\frac{1}{2}\ln\frac{|\boldsymbol{\Sigma}_i|}{|\boldsymbol{\Sigma}_j|}-\frac{1}{2}\left[(\boldsymbol{x}-\boldsymbol{\mu}_i)^{\mathrm{T}}\boldsymbol{\Sigma}_i^{-1}(\boldsymbol{x}-\boldsymbol{\mu}_i)-(\boldsymbol{x}-\boldsymbol{\mu}_j)^{\mathrm{T}}\boldsymbol{\Sigma}_j^{-1}(\boldsymbol{x}-\boldsymbol{\mu}_j)\right]=0 \tag{2-60}$$

此时的决策面显然是一个二次函数，在一般情况下，当 $\boldsymbol{\Sigma}_i\neq\boldsymbol{\Sigma}_j$ 时，对应的决策面是超二次曲面，其可能是超球面、超椭球面、超抛物面或超双曲面（超双曲面有时可以退化为一对超平面），如图 2-7 所示。

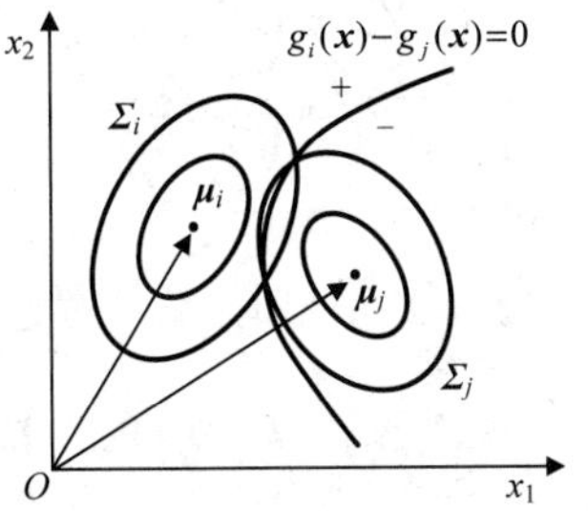

图 2-7　$\boldsymbol{\Sigma}_i\neq\boldsymbol{\Sigma}_j$ 时二维正态分布的判别面

图 2-8 所示为二维正态分布下的决策面形式的变化。假定各类先验概率相等，其中标号 1、2 表示相应类别的等概率密度轮廓线，随着模式样本在 x_1 和 x_2 维度上方差的变化，决策面由圆变为椭圆、抛物线、双曲线甚至退化为直线。

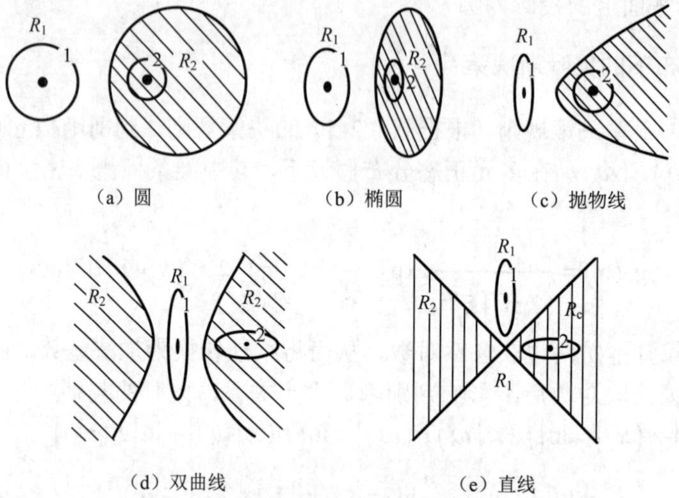

图 2-8 二维正态分布下的决策面形式

在下列特殊情况下，超二次曲面也会退化为超平面。

（1）当 $\boldsymbol{\Sigma}_i=\boldsymbol{\Sigma}_j=\boldsymbol{\Sigma}$ 时，式（2-60）中的第 2 项为零，第 3 项中的二次项被约简掉，同时考虑到 $\boldsymbol{\Sigma}$ 为对称矩阵，满足 $\boldsymbol{x}^{\mathrm{T}}\boldsymbol{\Sigma}^{-1}\boldsymbol{\mu}_i=\boldsymbol{\mu}_i^{\mathrm{T}}\boldsymbol{\Sigma}^{-1}\boldsymbol{x}$，因此决策面方程式（2-60）可简化为

$$\left(\boldsymbol{\mu}_i-\boldsymbol{\mu}_j\right)^{\mathrm{T}}\boldsymbol{\Sigma}^{-1}\boldsymbol{x}-\frac{1}{2}\left(\boldsymbol{\mu}_i\right)^{\mathrm{T}}\boldsymbol{\Sigma}^{-1}\boldsymbol{\mu}_i+\frac{1}{2}\left(\boldsymbol{\mu}_j\right)^{\mathrm{T}}\boldsymbol{\Sigma}^{-1}\boldsymbol{\mu}_j+\ln\left[\frac{P(\omega_i)}{P(\omega_j)}\right]=0 \tag{2-61}$$

此时的决策函数退化为一次函数，决策面为超平面。二维情况下的判别界面示例如图 2-9 所示，此时判别界面为直线，直线的方向平行于协方差矩阵 $\boldsymbol{\Sigma}$ 的第一主轴方向。当先验概率相等时，判别面过均值连线的中点；否则向先验概率较小的一侧偏移。

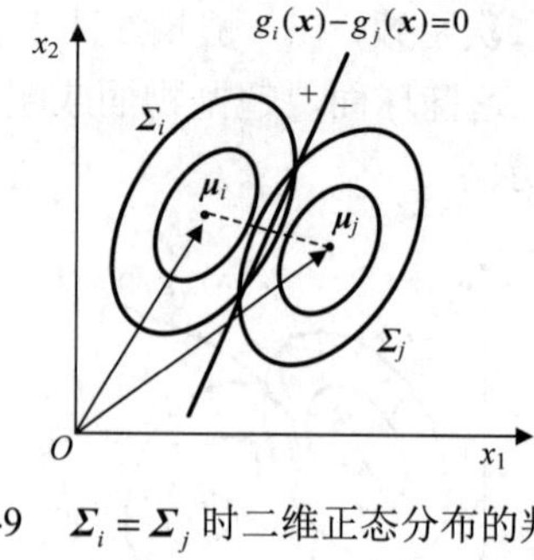

图 2-9 $\boldsymbol{\Sigma}_i=\boldsymbol{\Sigma}_j$ 时二维正态分布的判别面

（2）当 $\boldsymbol{\Sigma}_i=\boldsymbol{\Sigma}_j=\boldsymbol{I}$ 且先验概率 $P(\omega_i)=P(\omega_j)$ 时，决策面方程进一步简化为

$$\left(\boldsymbol{\mu}_i-\boldsymbol{\mu}_j\right)^{\mathrm{T}}\boldsymbol{x}-\frac{1}{2}\left(\boldsymbol{\mu}_i^{\mathrm{T}}\boldsymbol{\mu}_i-\boldsymbol{\mu}_j^{\mathrm{T}}\boldsymbol{\mu}_j\right)=0 \tag{2-62}$$

此时的判别面过均值连线的中点并垂直于均值连线，如图 2-10 所示。此时的分类器

称为最小距离分类器，对样本 $\boldsymbol{x}$ 分类时，只要分别计算 $\boldsymbol{x}$ 到两类中心 $\boldsymbol{\mu}_i$ 和 $\boldsymbol{\mu}_j$ 的欧氏（Euclidean）距离，按照距离最小的原则进行分类即可。因为在忽略掉相同的 $\ln[P(\omega_i)]$ 和 $\ln|\boldsymbol{\Sigma}_i|$ 项后，此时的判别函数 $g_i(\boldsymbol{x})$ 可化简为

$$g_i(\boldsymbol{x}) = -\frac{1}{2}(\boldsymbol{x}-\boldsymbol{\mu}_i)^{\mathrm{T}}(\boldsymbol{x}-\boldsymbol{\mu}_i) = -\frac{1}{2}\|(\boldsymbol{x}-\boldsymbol{\mu}_i)\|^2 \tag{2-63}$$

$g_i(\boldsymbol{x})$ 即为 $\boldsymbol{x}$ 到类中心 $\boldsymbol{\mu}_i$ 的欧氏距离的平方取反。按照判别函数哪一类最大则归为哪一类的原则，实际上就等价为 $\boldsymbol{x}$ 到哪一类中心最近则归为哪一类。

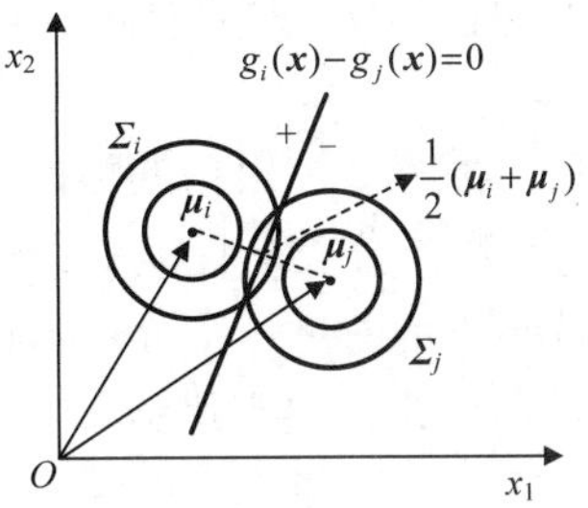

图 2-10　$\boldsymbol{\Sigma}_i = \boldsymbol{\Sigma}_j = \boldsymbol{I}$ 且先验概率相等时的二维正态分布的判别面

例 2-5　已知三维特征空间里有先验概率相等的两类正态分布模式，每类各有 4 个样本：

$$\omega_1: [1\ \ 0\ \ 1]^{\mathrm{T}},\ [1\ \ 0\ \ 0]^{\mathrm{T}},\ [0\ \ 0\ \ 0]^{\mathrm{T}},\ [1\ \ 1\ \ 0]^{\mathrm{T}}$$

$$\omega_2: [0\ \ 0\ \ 1]^{\mathrm{T}},\ [0\ \ 1\ \ 1]^{\mathrm{T}},\ [1\ \ 1\ \ 1]^{\mathrm{T}},\ [0\ \ 1\ \ 0]^{\mathrm{T}}$$

试确定两类之间的判别界面。

解

$$\boldsymbol{\mu}_1 = \frac{1}{4}\left(\begin{bmatrix}1\\0\\1\end{bmatrix}+\begin{bmatrix}1\\0\\0\end{bmatrix}+\begin{bmatrix}0\\0\\0\end{bmatrix}+\begin{bmatrix}1\\1\\0\end{bmatrix}\right) = \frac{1}{4}\begin{bmatrix}3\\1\\1\end{bmatrix} = \frac{1}{4}[3\ \ 1\ \ 1]^{\mathrm{T}}$$

$$\boldsymbol{\mu}_2 = \frac{1}{4}[1\ \ 3\ \ 3]^{\mathrm{T}}$$

$$\boldsymbol{\Sigma}_1 = \boldsymbol{\Sigma}_2 = \frac{1}{16}\begin{bmatrix}3 & 1 & 1\\1 & 3 & -1\\1 & -1 & 3\end{bmatrix} = \boldsymbol{\Sigma}$$

计算得

$$\boldsymbol{\Sigma}^{-1} = \begin{bmatrix}8 & -4 & -4\\-4 & 8 & 4\\-4 & 4 & 8\end{bmatrix}$$

因协方差矩阵和先验概率相等，故判别式为

$$g_1(\boldsymbol{x}) - g_2(\boldsymbol{x}) = (\boldsymbol{\mu}_1-\boldsymbol{\mu}_2)^{\mathrm{T}}\boldsymbol{\Sigma}^{-1}\boldsymbol{x} - \frac{1}{2}\boldsymbol{\mu}_1^{\mathrm{T}}\boldsymbol{\Sigma}^{-1}\boldsymbol{\mu}_1 + \frac{1}{2}\boldsymbol{\mu}_2^{\mathrm{T}}\boldsymbol{\Sigma}^{-1}\boldsymbol{\mu}_2$$

将 $\boldsymbol{x}=[x_1 \quad x_2 \quad x_3]^{\mathrm{T}}$ 以及上面的计算结果代入上式，得

$$g_1(\boldsymbol{x})-g_2(\boldsymbol{x})=8x_1-8x_2-8x_3+4$$

由 $g_1(\boldsymbol{x})-g_2(\boldsymbol{x})=0$ 得判别界面为

$$2x_1-2x_2-2x_3+1=0$$

2.7 贝叶斯分类器错误率计算

任何一个分类器设计完以后，都有分类出错的可能，而且依据不同方法训练得到的分类器其性能也有优劣之分，因此对于分类器性能的评估是模式识别理论和实践中的一个重要问题。通常，分类器的错误率是衡量一个分类器性能的重要指标。设计的分类器是否符合性能要求？和其他分类器相比谁更有优势？对于这些问题，错误率都是一个非常重要的评价指标。

根据定义，分类器的错误率指的是在整个特征空间，对于全部样本进行分类的平均错误率为

$$P(e)=\int P(e|\boldsymbol{x})p(\boldsymbol{x})\mathrm{d}\boldsymbol{x} \tag{2-64}$$

式中：$\boldsymbol{x}$ 为 n 维特征向量；$P(e|\boldsymbol{x})$ 为给定 $\boldsymbol{x}$ 的条件错误率。由于 $\int(\cdot)\mathrm{d}\boldsymbol{x}$ 涉及的是 n 维空间的多重积分，因此错误率的理论计算实际上非常困难。尽管错误率的定义非常简单，但是由于计算的复杂性，在实际应用中一般很少采用理论定义式来计算错误率，而是采用更为实用的错误率上界或实验估计的方法来估算分类器的错误率。

关于错误率的上界估计问题，不在本书进行介绍，感兴趣的读者可以参看其他相关资料。本节只讨论特殊情况下的贝叶斯分类器错误率的理论计算，以及通过实验利用样本估计错误率的方法。

2.7.1 正态分布且协方差矩阵相等情况下的贝叶斯分类器错误率计算

一般情况下，根据式（2-64）计算错误率需要进行多重积分，计算非常困难，只有在某些特殊情况下才能采用理论计算式来计算分类器的错误率。例如，在两类问题中，当样本呈正态分布，且协方差矩阵相等时，此时的对数似然比决策规则为

$$h(\boldsymbol{x})=\ln l(\boldsymbol{x})=\ln p(\boldsymbol{x}|\omega_1)-\ln p(\boldsymbol{x}|\omega_2)\gtrless\ln\frac{P(\omega_2)}{P(\omega_1)}\in\begin{cases}\omega_1\\ \omega_2\end{cases} \tag{2-65}$$

如果令

$$t=\ln\frac{P(\omega_2)}{P(\omega_1)} \tag{2-66}$$

则决策规则变为

$$h(\boldsymbol{x})\gtrless t，\text{则}\boldsymbol{x}\in\begin{cases}\omega_1\\ \omega_2\end{cases} \tag{2-67}$$

假设两类样本均符合正态分布，且协方差矩阵 $\boldsymbol{\Sigma}_1=\boldsymbol{\Sigma}_2=\boldsymbol{\Sigma}$，有

$$p(\boldsymbol{x}\mid\omega_1)\sim N(\boldsymbol{\mu}_1,\boldsymbol{\Sigma}) \tag{2-68}$$

$$p(\boldsymbol{x}\mid\omega_2)\sim N(\boldsymbol{\mu}_2,\boldsymbol{\Sigma}) \tag{2-69}$$

则

$$\begin{aligned} h(\boldsymbol{x}) &= \ln p(\boldsymbol{x}\mid\omega_1)-\ln p(\boldsymbol{x}\mid\omega_2) \\ &= -\frac{1}{2}(\boldsymbol{x}-\boldsymbol{\mu}_1)^{\mathrm{T}}\boldsymbol{\Sigma}^{-1}(\boldsymbol{x}-\boldsymbol{\mu}_1)+\frac{1}{2}(\boldsymbol{x}-\boldsymbol{\mu}_2)^{\mathrm{T}}\boldsymbol{\Sigma}^{-1}(\boldsymbol{x}-\boldsymbol{\mu}_2) \\ &= \boldsymbol{x}^{\mathrm{T}}\boldsymbol{\Sigma}^{-1}(\boldsymbol{\mu}_1-\boldsymbol{\mu}_2)-\frac{1}{2}(\boldsymbol{\mu}_1+\boldsymbol{\mu}_2)^{\mathrm{T}}\boldsymbol{\Sigma}^{-1}(\boldsymbol{\mu}_1-\boldsymbol{\mu}_2) \end{aligned} \tag{2-70}$$

由式（2-70）可知，$h(\boldsymbol{x})$ 是 $\boldsymbol{x}$ 的线性函数，如果 $\boldsymbol{x}$ 是正态分布随机变量，则 $h(\boldsymbol{x})$ 是正态分布的一维随机变量。此时的错误率根据定义为

$$P(e)=P(\omega_1)P_1(e)+P(\omega_2)P_2(e) \tag{2-71}$$

式中：$P_1(e)=\int_{R_2}p(x\mid\omega_1)\mathrm{d}x$；$P_2(e)=\int_{R_1}p(x\mid\omega_2)\mathrm{d}x$。由于每一个 $\boldsymbol{x}$ 都有唯一的 $h(\boldsymbol{x})$ 和它对应，因此 $p(\boldsymbol{x}\mid\omega_1)=p(h\mid\omega_1)$、$p(\boldsymbol{x}\mid\omega_2)=p(h\mid\omega_2)$，而此时的决策域 R_1 和 R_2 对应在 h 一维空间则为 $R_2\sim(-\infty,t)$、$R_1\sim(t,+\infty)$，所以此时的误差为

$$P_1(e)=\int_{-\infty}^{t}p(h\mid\omega_1)\mathrm{d}h \tag{2-72}$$

$$P_2(e)=\int_{t}^{+\infty}p(h\mid\omega_2)\mathrm{d}h \tag{2-73}$$

由于 h 符合正态分布，分别对于第一类和第二类样本，其类条件概率密度函数符合正态分布，分别记作 $N(\mu_1,\sigma_1^2)$、$N(\mu_2,\sigma_2^2)$。其中

$$\begin{aligned} \mu_1 &= E\{h(\boldsymbol{x})\} \\ &= \boldsymbol{\mu}_1^{\mathrm{T}}\boldsymbol{\Sigma}^{-1}(\boldsymbol{\mu}_1-\boldsymbol{\mu}_2)-\frac{1}{2}(\boldsymbol{\mu}_1+\boldsymbol{\mu}_2)^{\mathrm{T}}\boldsymbol{\Sigma}^{-1}(\boldsymbol{\mu}_1-\boldsymbol{\mu}_2) \\ &= \frac{1}{2}(\boldsymbol{\mu}_1-\boldsymbol{\mu}_2)^{\mathrm{T}}\boldsymbol{\Sigma}^{-1}(\boldsymbol{\mu}_1-\boldsymbol{\mu}_2) \end{aligned} \tag{2-74}$$

令

$$r_{12}^2=(\boldsymbol{\mu}_1-\boldsymbol{\mu}_2)^{\mathrm{T}}\boldsymbol{\Sigma}^{-1}(\boldsymbol{\mu}_1-\boldsymbol{\mu}_2) \tag{2-75}$$

则

$$\mu_1=\frac{1}{2}r_{12}^2 \tag{2-76}$$

r_{12}^2 称为 ω_1 和 ω_2 之间的马氏（Mahalanobios）距离，均值 μ_1 刚好为 r_{12}^2 的 1/2。

$$\sigma_1^2=E\left\{\left[h(\boldsymbol{x})-\mu_1\right]^2\right\}=(\boldsymbol{\mu}_1-\boldsymbol{\mu}_2)^{\mathrm{T}}\boldsymbol{\Sigma}^{-1}(\boldsymbol{\mu}_1-\boldsymbol{\mu}_2)=r_{12}^2 \tag{2-77}$$

因此

$$p(h\mid\omega_1)\sim N\left(\frac{1}{2}r_{12}^2,r_{12}^2\right) \tag{2-78}$$

同理，可以计算得到

$$\mu_2 = -\frac{1}{2}r_{12}^2 \tag{2-79}$$

$$\sigma_2^2 = r_{12}^2 \tag{2-80}$$

$$p(h|\omega_2) \sim N\left(-\frac{1}{2}r_{12}^2, r_{12}^2\right) \tag{2-81}$$

对数似然比的概率分布如图 2-11 所示。

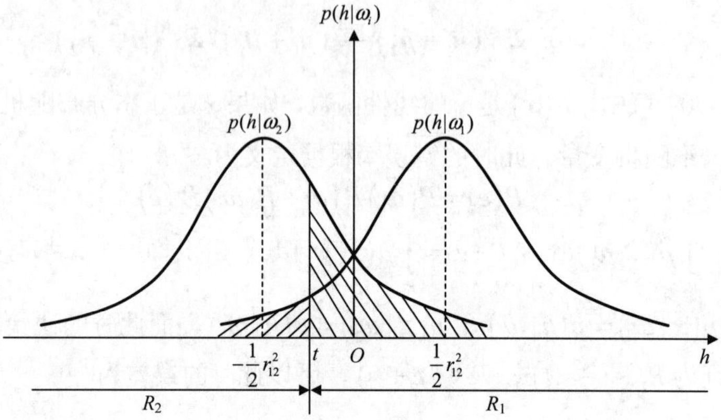

图 2-11　对数似然比 h 的概率分布

根据两类问题的贝叶斯决策错误率计算式

$$P(e) = P(\omega_1)P_1(e) + P(\omega_2)P_2(e) \tag{2-82}$$

以及对数似然比决策规则

$$h(\boldsymbol{x}) \gtrless t，\text{则}\boldsymbol{x} \in \begin{cases}\omega_1 \\ \omega_2\end{cases} \tag{2-83}$$

故由图 2-11 可知，$P_1(e)$ 和 $P_2(e)$ 也可以用 $p(h|\omega_1)$和$p(h|\omega_2)$ 来计算，即

$$P_1(e) = \int_{-\infty}^{t} p(h|\omega_1)\,\mathrm{d}h \tag{2-84}$$

$$P_2(e) = \int_{t}^{+\infty} p(h|\omega_2)\,\mathrm{d}h \tag{2-85}$$

因此，错误率为

$$P(e) = P(\omega_1)\int_{-\infty}^{t} p(h|\omega_1)\,\mathrm{d}h + P(\omega_2)\int_{t}^{+\infty} p(h|\omega_2)\,\mathrm{d}h \tag{2-86}$$

将式（2-78）和式（2-81）代入式（2-86），得

$$P(e) = P(\omega_1)\int_{-\infty}^{t} \frac{1}{\sqrt{2\pi}r_{12}}\exp\left[-\frac{\left(h-\frac{1}{2}r_{12}^2\right)^2}{2r_{12}^2}\right]\mathrm{d}h$$

$$+P(\omega_2)\int_t^{\infty}\frac{1}{\sqrt{2\pi}r_{12}}\exp\left[-\frac{\left(h+\frac{1}{2}r_{12}^2\right)^2}{2r_{12}^2}\right]\mathrm{d}h$$

$$=P(\omega_1)\Phi\left(\frac{t-\frac{1}{2}r_{12}^2}{r_{12}}\right)+P(\omega_2)\left[1-\Phi\left(\frac{t+\frac{1}{2}r_{12}^2}{r_{12}}\right)\right] \tag{2-87}$$

式中：$\Phi(\xi)=\int_{-\infty}^{\xi}\frac{1}{\sqrt{2\pi}}\exp\left(-\frac{y^2}{2}\right)\mathrm{d}y$ 为标准的 $N(0,1)$正态分布。

若$P(\omega_1)=P(\omega_2)=0.5$，则$t=\ln\frac{P(\omega_2)}{P(\omega_1)}=0$，所以$P(e)$为

$$P(e)=\frac{1}{2}\Phi\left(-\frac{1}{2}r_{12}\right)+\frac{1}{2}\left[1-\Phi\left(\frac{1}{2}r_{12}\right)\right]=\int_{\frac{r_{12}}{2}}^{\infty}\frac{1}{\sqrt{2\pi}}\exp\left(-\frac{y^2}{2}\right)\mathrm{d}y \tag{2-88}$$

式（2-88）中$P(e)$的结果通过查标准正态分布表即可求得。从中不难判断，最小错误率贝叶斯决策的错误率$P(e)$是马氏距离平方r_{12}^2的单调减函数，如图 2-12 所示。

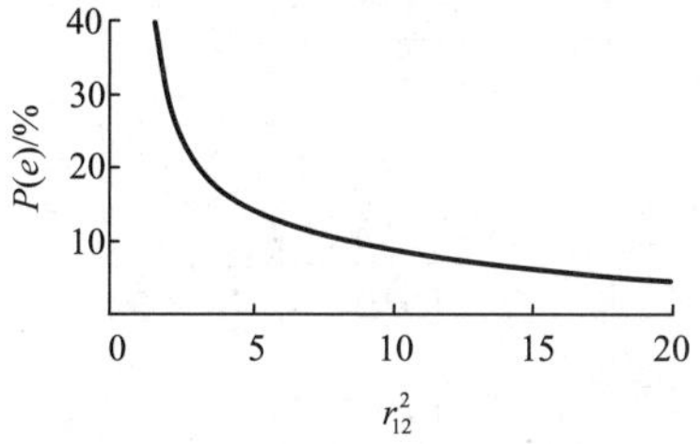

图 2-12　错误率$P(e)$和马氏距离r_{12}^2的关系

2.7.2　错误率的实验估计

由于错误率的理论计算涉及高维积分，在实际计算时是非常困难的，因此在处理实际问题时，更多地采用实验估计的方法来获取分类器错误率的估计值，根据实际情况，一般有以下两种做法。

1. 已设计好分类器时利用样本估计分类器错误率

如果分类器已经设计好，只是需要对分类器的性能，也就是错误率做一个评估，此时通常的做法是收集足够的带类别标签的样本作为专门的测试样本集。在整理测试样本集时，根据各类的先验概率$P(\omega_i)$是未知还是已知，可以采取相应的采样策略，进而通过已设计好的分类器对测试样本的预测类别和实际类别不一致情况的统计来实现对分类器错误率的估计。

（1）先验概率未知——随机采样。

在两类问题中，根据错误率的估算公式，有

$$P(e)=P(\omega_1)P_1(e)+P(\omega_2)P_2(e) \tag{2-89}$$

总错误率实际上是对各类错误率通过先验概率加权后得到的，也可以说不同类别样本的出错对于总错误率的作用和先验概率有关。如果各类样本的先验概率未知，此时只能根据抽取的样本 N 中两类样本的数目 N_1 和 N_2 来估计先验概率 $P(\omega_1)=N_1/N$ 和 $P(\omega_2)=N_2/N$，在此基础上第一类样本和第二类样本的错误率可以分别估计为 $P_1(e)=k_1/N_1$ 和 $P_2(e)=k_2/N_2$，其中 k_1 和 k_2 分别是两类样本被错分的样本数。此时

$$P(e)=P(\omega_1)P_1(e)+P(\omega_2)P_2(e)=\frac{N_1}{N}\frac{k_1}{N_1}+\frac{N_2}{N}\frac{k_2}{N_2}=\frac{k_1+k_2}{N}=\frac{k}{N} \tag{2-90}$$

式中：k 为全部样本被错分的数目。由于抽取样本都有一定的随机性，不可能每次抽取到同样的 N 个样本，因此出错的样本数 k 是一个离散随机变量，这就让人怀疑利用式(2-90)对错误率进行估计是不是可靠，答案是肯定的，可以做以下说明。

不妨将错误率 $P(e)$ 记为 ε，即 $P(e)=\varepsilon$。如果在 ε 确定的条件下对 N 个样本进行分类实验，其中有 k 个样本判断出错的概率记为 $P(k|\varepsilon)$，

$$P(k|\varepsilon)=C_N^k\varepsilon^k(1-\varepsilon)^{N-k} \tag{2-91}$$

式中：$C_N^k=\dfrac{N!}{k!(N-k)!}$。则 ε 的最大似然估计 $\hat{\varepsilon}$ 满足

$$\frac{\partial P(k|\varepsilon)}{\partial\varepsilon}=0 \tag{2-92}$$

取自然对数后同样满足

$$\frac{\partial \ln P(k|\varepsilon)}{\partial\varepsilon}=0 \tag{2-93}$$

对式（2-93）左边求导，有

$$\frac{\partial}{\partial\varepsilon}\left\{\ln C_N^k+\ln\varepsilon^k+\ln(1-\varepsilon)^{N-k}\right\}=\frac{k}{\varepsilon}+(N-k)\frac{-1}{1-\varepsilon}=0 \tag{2-94}$$

即

$$k(1-\varepsilon)=(N-k)\varepsilon \tag{2-95}$$

因此，可以求得

$$\hat{\varepsilon}=\frac{k}{N} \tag{2-96}$$

上述结论对于单类样本的错误率估计也是成立的，即

$$\begin{cases}\hat{\varepsilon}_1=\dfrac{k_1}{N_1}\\[2ex]\hat{\varepsilon}_2=\dfrac{k_2}{N_2}\end{cases} \tag{2-97}$$

（2）先验概率已知——选择性采样。

如果先验概率是已知的，则选取样本时应该基于先验概率按比例抽取第 ω_i 类的样本。例如，对于两类情况，分别从 ω_1 和 ω_2 中抽取 N_1 和 N_2 个样本，使

$$N_1=P(\omega_1)N,\quad N_2=P(\omega_2)N,\quad N_1+N_2=N \tag{2-98}$$

假设 ω_1 被错分的样本数为 k_1，ω_2 被错分的样本数为 k_2，由于 k_1 和 k_2 是独立统计的，此时 k_1 和 k_2 的联合概率为

$$P(k_1,k_2)=P(k_1)P(k_2)=\prod_{i=1}^{2}C_{N_i}^{k_i}\varepsilon_i^{k_i}(1-\varepsilon_i)^{N_i-k_i} \tag{2-99}$$

式中：ε_i 为第 ω_i 类的真实错误率。同理，可以求得总错误率 ε 的最大似然估计为

$$\hat{\varepsilon}=\sum_{i=1}^{2}P(\omega_i)\frac{k_i}{N_i}=\sum_{i=1}^{2}P(\omega_i)\hat{\varepsilon}_i \tag{2-100}$$

2. 未设计好分类器时错误率的估计

如果分类器未设计好，则收集到的样本既要用于分类器设计，又要用于分类器的错误率估计。此时需要着重考虑的问题是，如何保证用有限样本设计得到的分类器，在面对无穷的未知样本测试时的泛化性能。由于错误率的实验估计既取决于训练样本分布，又取决于测试样本分布，假设训练样本分布对应参数 θ_1，测试样本分布对应参数 θ_2，则错误率 ε 将是 θ_1 和 θ_2 的函数，记作 $\varepsilon(\theta_1,\theta_2)$。如果现实问题中全部样本的真实分布对应参数 θ，有限的 N 个训练样本的分布对应参数 θ_N。

如果既用有限的 N 个样本设计分类器，又将这 N 个样本用于后续的分类器测试，则其分类错误率为 $\varepsilon(\hat{\theta}_N,\hat{\theta}_N)$，但是该错误率是偏乐观的。用有限样本设计的分类器不能反映分类器对未知样本的分类性能，极端情况下，分类器可以记忆每一个训练样本的类别，此时 $\varepsilon(\hat{\theta}_N,\hat{\theta}_N)=0$，但是该错误率不能真实反映面对未知样本时分类器的性能。直观感知 $\varepsilon(\hat{\theta}_N,\hat{\theta}_N)$ 要小于 $\varepsilon(\theta_1,\theta_2)$，训练集是 N 而测试集为全部可能的样本时的错误率为 $\varepsilon(\hat{\theta}_N,\theta)$，考虑到选择 N 个样本的随机性，$\hat{\theta}_N$ 是随机变量，应取平均错误率，即

$$E\{\varepsilon(\hat{\theta}_N,\hat{\theta}_N)\}\leqslant\varepsilon(\theta,\theta) \tag{2-101}$$

此时的错误率可以看作真实情况错误率的下界。

如果用 N 个样本训练分类器，而用全部样本测试分类器，则此时的错误率记作 $\varepsilon(\hat{\theta}_N,\theta)$，则

$$E\{\varepsilon(\hat{\theta}_N,\theta)\}\geqslant\varepsilon(\theta,\theta) \tag{2-102}$$

可以看作错误率的上界。

由此可知，要使错误率的估计不偏于乐观，必须采用训练集和测试集分离的样本划分，而且训练集和测试集最好不交叠。

当样本数比较充足时，一般将样本划分为独立的两组，一组作为训练集用于分类器设计，另一组作为测试集用于错误率的估计。该样本划分方式，想要获得好的错误率估计，需要较大的样本数 N。

当样本数不够时，为了充分利用样本集，可以采用留一法或 n 折交叉法划分样本。所谓留一法，就是每次留下一个样本，而将其余的 $N-1$ 个样本用于分类器设计，然后用留下的样本进行测试，这样重复 N 次，最后统计被错分的样本数即可得到错误率的估计。留一法适用于样本数较少情况下的分类器错误率估计。留一法的另一种做法是将样本随

机分成n个子集，每次用一个子集作为测试集，其余$n-1$个子集作为训练集，重复n次，以n次测试的平均值作为分类器的错误率估计，考虑到一次样本划分的随意性，可以进行多轮（如k轮）划分，然后对每轮的错误率估计求平均作为最终的分类器的错误率估计值，这种做法称为k轮n折交叉验证。留一法适用于样本数较少的情况，但是需要多次设计分类器，大大增加了计算量。

2.8 概率密度函数的参数估计

根据前述贝叶斯决策原理，为了实现贝叶斯决策，需要预先知道先验概率$P(\omega_i)$和类条件概率密度函数$p(\boldsymbol{x}|\omega_i)$。但在实际问题中，先验概率和类条件概率往往是未知的，因此要实现贝叶斯决策，首先需要利用已知样本通过统计推断中的估计理论对真实的概率密度进行估计，然后再利用估计的概率密度进行贝叶斯决策，所以也称之为两步贝叶斯决策。先验概率的估计比较简单，通常通过统计各类样本占全部样本的比例即可得到。因此，本节主要讨论的是类条件概率密度函数的估计问题。

概率密度函数的估计方法有两种，即参数估计和非参数估计。如果实际概率密度函数可以用经典的概率密度函数拟合，此种情况下，假定概率密度的形式是已知的，如符合正态分布，未知的只是其中的参数，如单变量正态分布时的均值μ和方差σ^2或多变量正态分布时的均值向量$\boldsymbol{\mu}$和协方差矩阵$\boldsymbol{\Sigma}$，此时通过估计其中的未知参数便可确定概率密度函数，因此称之为参数估计。另一种情况是，实际数据分布复杂，无法事先判断数据的真实分布或无法用经典的概率密度去拟合它，此时，往往直接利用样本借助非参数估计方法估计概率密度。

估计参数的方法主要有两种，即最大似然估计和贝叶斯估计。

2.8.1 最大似然估计

如果将形式确定的概率密度函数的参数看作确定的未知量，则所谓最大似然估计，也就是在收集的样本集已知的情况下，需要预测该样本集最有可能是从哪组参量确定的概率密度函数采样所得。假定每一个样本都是独立抽取的，共有 N 个样本，记作$\boldsymbol{X}^N=\{\boldsymbol{x}_1,\boldsymbol{x}_2,\cdots,\boldsymbol{x}_N\}$，未知参数构成的参数向量记作$\boldsymbol{\theta}$。假设对$\omega_i$类的类条件概率密度函数进行估计，该问题可以描述如下：设$P(\boldsymbol{x}_i|\boldsymbol{\theta})$为$\boldsymbol{\theta}$已知的前提下，抽得样本$\boldsymbol{x}_i$的概率，通常也称之为样本$\boldsymbol{x}_i$关于$\boldsymbol{\theta}$的似然函数，相应地，在$\boldsymbol{\theta}$已知的前提下，抽得样本集$\boldsymbol{X}^N$的概率记作

$$p(\boldsymbol{X}^N|\boldsymbol{\theta})=p(\boldsymbol{x}_1,\boldsymbol{x}_2,\cdots,\boldsymbol{x}_N|\boldsymbol{\theta})=\prod_{i=1}^{N}p(\boldsymbol{x}_i|\boldsymbol{\theta}) \tag{2-103}$$

其中，$p(\boldsymbol{X}^N|\boldsymbol{\theta})$也表示$\boldsymbol{\theta}$已知的前提下，样本$\boldsymbol{x}_1,\boldsymbol{x}_2,\cdots,\boldsymbol{x}_N$同时出现的概率，即联合概率密度函数$p(\boldsymbol{x}_1,\boldsymbol{x}_2,\cdots,\boldsymbol{x}_N|\boldsymbol{\theta})$。不难理解，假设$\boldsymbol{\theta}$是已知的，则最可能采样到的样本一定是使$p(\boldsymbol{x}|\boldsymbol{\theta})$有最大值的样本$\boldsymbol{x}$，最可能采集到的样本集也会使似然函数$p(\boldsymbol{X}^N|\boldsymbol{\theta})$取最大值；反过来，如果$\boldsymbol{\theta}$未知，则想知道抽取的样本集$\boldsymbol{X}^N$最可能来自哪个概率密度函数，在概率密度函数形式确定的情况下，需要确定一个$\boldsymbol{\theta}$值使$p(\boldsymbol{x}|\boldsymbol{\theta})$或$p(\boldsymbol{X}^N|\boldsymbol{\theta})$有极

大值。使 $p\left(\boldsymbol{X}^N|\boldsymbol{\theta}\right)$ 有极大值的参数 $\boldsymbol{\theta}$ 可以通过 $\boldsymbol{X}^N$ 来统计估计，也称为 $\boldsymbol{\theta}$ 的最大似然估计，通常记作 $\hat{\boldsymbol{\theta}}$。根据函数取极值的特性，$\boldsymbol{\theta}$ 的最大似然估计值使似然函数对 $\boldsymbol{\theta}$ 的一阶导数为零，即

$$\frac{\mathrm{d}p\left(\boldsymbol{X}^N|\boldsymbol{\theta}\right)}{\mathrm{d}\boldsymbol{\theta}}=0 \tag{2-104}$$

由于联合概率密度函数的计算涉及 $p(\boldsymbol{x}_i|\boldsymbol{\theta})$ 的连乘，计算比较麻烦，可以考虑对似然函数取自然对数变成加运算后再求导，计算更为简便。由于自然对数为单调函数，不影响最大值的取值，假设取对数后的似然函数记作 $H(\boldsymbol{\theta})$，有

$$H(\boldsymbol{\theta})=\ln p\left(\boldsymbol{X}^N|\boldsymbol{\theta}\right) \tag{2-105}$$

则式（2-104）的求解可以等价为对数似然函数的一阶导数为零的解，即

$$\frac{\mathrm{d}H(\boldsymbol{\theta})}{\mathrm{d}\boldsymbol{\theta}}=0 \tag{2-106}$$

如果类条件概率密度函数有 p 个未知参数 $\theta_1,\theta_1,\cdots,\theta_p$，则未知参量 $\boldsymbol{\theta}=[\theta_1,\theta_1,\cdots,\theta_p]^{\mathrm{T}}$，根据式（2-105）有

$$H(\boldsymbol{\theta})=\ln p\left(\boldsymbol{X}^N|\boldsymbol{\theta}\right)=\sum_{k=1}^{N}\ln p(\boldsymbol{x}_k|\boldsymbol{\theta}) \tag{2-107}$$

代入式（2-106）有

$$\frac{\mathrm{d}H(\boldsymbol{\theta})}{\mathrm{d}\boldsymbol{\theta}}=\frac{\mathrm{d}\left[\sum_{k=1}^{N}\ln p(\boldsymbol{x}_k|\boldsymbol{\theta})\right]}{\mathrm{d}\boldsymbol{\theta}}=0 \tag{2-108}$$

分别对 $\theta_1,\theta_2,\cdots,\theta_p$ 求一阶偏导数，有

$$\begin{cases}\sum_{k=1}^{N}\dfrac{\partial\ln p(\boldsymbol{x}_k|\boldsymbol{\theta})}{\partial\theta_1}=0\\ \sum_{k=1}^{N}\dfrac{\partial\ln p(\boldsymbol{x}_k|\boldsymbol{\theta})}{\partial\theta_2}=0\\ \qquad\vdots\\ \sum_{k=1}^{N}\dfrac{\partial\ln p(\boldsymbol{x}_k|\boldsymbol{\theta})}{\partial\theta_p}=0\end{cases} \tag{2-109}$$

联立上述方程组求解即可得 $\boldsymbol{\theta}$ 的最大似然估计值。需要说明的是，上述方程组可能有多个极值解，其中使似然函数最大的解才是最大似然估计值。如图 2-13 所示，最大似然估计虽然有多个极值，但是只有 $\hat{\boldsymbol{\theta}}$ 才是最终选取的最大似然解。

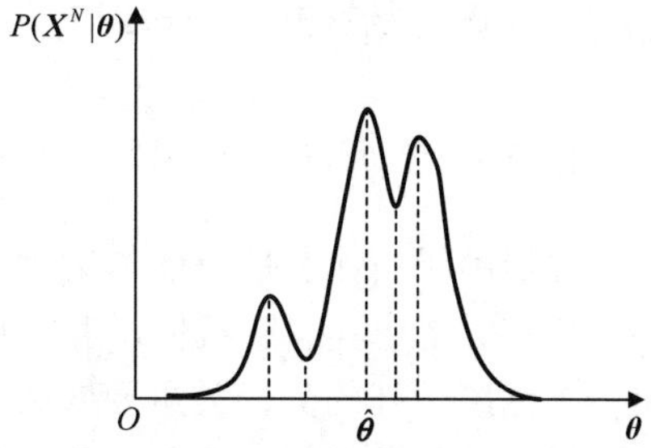

图 2-13　多峰分布的最大似然估计

为了加深理解，不妨以一维正态分布为例，分析参数的最大似然估计应用。假设某 ω_i 类样本概率密度函数符合一维正态分布，记作

$$p(x|\omega_i) \sim N(\mu, \sigma^2) \tag{2-110}$$

此时的未知参量$\boldsymbol{\theta}=\begin{bmatrix}\mu & \sigma^2\end{bmatrix}^{\mathrm{T}}$，由于参量$\boldsymbol{\theta}$和类别是对应的，因此上述概率密度函数也可以记为

$$p(x|\boldsymbol{\theta}) \sim N(\mu, \sigma^2) = \frac{1}{\sqrt{2\pi}\sigma}\exp\left\{-\frac{1}{2}\left(\frac{x-\mu}{\sigma}\right)^2\right\} \tag{2-111}$$

其中，$\theta_1=\mu$、$\theta_2=\sigma^2$。对数似然函数为

$$H(\boldsymbol{\theta}) = \ln p(\boldsymbol{X}^N|\boldsymbol{\theta}) = \sum_{k=1}^{N}\ln p(x_k|\boldsymbol{\theta}) = \sum_{k=1}^{N}\left[-\frac{1}{2}\ln(2\pi\sigma^2) - \frac{1}{2}\left(\frac{x_k-\mu}{\sigma}\right)^2\right] \tag{2-112}$$

分别对μ和σ^2求一阶偏导数，有

$$\sum_{k=1}^{N}\frac{\partial \ln p(x_k|\boldsymbol{\theta})}{\partial\mu} = \sum_{k=1}^{N}\frac{(x_k-\mu)}{\sigma^2} = 0 \tag{2-113}$$

$$\sum_{k=1}^{N}\frac{\partial \ln p(x_k|\boldsymbol{\theta})}{\partial\sigma^2} = \sum_{k=1}^{N}\frac{-1}{2\sigma^2} + \frac{(x_k-\mu)^2}{\sigma^2} = 0 \tag{2-114}$$

求解上述方程，可得均值和方差的估计值为

$$\hat{\mu} = \frac{1}{N}\sum_{k=1}^{N}x_k \tag{2-115}$$

$$\hat{\sigma}^2 = \frac{1}{N}\sum_{k=1}^{N}(x_k-\hat{\mu})^2 \tag{2-116}$$

对于高维正态分布，同理可以推理得到

$$\hat{\boldsymbol{\mu}} = \frac{1}{N}\sum_{k=1}^{N}\boldsymbol{x}_k \tag{2-117}$$

$$\hat{\boldsymbol{\Sigma}} = \frac{1}{N}\sum_{k=1}^{N}(\boldsymbol{x}_k-\hat{\boldsymbol{\mu}})(\boldsymbol{x}_k-\hat{\boldsymbol{\mu}})^{\mathrm{T}} \tag{2-118}$$

根据上述结论，均值的最大似然估计是样本的算术平均值，协方差矩阵的最大似然估计就是N个矩阵$(\boldsymbol{x}_k-\hat{\boldsymbol{\mu}})(\boldsymbol{x}_k-\hat{\boldsymbol{\mu}})^{\mathrm{T}}$的算术平均值。由于真正的均值是随机样本的期望，真正的协方差矩阵是随机矩阵$(\boldsymbol{x}-\boldsymbol{\mu})(\boldsymbol{x}-\boldsymbol{\mu})^{\mathrm{T}}$的期望值，因此最大似然估计的结果是合理的，符合人的先验认知。

2.8.2 贝叶斯估计和贝叶斯学习

1. 贝叶斯估计

由于用于估计参数的样本集$\boldsymbol{X}^N$在抽取的过程中具有随机性，因此用它估计得到的参数$\boldsymbol{\theta}$实际上也具有随机性，考虑到这一点，引出了贝叶斯参数估计方法。贝叶斯估计是概率密度估计的另一类主要参数估计方法，其结果多数情况下和最大似然估计一致。贝叶斯估计和最大似然估计的区别在于看问题的视角不同，对于最大似然估计来说，待估计参量$\boldsymbol{\theta}$是确定的未知量，但是贝叶斯估计则将$\boldsymbol{\theta}$当成随机参量，其需要解决的问题是，当采集样本集$\boldsymbol{X}^N$已知的情况下，什么样的估计值使$\boldsymbol{\theta}$估计出错的风险最小。也就

是说，贝叶斯估计实际上将参数估计问题看作连续空间的最小风险决策问题，其可以借助最小风险贝叶斯决策的形式来描述和分析。

如果假设对于连续变量 $\boldsymbol{\theta}$ 被估计为 $\hat{\boldsymbol{\theta}}$ 时，其带来的风险记作 $\lambda(\hat{\boldsymbol{\theta}},\boldsymbol{\theta})$，则用 $\hat{\boldsymbol{\theta}}$ 估计 $\boldsymbol{\theta}$ 时，在整个样本空间中总的期望风险为

$$R=\iint\lambda(\hat{\boldsymbol{\theta}},\boldsymbol{\theta})p(\boldsymbol{x},\boldsymbol{\theta})\mathrm{d}\boldsymbol{\theta}\mathrm{d}\boldsymbol{x}=\iint\lambda(\hat{\boldsymbol{\theta}},\boldsymbol{\theta})p(\boldsymbol{\theta}\mid\boldsymbol{x})p(\boldsymbol{x})\mathrm{d}\boldsymbol{\theta}\mathrm{d}\boldsymbol{x} \tag{2-119}$$

定义在样本 $\boldsymbol{x}$ 下的条件风险为

$$R(\hat{\boldsymbol{\theta}}\mid\boldsymbol{x})=\int\lambda(\hat{\boldsymbol{\theta}},\boldsymbol{\theta})p(\boldsymbol{\theta}\mid\boldsymbol{x})\mathrm{d}\boldsymbol{\theta} \tag{2-120}$$

则式（2-119）变为

$$R=\int R(\hat{\boldsymbol{\theta}}\mid\boldsymbol{x})p(\boldsymbol{x})\mathrm{d}\boldsymbol{x} \tag{2-121}$$

与贝叶斯决策类似，期望风险是所有可能的 $\boldsymbol{x}$ 下的条件风险的积分，而条件风险是非负的，因此要使总的期望风险最小，也就是要求对所有可能的 $\boldsymbol{x}$ 求条件风险最小。当样本集 $\boldsymbol{X}^N$ 有限时，求条件风险最小，即

$$\boldsymbol{\theta}^*=\arg\min_{\hat{\boldsymbol{\theta}}}R(\hat{\boldsymbol{\theta}}\mid\boldsymbol{X}^N)=\int\lambda(\hat{\boldsymbol{\theta}},\boldsymbol{\theta})p(\boldsymbol{\theta}\mid\boldsymbol{X}^N)\mathrm{d}\boldsymbol{\theta} \tag{2-122}$$

在连续空间中，如果损失函数定义为平方误差损失函数，即

$$\lambda(\hat{\boldsymbol{\theta}},\boldsymbol{\theta})=(\boldsymbol{\theta}-\hat{\boldsymbol{\theta}})^2 \tag{2-123}$$

则可以证明，在样本 $\boldsymbol{x}$ 条件下，$\boldsymbol{\theta}$ 的贝叶斯估计量 $\boldsymbol{\theta}^*$ 是给定 $\boldsymbol{x}$ 条件下 $\boldsymbol{\theta}$ 的条件期望，即

$$\boldsymbol{\theta}^*=E(\boldsymbol{\theta}\mid\boldsymbol{x})=\int\boldsymbol{\theta}p(\boldsymbol{\theta}\mid\boldsymbol{x})\mathrm{d}\boldsymbol{\theta} \tag{2-124}$$

同理，在给定样本集 $\boldsymbol{X}^N$ 下，$\boldsymbol{\theta}$ 的贝叶斯估计量为

$$\boldsymbol{\theta}^*=E(\boldsymbol{\theta}\mid\boldsymbol{X}^N)=\int\boldsymbol{\theta}p(\boldsymbol{\theta}\mid\boldsymbol{X}^N)\mathrm{d}\boldsymbol{\theta} \tag{2-125}$$

因此，在最小平方误差损失函数下，贝叶斯估计可以按照以下步骤计算。

（1）根据对问题的认知或者猜测，确定 $\boldsymbol{\theta}$ 的先验概率密度 $p(\boldsymbol{\theta})$。

（2）由样本集 $\boldsymbol{X}^N$ 求样本联合概率密度 $p(\boldsymbol{X}^N\mid\boldsymbol{\theta})$，在独立同分布假设下，样本集的联合概率密度为

$$p(\boldsymbol{X}^N\mid\boldsymbol{\theta})=\prod_{i=1}^{N}p(\boldsymbol{x}_i\mid\boldsymbol{\theta}) \tag{2-126}$$

（3）利用贝叶斯公式求 $\boldsymbol{\theta}$ 的后验概率密度为

$$p(\boldsymbol{\theta}\mid\boldsymbol{X}^N)=\frac{p(\boldsymbol{X}^N\mid\boldsymbol{\theta})p(\boldsymbol{\theta})}{\int p(\boldsymbol{X}^N\mid\boldsymbol{\theta})p(\boldsymbol{\theta})\mathrm{d}\boldsymbol{\theta}} \tag{2-127}$$

（4）根据式（2-125），求 $\boldsymbol{\theta}$ 的贝叶斯估计量为

$$\boldsymbol{\theta}^*=\int\boldsymbol{\theta}p((\boldsymbol{\theta}\mid\boldsymbol{X}^N))\mathrm{d}\boldsymbol{\theta} \tag{2-128}$$

2. 贝叶斯学习

贝叶斯估计在实际应用中可以通过对样本的迭代估计将概率密度函数的估计问题转化为在线学习的形式，从而实现概率密度函数估计的在线学习。

对于某类的概率密度函数来说，由于类别 ω 和类参量 $\boldsymbol{\theta}$ 是对应的，因此类概率密度

函数 $p(\boldsymbol{x}|\omega)$ 也可以记为 $p(\boldsymbol{x}|\boldsymbol{\theta})$，即

$$p(\boldsymbol{x}|\omega)=p(\boldsymbol{x}|\boldsymbol{\theta}) \tag{2-129}$$

假定样本集 $\boldsymbol{X}^N$ 是独立抽取的 N 个样本，根据贝叶斯公式，有

$$p(\boldsymbol{\theta}|\boldsymbol{X}^N)=\frac{p(\boldsymbol{X}^N|\boldsymbol{\theta})p(\boldsymbol{\theta})}{\int p(\boldsymbol{X}^N|\boldsymbol{\theta})p(\boldsymbol{\theta})\mathrm{d}\boldsymbol{\theta}} \tag{2-130}$$

其中，

$$p(\boldsymbol{X}^N|\boldsymbol{\theta})=p(\boldsymbol{X}^{N-1}|\boldsymbol{\theta})p(\boldsymbol{X}_N|\boldsymbol{\theta}) \tag{2-131}$$

式中：$\boldsymbol{X}^N$ 为其中第 N 个样本；$\boldsymbol{X}^{N-1}$ 为除 $\boldsymbol{X}^N$ 外的前面 $N-1$ 个样本。将式（2-131）代入式（2-130）中，可得

$$p(\boldsymbol{\theta}|\boldsymbol{X}^N)=\frac{p(\boldsymbol{X}^{N-1}|\boldsymbol{\theta})p(\boldsymbol{X}^N|\boldsymbol{\theta})p(\boldsymbol{\theta})}{\int p(\boldsymbol{X}^{N-1}|\boldsymbol{\theta})p(\boldsymbol{X}^N|\boldsymbol{\theta})p(\boldsymbol{\theta})\mathrm{d}\boldsymbol{\theta}} \tag{2-132}$$

同理，根据贝叶斯公式，有

$$p(\boldsymbol{\theta}|\boldsymbol{X}^{N-1})=\frac{p(\boldsymbol{X}^{N-1}|\boldsymbol{\theta})p(\boldsymbol{\theta})}{\int p(\boldsymbol{X}^{N-1}|\boldsymbol{\theta})p(\boldsymbol{\theta})\mathrm{d}\boldsymbol{\theta}} \tag{2-133}$$

式（2-133）中，分母积分项是确定的量，将式（2-133）代入式（2-132），同时分子和分母约去相同的积分项 $\int p(\boldsymbol{X}^{N-1}|\boldsymbol{\theta})p(\boldsymbol{\theta})\mathrm{d}\boldsymbol{\theta}$，则可得

$$p(\boldsymbol{\theta}|\boldsymbol{X}^N)=\frac{p(\boldsymbol{\theta}|\boldsymbol{X}^{N-1})p(\boldsymbol{X}^N|\boldsymbol{\theta})}{\int p(\boldsymbol{\theta}|\boldsymbol{X}^{N-1})p(\boldsymbol{X}^N|\boldsymbol{\theta})\mathrm{d}\boldsymbol{\theta}} \tag{2-134}$$

式（2-134）是利用样本集 $\boldsymbol{X}^N$ 估计 $p(\boldsymbol{\theta}|\boldsymbol{X}^N)$ 的迭代计算式，称为参数估计的递推贝叶斯方法，也称为贝叶斯学习过程。初始状态时，样本 N=0，此时的概率密度函数就是 $\boldsymbol{\theta}$ 的先验概率，即 $p(\boldsymbol{X}^0|\boldsymbol{\theta})=p(\boldsymbol{\theta})$。在此基础上，根据递推式（2-134），即可依序计算 $p(\boldsymbol{\theta}),p(\boldsymbol{\theta}|\boldsymbol{X}^1),p(\boldsymbol{\theta}|\boldsymbol{X}^2),\cdots$，最终得到 $p(\boldsymbol{\theta}|\boldsymbol{X}^N)$，进而通过

$$\boldsymbol{\theta}^*=\int\boldsymbol{\theta}p(\boldsymbol{\theta}|\boldsymbol{X}^N)\mathrm{d}\boldsymbol{\theta} \tag{2-135}$$

得到参量 $\boldsymbol{\theta}$ 的估计值后，即可获得概率密度函数 $p(\boldsymbol{x}|\boldsymbol{\theta})$。但是在实际应用中，可以省去参量估计这一步，直接由下式来估算概率密度函数，即

$$p(\boldsymbol{x}|\boldsymbol{X}^N)=\int p(\boldsymbol{x},\boldsymbol{\theta}|\boldsymbol{X}^N)\mathrm{d}\boldsymbol{\theta}=\int p(\boldsymbol{x}|\boldsymbol{\theta})p(\boldsymbol{\theta}|\boldsymbol{X}^N)\mathrm{d}\boldsymbol{\theta} \tag{2-136}$$

上述通过迭代学习的方式来估算概率密度函数的过程就是贝叶斯学习。贝叶斯学习作为一种在线学习方式，特别适合于动态环境或增量样本下的概率密度函数估计。

3. 正态分布下的贝叶斯估计

下面以一维情况下的贝叶斯估计为例，说明贝叶斯估计的应用。假设模型的方差 σ^2 已知，待估计的量为均值 μ，此时的分布密度函数 $p(x|\mu)\sim N(\mu,\sigma^2)$，有

$$p(x|\mu)=\frac{1}{\sqrt{2\pi}\sigma}\exp\left(-\frac{(x-\mu)^2}{2\sigma^2}\right) \tag{2-137}$$

假设均值 μ 的先验分布也符合正态分布，其均值为 μ_0、方差为 σ_0^2，即

$$p(\mu)=\frac{1}{\sqrt{2\pi}\sigma_0}\exp\left(-\frac{(\mu-\mu_0)^2}{2\sigma_0^2}\right) \tag{2-138}$$

设 $\boldsymbol{X}^N=\{\boldsymbol{x}_1,\boldsymbol{x}_2,\cdots,\boldsymbol{x}_N\}$ 是 N 个独立抽取的样本，根据贝叶斯公式

$$p(\mu\mid\boldsymbol{X}^N)=\frac{p(\boldsymbol{X}^N\mid\mu)p(\mu)}{\int p(\boldsymbol{X}^N\mid\mu)p(\mu)\mathrm{d}\mu} \tag{2-139}$$

分母可以看作对概率进行归一化的常量，而分子项

$$\begin{aligned}p(\boldsymbol{X}^N\mid\mu)p(\mu)&=p(\mu)\prod_{i=1}^{N}p(\boldsymbol{x}_i\mid\mu)\\&=\frac{1}{\sqrt{2\pi}\sigma_0}\exp\left(-\frac{(\mu-\mu_0)^2}{2\sigma_0^2}\right)\prod_{i=1}^{N}\frac{1}{\sqrt{2\pi}\sigma}\exp\left(-\frac{(x_i-\mu)^2}{2\sigma^2}\right)\end{aligned} \tag{2-140}$$

由于 $\int p(\boldsymbol{X}^N|\mu)p(\mu)\mathrm{d}\mu$ 积分结果和 μ 无关，可以看作常数，令 $\alpha=1\Big/\int p(\boldsymbol{X}^N|\mu)p(\mu)\mathrm{d}\mu$，则

$$p(\mu\mid\boldsymbol{X}^N)=\alpha\frac{1}{\sqrt{2\pi}\sigma_0}\exp\left(-\frac{(\mu-\mu_0)^2}{2\sigma_0^2}\right)\prod_{i=1}^{N}\frac{1}{\sqrt{2\pi}\sigma}\exp\left(-\frac{(x_i-\mu)^2}{2\sigma^2}\right) \tag{2-141}$$

如果将与 μ 无关的项都归入常数项中，则式（2-141）可以进一步简化为

$$\begin{aligned}p(\mu\mid\boldsymbol{X}^N)&=\alpha'\exp\left\{-\frac{1}{2}\left[\frac{(\mu-\mu_0)^2}{\sigma_0^2}+\sum_{i=1}^{N}\frac{(x_i-\mu)^2}{\sigma^2}\right]\right\}\\&=\alpha''\exp\left\{-\frac{1}{2}\left[\left(\frac{N}{\sigma^2}+\frac{1}{\sigma_0^2}\right)\mu^2-2\left(\frac{1}{\sigma^2}\sum_{i=1}^{N}x_i+\frac{\mu_0}{\sigma_0^2}\right)\mu\right]\right\}\end{aligned} \tag{2-142}$$

式中：α' 和 α'' 分别表示将和 μ 无关的项归并后的常数项。不难判断 $p(\mu\mid\boldsymbol{X}^N)$ 仍然符合正态分布，可以将其记为标准的正态分布函数形式 $N(\mu_N,\sigma_N^2)$，有

$$p(\mu\mid\boldsymbol{X}^N)=\frac{1}{\sqrt{2\pi}\sigma_N}\exp\left(-\frac{(x-\mu_N)^2}{2\sigma_N^2}\right) \tag{2-143}$$

则可以求得

$$\mu_N=\frac{N\sigma_0^2}{N\sigma_0^2+\sigma^2}m_N+\frac{\sigma^2}{N\sigma_0^2+\sigma^2}\mu_0 \tag{2-144}$$

$$\sigma_N^2=\frac{\sigma_0^2\sigma^2}{N\sigma_0^2+\sigma^2} \tag{2-145}$$

式中：$m_N=\frac{1}{N}\sum_{i=1}^{N}x_i$ 为所有观测样本的算术平均。根据贝叶斯估计，待估计样本的密度函数均值服从均值为 μ_N、方差为 σ_N^2 的正态分布。利用式（2-143），可以求得 μ 的贝叶斯估计量为

$$\hat{\mu}=\int \mu p\left(\mu \mid \boldsymbol{X}^{N}\right) \mathrm{d}\mu=\int \frac{\mu}{\sqrt{2\pi}\sigma_{N}} \exp\left(-\frac{\left(\mu-\mu_{N}\right)^{2}}{2\sigma_{N}^{2}}\right) \mathrm{d}\mu=\mu_{N} \tag{2-146}$$

由式（2-144）可知，正态分布下μ的贝叶斯估计值由两项组成，第一项代表样本的算术平均值对于估计的作用，第二项是先验认识对于均值估计的作用。当样本数N趋近于无穷时，第一项的系数趋于 1，第二项的系数趋于 0，此时估计的均值就是样本的算术平均，此时与最大似然估计结果一致。当样本数有限时，如果先验知识非常明确，则σ_0^2很小，此时第一项系数趋于 0，第二项系数趋于 1，均值估计取决于对均值的先验知识，即μ_0。而在一般情况下，贝叶斯均值估计是样本算术平均和先验均值的加权平均，各自的作用强度则取决于第一项和第二项的系数。

贝叶斯估计不仅可以利用样本提供的信息进行估计，而且可以融入先验知识对参数进行估计，依据数据量和先验知识的确定程度，可以灵活地调节两项对于参数估计的贡献，这一特性在很多实际问题中具有重要的价值。

利用式（2-136）也可以直接估算样本的密度函数，即

$$\begin{aligned}p\left(x \mid \boldsymbol{X}^{N}\right) &=\int p(x \mid \mu) p\left(\mu \mid \boldsymbol{X}^{N}\right) \mathrm{d}\mu \\ &=\int \frac{1}{\sqrt{2\pi}\sigma} \exp\left(-\frac{(x-\mu)^{2}}{2\sigma^{2}}\right) \frac{1}{\sqrt{2\pi}\sigma_{N}} \exp\left(-\frac{\left(\mu-\mu_{N}\right)^{2}}{2\sigma_{N}^{2}}\right) \mathrm{d}\mu \\ &=\frac{1}{\sqrt{2\pi}\sqrt{\sigma^{2}+\sigma_{N}^{2}}} \exp\left(-\frac{\left(\mu-\mu_{N}\right)^{2}}{2\left(\sigma^{2}+\sigma_{N}^{2}\right)}\right)\end{aligned} \tag{2-147}$$

可知$p\left(x \mid \boldsymbol{X}^{N}\right)$也符合正态分布$N\left(\mu_{N}, \sigma^{2}+\sigma_{N}^{2}\right)$，尽管假设方差$\boldsymbol{\sigma}^2$已知，但由于均值的估计值是$\mu_N$，因此引起贝叶斯估计得到的分布密度函数方差增加，变为$\boldsymbol{\sigma}^2+\boldsymbol{\sigma}_N^2$，而根据式（2-145）可知，增加的$\boldsymbol{\sigma}_N^2$会随着样本数量的增加而趋向于 0。

同理，在高维正态分布情况下，可以得到类似的结论。假设高维正态分布密度函数$p(x \mid \omega_i) \sim N(\mu, \boldsymbol{\Sigma})$，如果$\boldsymbol{\Sigma}$已知，待估计参量为$\mu$，$\mu$的先验分布为$N(\mu_0, \boldsymbol{\Sigma}_0)$，则利用贝叶斯估计得到$\mu$的后验概率密度函数为$p\left(\mu \mid \boldsymbol{X}^{N}\right) \sim N\left(\mu_{N}, \boldsymbol{\Sigma}_{N}\right)$。其中，

$$\mu_{N}=\boldsymbol{\Sigma}_{0}\left(\boldsymbol{\Sigma}_{0}+\frac{1}{N} \boldsymbol{\Sigma}\right)^{-1} \hat{\boldsymbol{M}}_{N}+\frac{1}{N} \boldsymbol{\Sigma}\left(\boldsymbol{\Sigma}_{0}+\frac{1}{N} \boldsymbol{\Sigma}\right)^{-1} \mu_{0} \tag{2-148}$$

$$\boldsymbol{\Sigma}_{N}=\frac{1}{N} \boldsymbol{\Sigma}\left(\boldsymbol{\Sigma}_{0}+\frac{1}{N} \boldsymbol{\Sigma}\right)^{-1} \boldsymbol{\Sigma}_{0} \tag{2-149}$$

$$\hat{\boldsymbol{M}}_{N}=\frac{1}{N} \sum_{i=1}^{N} \boldsymbol{x}_{i} \tag{2-150}$$

同理，根据贝叶斯学习得到的类概率密度函数为

$$p\left(\boldsymbol{x} \mid \boldsymbol{X}^{N}\right)=\int p(\boldsymbol{x} \mid \mu) p\left(\mu \mid \boldsymbol{X}^{N}\right) \mathrm{d}\mu \tag{2-151}$$

其仍然符合高维正态分布，其中均值为$\boldsymbol{\mu}_N$，协方差为$\boldsymbol{\Sigma}+\boldsymbol{\Sigma}_N$。

2.9　概率密度函数的非参数估计

参数估计方法适合用在对样本的分布有充分的了解，并能够用经典的函数来描述分布情况的问题中。但是，很多时候，往往缺乏对样本真实分布的了解，也无法给出概率密度分布的具体形式，此时，通常采用非参数估计方法，不需要对概率密度函数做任何假设，直接利用样本来估计概率密度函数。相比参数估计，非参数估计具有更为广泛的适用性，只要样本足够多，可以完成任意分布的概率密度的估计任务。最基本的非参数估计方法有 Parzen 窗估计和 k_N 近邻估计。

2.9.1　非参数估计基本原理

非参数估计的基本原理并不复杂，通常采用数值统计的方法。假设用于估计概率密度函数的样本集为 $\boldsymbol{X}^N=\{\boldsymbol{x}_1,\boldsymbol{x}_2,\cdots,\boldsymbol{x}_N\}$，其中每一个样本 $\boldsymbol{x}_i$ 都是独立从概率密度函数 $p(\boldsymbol{x})$ 中抽取得到的，现在需要利用样本集 $\boldsymbol{X}^N$ 来求 $p(\boldsymbol{x})$ 的估计 $\hat{p}(\boldsymbol{x})$。在这里不考虑样本类别，即认为样本均来自同一类对象，不同类的概率密度函数估计，只需采集各自类别的样本来估计即可。

对于随机向量 $\boldsymbol{x}$ 的概率密度估计，其基本原理是假定对 $\boldsymbol{x}$ 的某一邻域 R 内进行样本统计，如图 2-14 所示。在 R 较大时，得到的是 $\boldsymbol{x}$ 邻域内概率密度的平均估计，而当 R 趋近于 0 时，可得到特征向量 $\boldsymbol{x}$ 的近似估计。在样本空间的某邻域 R 内，样本落入其中的概率为 P_R，根据定义

$$P_R=\int_R p(\boldsymbol{x})\mathrm{d}\boldsymbol{x} \tag{2-152}$$

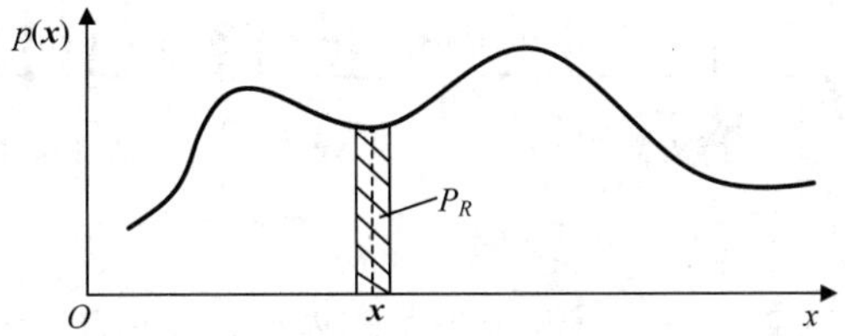

图 2-14　基于邻域统计的概率估计

在抽取样本 $\boldsymbol{X}^N$ 时，恰有 k 个样本落在 R 中的概率符合二项分布，有

$$P_k=C_N^k P_R^k(1-P_R)^{N-k} \tag{2-153}$$

根据类似前文式（2-91）～式（2-95）的分析，P_R 的最大似然估计为

$$\hat{P}_R=\frac{k}{N} \tag{2-154}$$

如果 $p(\boldsymbol{x})$ 连续，且区域 R 体积 V 足够小，则可以认为该区域内概率密度 $p(\boldsymbol{x})$ 为常量，则式（2-152）可以近似为

$$P_R=\int_R p(\boldsymbol{x})\mathrm{d}\boldsymbol{x}=p(\boldsymbol{x})V \tag{2-155}$$

代入式（2-154）中，可知小区域R范围内的概率密度估计为

$$\hat{p}(\boldsymbol{x})=\frac{k}{NV} \tag{2-156}$$

上述基于邻域小舱的估计方法中，小舱的选择和估计效果密切相关，如果小舱过大，则得到的$p(\boldsymbol{x})$只是该区域内的样本平均概率密度，要想获得该点的概率密度，则小舱的体积V必须趋近于0，但是随着小舱体积减小，有些小舱可能由于没有样本或样本过少，造成概率密度函数不连续。因此，要获得合理的概率密度函数估计，在N有限的情况下，需要合理选择k、V以及k/N的比例，以便获得合理的估计结果。根据理论分析，当样本趋近于无穷时，需满足以下3个条件：

（1）$\lim\limits_{N\to\infty} V_N=0$；

（2）$\lim\limits_{N\to\infty} k_N=\infty$；

（3）$\lim\limits_{N\to\infty} k_N/N=0$。

上述3个条件说明，为了获得合理的估计，随着样本数的增加，小舱体积应该尽可能地小，同时要保证落在小舱的样本足够多，但是小舱的样本又只占总体样本的很小一部分，如图2-15所示。

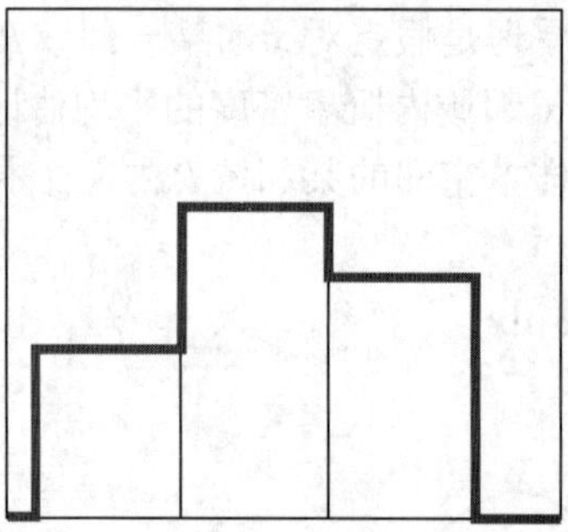

（a）小舱过宽

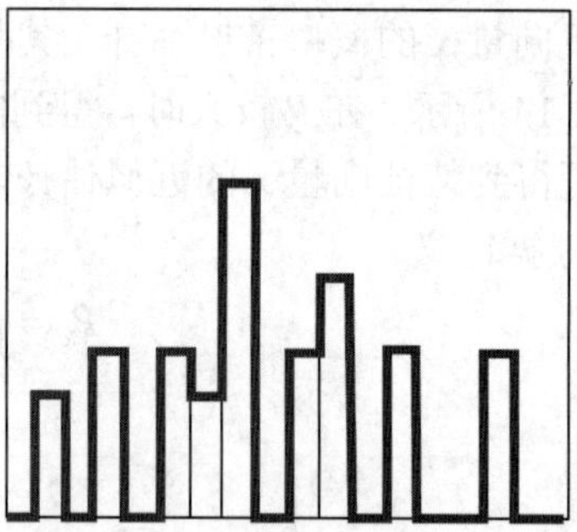

（b）小舱过窄

图2-15　统计小舱宽对于概率估计的影响

由于落在小舱的样本数，不仅取决于小舱的体积，还取决于样本的分布，在样本有限的条件下，如果采用固定的小舱，则样本密度大的小舱可能会有很多样本，而样本密度小的小舱则可能样本很少甚至没有样本，会导致概率密度估计在不同区域表现出很大的差异，因此要获得良好的估计，有必要根据样本的分布情况和样本数目，自适应地调整小舱体积。能够满足上述3个条件的调整小舱体积的方式有两种：一种方式是根据样本数N，先预设固定的k_N，此时小舱的体积可动态调整，其为$\boldsymbol{x}$的函数，即$V_N(\boldsymbol{x})$；另一种方式是根据样本数N，先固定小舱的体积V_N，然后统计落在小舱内的样本数，此时k_N为$\boldsymbol{x}$的函数，记作$k_N(\boldsymbol{x})$。上述两种方式分别对应两种经典的非参数估计方法。

（1）k_N近邻估计。该方法根据样本分布密度自适应调节小舱的体积，使落在小舱中$\boldsymbol{x}$的近邻样本数刚好有k_N个，k_N是随着N的增大而不断增大的函数，如$k_N=\sqrt{N}$。

（2）Parzen窗估计。该方法使估计区域V_N按照N的某个函数不断缩小，如$V_N=1/\sqrt{N}$。

2.9.2 k_N 近邻估计

k_N 近邻估计采用一种随着样本密度自适应调整小舱体积大小的估计方法。具体做法很简单，首先根据总体样本数确定落入小舱的样本数 k_N，在估计某点 $\boldsymbol{x}$ 的概率密度时，可以动态调整以 $\boldsymbol{x}$ 为中心的小舱体积 $V_N(\boldsymbol{x})$，直到其包含 k_N 个近邻样本为止。随即利用式（2-156）估计该点的概率密度，有

$$\hat{p}(\boldsymbol{x})=\frac{k_N}{NV_N(\boldsymbol{x})} \tag{2-157}$$

采用 k_N 近邻估计时，其中小舱体积 V 在样本密度高的区域会比较小，而在样本密度低的区域会自动增大，因此在不同样本密度区域能够获得较好的密度函数估计的连续性。

当然为了获得好的估计，需要保证 k_N 与 N 的关系满足一定的条件，为此一般情况下，取 $k_N=k_0\sqrt{N}$，k_0 为预先给定的常数。

图 2-16 所示为分别对 $N(0,1)$ 正态分布概率密度函数和在[−2.5 −2]和[0 2]区间的两个均匀分布的概率密度函数采用 k_N 近邻估计的结果。再分别采用 1 个、16 个、256 个样本，按照 $k_N=\sqrt{N}$ 选取近邻样本进行概率估计。显然，随着样本数的增多，概率估计结果逐步逼近真实概率分布。

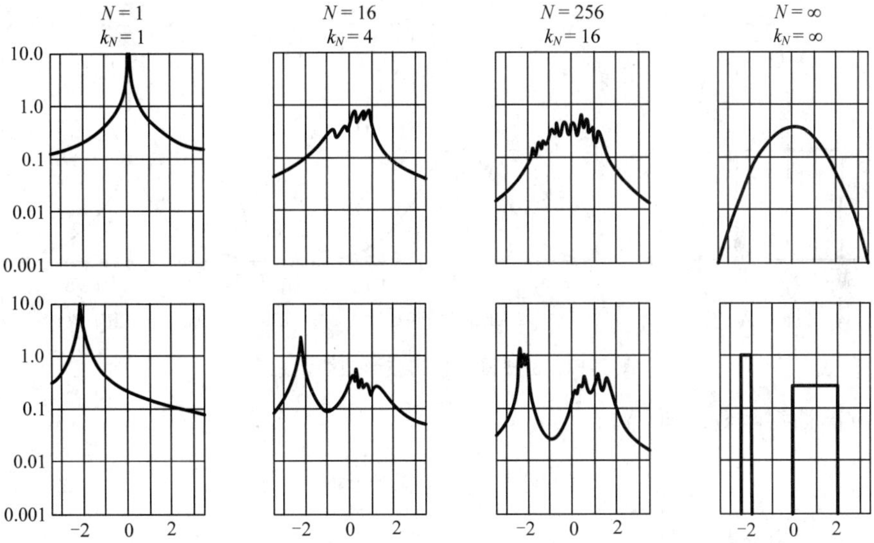

图 2-16 k_N 近邻估计示例

2.9.3 Parzen 窗估计

假设估计时采用固定体积的小舱 V_N，高维空间的小舱不妨设为 d 维的超立方体，假设立方体棱长为 h_N，则小舱的体积为

$$V_N=h_N^d \tag{2-158}$$

要估计落在小舱内的样本数，需先定义窗函数 $\varphi(u)$，窗函数可以定义为 d 维的方窗

函数

$$\varphi(u)=\begin{cases}1, & \left|u_j\right|\leqslant\dfrac{1}{2};\ j=1,2,\cdots,d \\ 0, & 其他\end{cases} \tag{2-159}$$

式中：$\varphi(u)$为以原点为中心的超立方体。当样本$\boldsymbol{x}_i$落入以$\boldsymbol{x}$为中心、棱长为h_N的小舱内时，$\varphi(u)=\varphi\left[(\boldsymbol{x}-\boldsymbol{x}_i)/h_N\right]=1$；否则$\varphi(u)=0$。因此，可以统计落入该超立方体的样本数为

$$k_N(\boldsymbol{x})=\sum_{i=1}^{N}\varphi\left(\frac{\boldsymbol{x}-\boldsymbol{x}_i}{h_N}\right) \tag{2-160}$$

将其代入式（2-157），即可得到点$\boldsymbol{x}$的概率密度估计为

$$\hat{p}(\boldsymbol{x})=\frac{k_N(\boldsymbol{x})}{NV_N}=\frac{1}{NV_N}\sum_{i=1}^{N}\varphi\left(\frac{\boldsymbol{x}-\boldsymbol{x}_i}{h_N}\right) \tag{2-161}$$

上述估计的$\hat{p}(\boldsymbol{x})$是否是合理的概率密度函数，取决于窗函数是否满足概率密度函数的条件，即：① $\varphi(u)\geqslant 0$；② $\int\varphi(u)\mathrm{d}u=1$。

实际上，符合该条件的窗函数不一定必须是方窗函数，选用其他符合条件的平滑函数也是可以的。除方窗函数外，常用的窗函数还有高斯窗函数和指数窗函数，如图 2-17 所示。

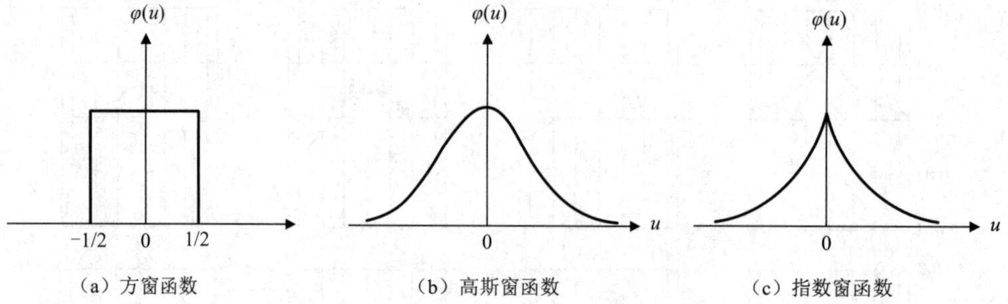

图 2-17　3 种窗函数的波形曲线示意图

（1）高斯窗函数，即

$$\varphi(u)=\frac{1}{\sqrt{2\pi}}\exp\left(-\frac{1}{2}u^2\right) \tag{2-162}$$

（2）指数窗函数，即

$$\varphi(u)=\exp(-|u|) \tag{2-163}$$

Parzen 窗最终估计效果的好坏与样本情况、窗函数以及窗函数的参数选择有关。

图 2-18 给出了分别对三角概率密度函数和方波概率密度函数采用 Parzen 窗估计的结果。其中分别采用 1 个、16 个、256 个样本，以及边长分别为$h=1$、0.5、0.2 这 3 种情况下的方窗函数进行概率估计。同样可以观察到，只要样本数足够多，最终可以收敛到任意复杂的未知概率密度函数，但是如果要获得精确的概率密度估计，还需要大量的样本，而且所需样本数比参数估计方法要多得多。

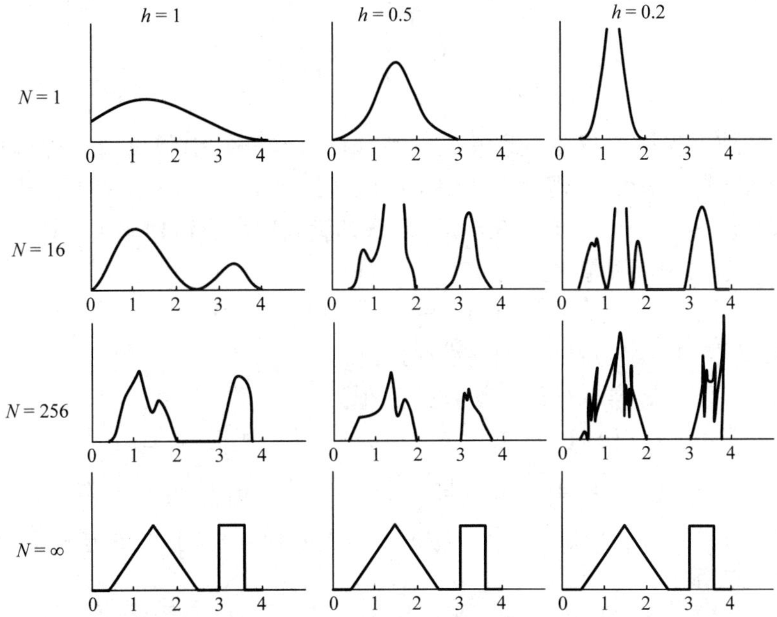

图 2-18　Parzen 窗估计例子

本 章 小 结

概率统计是描述观察特征和输出决策之间不确定随机关联关系的有效手段。由于在对样本进行决策前，为避免盲目性，应先对待决策样本进行必要的观测，因此通常要解决的是在给定一定观测值的前提下如何进行决策的问题，也就是如何根据后验概率进行决策。根据对决策目的和后果等因素的不同考虑，引出了最小错误率、最小风险以及限定一类错误率，使另一类错误率最小等基于概率统计的决策方法。由于上述方法，都需要依赖后验概率的计算，考虑到后验概率难以估计，通常需要借助贝叶斯公式转变为先验概率和类条件概率的计算，因此上述方法在很多文献中被归为基于概率统计的贝叶斯决策问题。

然而，对于两步贝叶斯决策方法来说，对概率密度函数进行估计是贝叶斯决策得以实施的必要前提。一般采用参数估计或非参数估计方法来估计概率密度函数，但是不管是参数估计还是非参数估计，其获得较好的概率密度估计结果的前提是，要么有充分的先验知识，要么有足够的样本。在上述前提不能满足的情况下，则基于最小错误率、最小风险等最优准则设计的分类器往往并不具有最优性能。实际上，在样本不足的情况下，概率密度函数估计是一个比分类更难以解决的问题。因此，需要考虑在样本有限的前提下，如何设计出好的分类器，由此引出了很多无须估计概率密度分布函数直接利用样本设计分类器的方法。

习 题

T2.1 某地区疾病普查中发现其正常细胞(ω_1)和异常细胞(ω_2)的先验概率分别为$P(\omega_1)=0.9$和$P(\omega_2)=0.1$。现有一待识别细胞，其观察值为$\boldsymbol{x}$，从类概率密度分布曲线上查得$p(\boldsymbol{x}|\omega_1)=0.2$，$p(\boldsymbol{x}|\omega_2)=0.4$，试对该细胞利用最小错误率贝叶斯决策规则进行分类。同时，若损失函数值分别为

$$L_{11}=0,\ L_{12}=6,\ L_{21}=1,\ L_{22}=0$$

试用最小风险贝叶斯决策规则对细胞进行分类。

T2.2 设以下模式类具有正态概率密度函数

$$\omega_1:\ \boldsymbol{x}_1=[0\ \ 0]^{\mathrm{T}},\ \boldsymbol{x}_2=[2\ \ 0]^{\mathrm{T}},\ \boldsymbol{x}_3=[2\ \ 2]^{\mathrm{T}},\ \boldsymbol{x}_4=[0\ \ 2]^{\mathrm{T}}$$

$$\omega_2:\ \boldsymbol{x}_5=[4\ \ 4]^{\mathrm{T}},\ \boldsymbol{x}_6=[6\ \ 4]^{\mathrm{T}},\ \boldsymbol{x}_7=[6\ \ 6]^{\mathrm{T}},\ \boldsymbol{x}_8=[4\ \ 6]^{\mathrm{T}}$$

（1）设$P(\omega_1)=P(\omega_2)=0.5$，求两类模式之间贝叶斯判别界面的方程式。

（2）绘出判别界面。

T2.3 在3类二维问题中，每一类均呈正态分布，协方差矩阵为

$$\boldsymbol{\Sigma}=\begin{bmatrix}1.2 & 0.4\\ 0.4 & 1.8\end{bmatrix}$$

每一类的均值向量分别为$[0.1\ \ 0.1]^{\mathrm{T}}$、$[2.1\ \ 1.9]^{\mathrm{T}}$、$[-1.5\ \ 2.0]^{\mathrm{T}}$。假设各类是等概率的：

（1）根据最小错误率贝叶斯分类判断向量$[1.6\ 1.5]^{\mathrm{T}}$的类别；

（2）画出从$[2.1\ \ 1.9]^{\mathrm{T}}$开始的马氏等距离曲线。

T2.4 在两类三维问题中，每一类均呈正态分布，协方差矩阵为

$$\boldsymbol{\Sigma}=\begin{bmatrix}0.3 & 0.1 & 0.1\\ 0.1 & 0.3 & -0.1\\ 0.1 & -0.1 & 0.3\end{bmatrix}$$

均值向量分别为$[0\ \ 0\ \ 0]^{\mathrm{T}}$和$[0.5\ \ 0.5\ \ 0.5]^{\mathrm{T}}$。写出相应的线性判别函数和决策面方程。

T2.5 设有两类一维模式，每一类都是正态分布，两类的均值和均方差分别为

$$\mu_1=0,\ \sigma_1=2;\ \mu_2=2,\ \sigma_2=2$$

采用0-1损失函数，且$P(\omega_1)=P(\omega_2)=0.5$。

（1）试绘出两类模式的密度函数曲线，其判别界面位于何处?

（2）若已获得样本-3、-2、1、3、5，判断它们各属于哪一类。

T2.6 两类问题中，单特征变量$\boldsymbol{x}$符合高斯分布，其中均值分别为0和1，方差均为$\sigma^2=1/2$，如果$P(\omega_1)=P(\omega_2)=1/2$，请分别计算最小错误率和最小风险下的决策阈值$t$，其中损失函数$L_{11}=0$、$L_{12}=0.5$、$L_{21}=1.0$、$L_{22}=0$。

T2.7 在两类分类任务中，其中均值向量$\boldsymbol{\mu}_1=[0\ \ 0]^{\mathrm{T}}$、$\boldsymbol{\mu}_2=[3\ \ 3]^{\mathrm{T}}$，两类协方差矩阵相同，有

$$\boldsymbol{\Sigma}_1=\boldsymbol{\Sigma}_2=\begin{bmatrix}1.1 & 0.3\\ 0.3 & 1.9\end{bmatrix}$$

（1）根据贝叶斯分类器判断向量$[1.0\quad 2.2]^{\mathrm{T}}$的类别。

（2）计算以$[0\quad 0]^{\mathrm{T}}$为中心的椭圆主轴，椭圆上点到中心的马氏距离为$d_m=\sqrt{2.952}$。

T2.8　设两类模式ω_1和ω_2具有正态分布密度函数，$\boldsymbol{M}_1=[-1\quad 0]^{\mathrm{T}}$、$\boldsymbol{M}_2=[1\quad 0]^{\mathrm{T}}$、$\boldsymbol{\Sigma}_1=\boldsymbol{\Sigma}_2=\boldsymbol{I}$、$P(\omega_1)=P(\omega_2)$。若用 0-1 损失函数，试写出对数似然比决策规则。

T2.9　已知服从正态分布的两类训练样本集分别为

$$\omega_1:[1\quad 0]^{\mathrm{T}},\ [1\quad 1]^{\mathrm{T}},\ [0\quad 1]^{\mathrm{T}},\ [-1\quad 1]^{\mathrm{T}},\ [-1\quad 0]^{\mathrm{T}}$$

$$\omega_2:[0\quad -1]^{\mathrm{T}},\ [1\quad -2]^{\mathrm{T}},\ [0\quad -2]^{\mathrm{T}},\ [-1\quad -2]^{\mathrm{T}}$$

$P(\omega_1)=P(\omega_2)$，试问$\boldsymbol{x}=[0\quad 0]^{\mathrm{T}}$属于哪一类。

T2.10　假设有均值为μ、方差未知的一维高斯分布，现采样得到N个样本点$x_1,x_2,\cdots,x_N$。根据样本求出方差的最大似然估计。

T2.11　一个两类识别问题，模式向量为一维。随机抽取ω_1类的 6 个样本

$$x_1=3.2,\ x_2=3.6,\ x_3=3,\ x_4=6,\ x_5=2.5,\ x_6=1.1$$

试选用正态窗函数估计$p(\boldsymbol{x}\mid\omega_1)$，即求估计式$\hat{p}_N(\boldsymbol{x})$。

T2.12　编写最小错误率/最小风险下的两类正态分布模式的贝叶斯分类程序。

T2.13　给出 Parzen 窗估计的程序框图，并编写程序。

思　考　题

S2.1　最小错误率、最小风险、限定一类错误率都是现实决策时可能需要关注的情形，请思考还有哪些可能会影响人们决策的现实因素。

S2.2　在基于非本质特征进行决策时，由于特征和类别之间的关联关系是概率统计意义上的，也就意味着任何一种决策结果都不能保证 100%正确，都有出错的可能，请思考这对于人们日常行为抉择所应持有的开放性和包容性意识的启发意义。

S2.3　贝叶斯决策可以实现最小错误率或最小风险意义下的最优决策，该方法在实际应用中存在什么局限性？为什么还要研究其他的各种分类器模型？

第 3 章　线性分类器

3.1　引　言

对于分类问题，实际上在特征空间中，可以理解分类就是通过分界面将空间分隔成不同的决策区域 $R_i(i=1,2,\cdots,C)$。根据样本空间分布的复杂性，分界面可能是非常复杂且需要用非线性函数描述的曲面，也可能是相对简单的二次曲面或平面，如图 3-1 所示。在高维空间中对应的则分别是超曲面、超二次曲面或超平面。

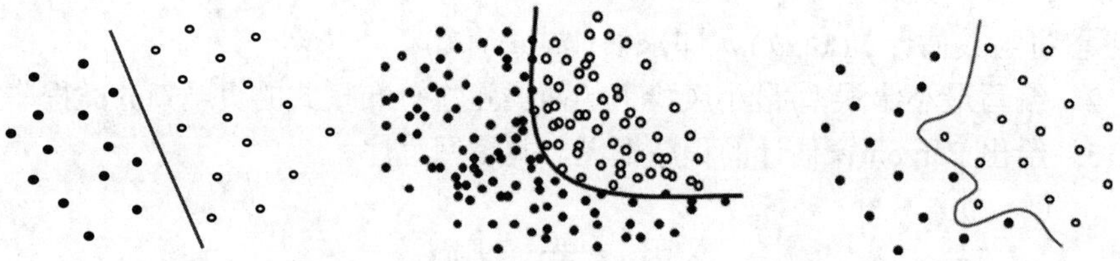

图 3-1　线性分界面、二次曲线分界面和非线性分界面示意图

即便是相对简单的两类别问题，能够将两类样本分开的分界面也不是唯一的。如图 3-2 所示，能够将两类样本分开的分界面可以是直线，也可以是抛物线或更为复杂的非线性曲线。

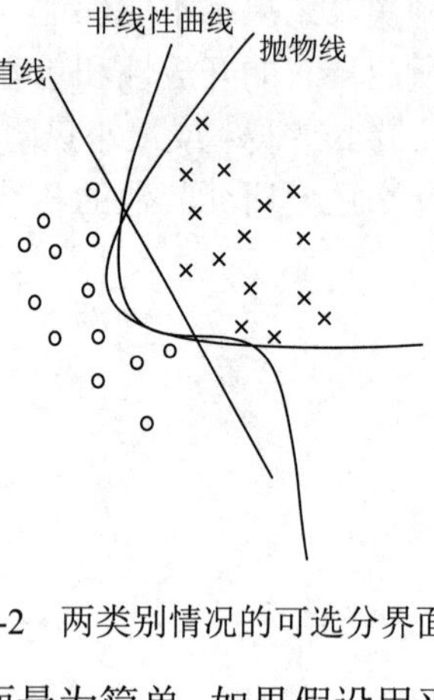

图 3-2　两类别情况的可选分界面

在所有可能的分界面中，平面最为简单，如果假设用平面或超平面将空间分成两半，则该分界面可以用线性函数表示，记作 $g(\boldsymbol{x})=\boldsymbol{w}^{\mathrm{T}}\boldsymbol{x}+w_0$，平面方程完全由 $\boldsymbol{w}^{\mathrm{T}}$ 和 w_0 决定，如果能够通过样本确定一组参数 $\boldsymbol{w}^{\mathrm{T}}$ 和 w_0，则分类决策面即可完全确定。在第 2 章介绍正态分布下的贝叶斯决策时可知，当样本符合正态分布，且各类的协方差矩阵相同时，最小错误率贝叶斯决策面就是线性函数，因此线性分类器在特定情况下可以实现最小错

误率意义下的最优决策。如果样本符合正态分布，此时的贝叶斯决策面则为二次函数 $g(\boldsymbol{x})=\boldsymbol{x}^{\mathrm{T}}\boldsymbol{W}\boldsymbol{x}+\boldsymbol{w}^{\mathrm{T}}\boldsymbol{x}+w_0$。同理，二次曲面也取决于其中的参数 $\boldsymbol{W}$（$d\times d$ 的矩阵）、$\boldsymbol{w}$（$d\times 1$ 的列向量）和 w_0，寻找二次决策面同样可以借助样本确定其中的参数。推广到一般情况，如果分界面可以用经典的解析函数形式描述，则需要做的就是借助样本求得确定形式的决策面函数的参数。即便不知道最优决策面的形式，通常情况下仍然可以根据需要以及对问题的理解设定决策面的类型，然后再从样本数据中直接求取决策面函数。利用样本直接设计分类器，避免了复杂的概率密度函数估计问题，在实际问题中非常实用。

基于样本直接设计分类器需要确定 3 个基本要素：一是分类器即判别函数类型；二是分类器的设计准则和目标，确定准则后，分类器的设计问题就转变为准则函数的优化问题；三是在前两个要素确定后，如何利用样本数据设计算法找到最优的判别函数参数。本章专门讨论利用线性判别函数，以及采用不同准则及不同的优化算法求解线性分类器的方法。

线性分类器虽然是最为简便的判别函数，但是在样本符合某些分布时，其可以是最小错误率或最小风险意义下的最优分类器。即使在一般情况下，线性分类器因为简单且在很多情况下接近最优，因此得到广泛应用。在样本有限时，甚至可以得到比复杂分类器更好的分类结果。即便最优决策面非常复杂，也可以用多段线性判别面来逼近任意复杂的非线性决策面，因此线性分类器对于复杂问题的求解也具有重要的推广价值。

3.2　线性判别函数几何性质

线性判别函数的一般形式为

$$g(\boldsymbol{x})=\boldsymbol{w}^{\mathrm{T}}\boldsymbol{x}+w_0 \tag{3-1}$$

式中：$\boldsymbol{w}$ 为权向量；$\boldsymbol{x}$ 为样本特征向量，假设特征空间为 d 维，则 $\boldsymbol{x}=[x_1,x_2,\cdots,x_d]^{\mathrm{T}}$，$\boldsymbol{w}=[w_1,w_2,\cdots,w_d]^{\mathrm{T}}$；$w_0$ 为阈值常数。对于两类问题，如第 2 章贝叶斯决策所述，如果类判别函数 $g_i(\boldsymbol{x})(i=1,2)$ 取为后验概率 $P(\omega_i\mid\boldsymbol{x})$ 或先验概率和类条件概率密度的乘积 $p(\boldsymbol{x}\mid\omega_i)P(\omega_i)$，则判别函数的形式为

$$g(\boldsymbol{x})=g_1(\boldsymbol{x})-g_2(\boldsymbol{x}) \tag{3-2}$$

此时的决策规则为

$$\begin{cases} g(\boldsymbol{x})>0, & \boldsymbol{x}\in\omega_1 \\ g(\boldsymbol{x})<0, & \boldsymbol{x}\in\omega_2 \\ g(\boldsymbol{x})=0, & \boldsymbol{x}\text{任意分类或拒绝决策} \end{cases} \tag{3-3}$$

在几何意义上，判别函数 $g(\boldsymbol{x})=0$ 相当于定义了一个决策面，其将特征空间一分为二，落在决策面上的样本刚好使判别函数值为 0，而决策面划分得到的空间，则分别代表判别函数值为正或负的两类决策域。该结论对于线性判别函数同样适用，线性判别函数通过超平面将特征空间分为两半，落在超平面上的点使 $g(\boldsymbol{x})=\boldsymbol{w}^{\mathrm{T}}\boldsymbol{x}+w_0=0$，而 $g(\boldsymbol{x})=\boldsymbol{w}^{\mathrm{T}}\boldsymbol{x}+w_0>0$ 和 $g(\boldsymbol{x})=\boldsymbol{w}^{\mathrm{T}}\boldsymbol{x}+w_0<0$ 则分别表示第一类样本 ω_1 和第二类样本 ω_2

的决策域。

假设 $\boldsymbol{x}_1$ 和 $\boldsymbol{x}_2$ 是超平面 H 上的任意两点，则

$$\boldsymbol{w}^{\mathrm{T}}\boldsymbol{x}_1 + w_0 = \boldsymbol{w}^{\mathrm{T}}\boldsymbol{x}_2 + w_0 = 0 \tag{3-4}$$

即

$$\boldsymbol{w}^{\mathrm{T}}(\boldsymbol{x}_1 - \boldsymbol{x}_2) = 0 \tag{3-5}$$

式（3-5）表明，$\boldsymbol{w}$ 和平面 H 上的任一向量正交，即 $\boldsymbol{w}$ 是平面 H 的法向量。假设 $\boldsymbol{x}$ 是特征空间中某点，根据图 3-3，其在平面 H 上的投影点（投影向量）记为 $\boldsymbol{x}_{\mathrm{p}}$，则

$$\boldsymbol{x} = \boldsymbol{x}_{\mathrm{p}} + r\frac{\boldsymbol{w}}{\|\boldsymbol{w}\|} \tag{3-6}$$

式中：r 为 $\boldsymbol{x}$ 到平面 H 的垂直距离；$\dfrac{\boldsymbol{w}}{\|\boldsymbol{w}\|}$ 为单位法向量。将其代入式（3-1）中，有

$$g(\boldsymbol{x}) = \boldsymbol{w}^{\mathrm{T}}\left(\boldsymbol{x}_{\mathrm{p}} + r\frac{\boldsymbol{w}}{\|\boldsymbol{w}\|}\right) + w_0 = \boldsymbol{w}^{\mathrm{T}}\boldsymbol{x}_{\mathrm{p}} + w_0 + r\frac{\boldsymbol{w}^{\mathrm{T}}\boldsymbol{w}}{\|\boldsymbol{w}\|} = r\|\boldsymbol{w}\| \tag{3-7}$$

因此

$$r = \frac{g(\boldsymbol{x})}{\|\boldsymbol{w}\|} \tag{3-8}$$

式（3-8）是 $\boldsymbol{x}$ 位于判别面的右上半侧推导得到的。当 $\boldsymbol{x}$ 位于判别面的左下半侧时，有

$$\boldsymbol{x} = \boldsymbol{x}_{\mathrm{p}} - r\frac{\boldsymbol{w}}{\|\boldsymbol{w}\|} \tag{3-9}$$

同理，可以推得

$$g(\boldsymbol{x}) = \boldsymbol{w}^{\mathrm{T}}\left(\boldsymbol{x}_{\mathrm{p}} - r\frac{\boldsymbol{w}}{\|\boldsymbol{w}\|}\right) + w_0 = \boldsymbol{w}^{\mathrm{T}}\boldsymbol{x}_{\mathrm{p}} + w_0 - r\frac{\boldsymbol{w}^{\mathrm{T}}\boldsymbol{w}}{\|\boldsymbol{w}\|} = -r\|\boldsymbol{w}\| \tag{3-10}$$

此时

$$r = \frac{-g(\boldsymbol{x})}{\|\boldsymbol{w}\|} \tag{3-11}$$

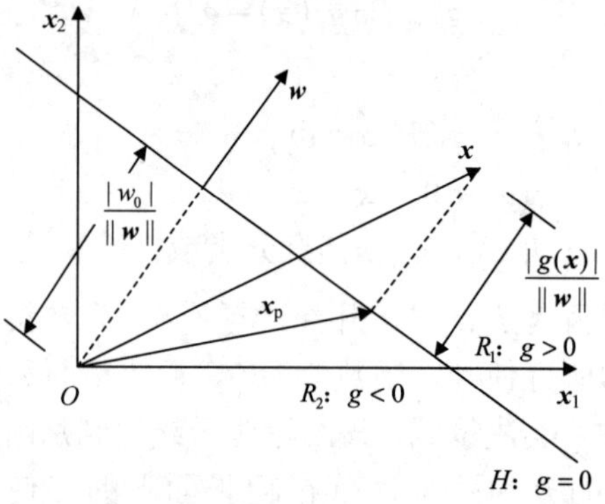

图 3-3 线性判别函数

所以，判别函数 $g(\boldsymbol{x})$ 正比于 $\boldsymbol{x}$ 点到平面 H 的代数距离（有正负）。当 $\boldsymbol{x}$ 点位于 H 的正侧时，$g(\boldsymbol{x})>0$；反之，当 $\boldsymbol{x}$ 点位于 H 的负侧时，$g(\boldsymbol{x})<0$。若 $\boldsymbol{x}$ 为原点，则 $g(\boldsymbol{x})=w_0$，此时原点到平面 H 的代数距离为

$$r_0=\frac{w_0}{\|\boldsymbol{w}\|} \tag{3-12}$$

若 $w_0=0$，则平面过原点；若 $w_0>0$，则原点在平面 H 的负侧；若 $w_0<0$，则原点在平面 H 的正侧。

所以线性判别函数表达式中的参数具有明确的几何意义，其中 $\boldsymbol{w}$ 为平面的法向量，决定了平面的方向，其所指向的一侧为平面的正侧，w_0 则决定了平面偏离原点的距离，其决定了平面的位置。

假设向量 $\boldsymbol{x}$ 所在的线和平面的交点为 $\boldsymbol{x}_0$，则

$$g(\boldsymbol{x})=\boldsymbol{w}^{\mathrm{T}}\boldsymbol{x}+w_0=\boldsymbol{w}^{\mathrm{T}}(\boldsymbol{x}-\boldsymbol{x}_0+\boldsymbol{x}_0)+w_0=\boldsymbol{w}^{\mathrm{T}}(\boldsymbol{x}-\boldsymbol{x}_0) \tag{3-13}$$

如果 $g(\boldsymbol{x})>0$，则表示向量 $\boldsymbol{x}-\boldsymbol{x}_0$ 和法向量 $\boldsymbol{w}$ 的夹角小于 90°，$\boldsymbol{x}$ 位于 $\boldsymbol{w}$ 指向的一侧；否则，如果 $g(\boldsymbol{x})<0$，则表示向量 $\boldsymbol{x}-\boldsymbol{x}_0$ 和法向量 $\boldsymbol{w}$ 的夹角大于 90°，$\boldsymbol{x}$ 位于 $\boldsymbol{w}$ 背离的一侧。所以称 $\boldsymbol{w}$ 指向的一侧为平面的正侧，背离的一侧为平面的负侧，如图 3-4 所示。

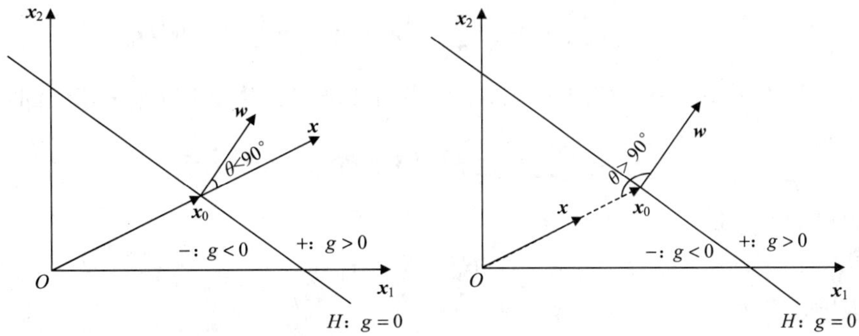

（a）$\boldsymbol{x}$ 位于平面正侧　　（b）$\boldsymbol{x}$ 位于平面负侧

图 3-4　判别面正侧、负侧与法向量 $\boldsymbol{w}$ 的关系

3.3　基于 Fisher 准则的线性分类器

基于费希尔（Fisher）准则的线性分类器在有的文献中也称作线性判别分析（linear discriminant analysis，LDA）。其基本思想是，将两类样本通过线性变换投影到一维空间，然后在投影得到的一维空间中确定一个分类阈值，过该阈值点且垂直于投影方向的超平面即为决策用的分类面。因此，如何确定投影方向是该方法的关键，如果样本是线性可分的，则总可以找到合适的投影方向使两类样本很好地分开。Fisher 准则就是要找到最佳的投影方向使样本分得最开，所谓分得最开，即意味着投影后同类样本尽可能聚集，不同类样本的间隔距离则越大越好，如图 3-5 所示。

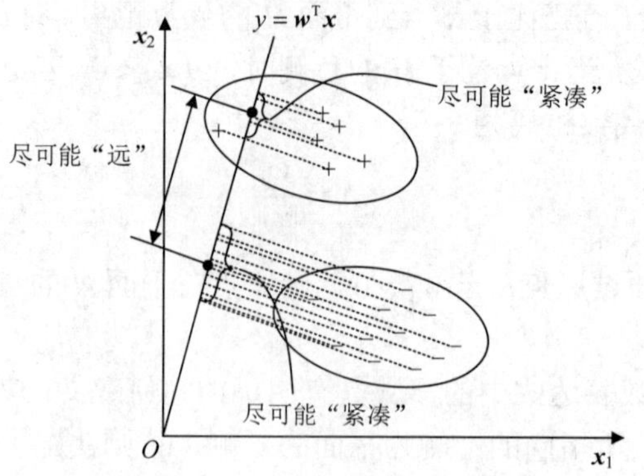

图 3-5 Fisher 准则意义下的最佳投影方向

假设两类情况下，训练样本集为 $\boldsymbol{X}^N=\{\boldsymbol{x}_1,\boldsymbol{x}_2,\cdots,\boldsymbol{x}_N\}$，第一类和第二类的样本集分别为 $\boldsymbol{X}_1=\{\boldsymbol{x}_1^1,\boldsymbol{x}_2^1,\cdots,\boldsymbol{x}_{N_1}^1\}$，$\boldsymbol{X}_2=\{\boldsymbol{x}_1^2,\boldsymbol{x}_2^2,\cdots,\boldsymbol{x}_{N_2}^2\}$。在投影空间 y 和原样本空间 $\boldsymbol{x}$ 中，类别 ω_i 的样本均值分别记作 $\tilde{\boldsymbol{m}}_i$ 和 $\boldsymbol{m}_i$，则根据投影关系，有

$$y=\boldsymbol{w}^{\mathrm{T}}\boldsymbol{x} \tag{3-14}$$

根据定义，样本均值为

$$\tilde{\boldsymbol{m}}_i=\frac{1}{N_i}\sum_{i=1}^{N_i}y_i=\frac{1}{N_i}\sum_{i=1}^{N_i}\boldsymbol{w}^{\mathrm{T}}\boldsymbol{x}_i=\boldsymbol{w}^{\mathrm{T}}\frac{1}{N_i}\sum_{i=1}^{N_i}\boldsymbol{x}_i=\boldsymbol{w}^{\mathrm{T}}\boldsymbol{m}_i \tag{3-15}$$

为衡量样本之间的分布情况，可以借助类内和类间离散度矩阵来表示，即

$$\boldsymbol{S}_i=\sum_{i=1}^{N_i}(\boldsymbol{x}_i-\boldsymbol{m}_i)(\boldsymbol{x}_i-\boldsymbol{m}_i)^{\mathrm{T}},\ i=1,2 \tag{3-16}$$

总体类内离散度矩阵为

$$\boldsymbol{S}_{\mathrm{w}}=\boldsymbol{S}_1+\boldsymbol{S}_2 \tag{3-17}$$

类间离散度矩阵为

$$\boldsymbol{S}_{\mathrm{b}}=(\boldsymbol{m}_1-\boldsymbol{m}_2)(\boldsymbol{m}_1-\boldsymbol{m}_2)^{\mathrm{T}} \tag{3-18}$$

投影后的离散度 $\tilde{S}_i$ 为标量，有

$$\tilde{S}_i=\sum_{i=1}^{N_j}(y_i-\tilde{m}_i)^2 \tag{3-19}$$

$$\begin{aligned}\tilde{S}_{\mathrm{w}}&=\tilde{S}_1+\tilde{S}_2\\&=\sum_{i=1}^{N_1}\left(\boldsymbol{w}^{\mathrm{T}}\boldsymbol{x}_i-\boldsymbol{w}^{\mathrm{T}}\boldsymbol{m}_1\right)^2+\sum_{i=1}^{N_2}\left(\boldsymbol{w}^{\mathrm{T}}\boldsymbol{x}_i-\boldsymbol{w}^{\mathrm{T}}\boldsymbol{m}_2\right)^2\\&=\sum_{i=1}^{N_1}\boldsymbol{w}^{\mathrm{T}}(\boldsymbol{x}_i-\boldsymbol{m}_1)(\boldsymbol{x}_i-\boldsymbol{m}_1)^{\mathrm{T}}\boldsymbol{w}+\sum_{i=1}^{N_2}\boldsymbol{w}^{\mathrm{T}}(\boldsymbol{x}_i-\boldsymbol{m}_2)(\boldsymbol{x}_i-\boldsymbol{m}_2)^{\mathrm{T}}\boldsymbol{w}\\&=\boldsymbol{w}^{\mathrm{T}}\boldsymbol{S}_1\boldsymbol{w}+\boldsymbol{w}^{\mathrm{T}}\boldsymbol{S}_2\boldsymbol{w}=\boldsymbol{w}^{\mathrm{T}}\boldsymbol{S}_{\mathrm{w}}\boldsymbol{w}\end{aligned} \tag{3-20}$$

以及

$$\begin{aligned}\tilde{S}_{\mathrm{b}} &= (\tilde{m}_1 - \tilde{m}_2)^2 \\ &= (\boldsymbol{w}^{\mathrm{T}}\boldsymbol{m}_1 - \boldsymbol{w}^{\mathrm{T}}\boldsymbol{m}_2)^2 \\ &= \boldsymbol{w}^{\mathrm{T}}(\boldsymbol{m}_1 - \boldsymbol{m}_2)(\boldsymbol{m}_1 - \boldsymbol{m}_2)^{\mathrm{T}}\boldsymbol{w} \\ &= \boldsymbol{w}^{\mathrm{T}}\boldsymbol{S}_{\mathrm{b}}\boldsymbol{w}\end{aligned} \tag{3-21}$$

根据 Fisher 准则，人们希望投影后两类样本类之间尽可能分开，类内尽可能聚集，根据该准则定义的准则函数为

$$\max_{\boldsymbol{w}} J_{\mathrm{F}}(\boldsymbol{w}) = \frac{\tilde{S}_{\mathrm{b}}}{\tilde{S}_{\mathrm{w}}} = \frac{(\tilde{m}_1 - \tilde{m}_2)^2}{\tilde{S}_1 + \tilde{S}_2} = \frac{\boldsymbol{w}^{\mathrm{T}}\boldsymbol{S}_{\mathrm{b}}\boldsymbol{w}}{\boldsymbol{w}^{\mathrm{T}}\boldsymbol{S}_{\mathrm{w}}\boldsymbol{w}} \tag{3-22}$$

上述表达式在数学物理中称为广义 Rayleigh 商。需要找到最佳的投影方向 $\boldsymbol{w}$ 使上述准则函数取最大值。由于式（3-22）和 $\boldsymbol{w}$ 的幅值无关，因为对分子和分母来说，$\boldsymbol{w}$ 的幅值变化只会使分子和分母同比例缩放，而不会影响 $J_{\mathrm{F}}(\boldsymbol{w})$ 值的变化，因此不妨令 $\boldsymbol{w}^{\mathrm{T}}\boldsymbol{S}_{\mathrm{w}}\boldsymbol{w}=1$，从而将上述问题转化为拉格朗日条件极值问题：

$$L(\boldsymbol{w},\lambda) = \boldsymbol{w}^{\mathrm{T}}\boldsymbol{S}_{\mathrm{b}}w - \lambda(\boldsymbol{w}^{\mathrm{T}}\boldsymbol{S}_{\mathrm{w}}\boldsymbol{w} - 1) \tag{3-23}$$

式（3-23）对 $\boldsymbol{w}$ 求偏导数，有

$$\frac{\partial L(\boldsymbol{w},\lambda)}{\partial \boldsymbol{w}} = 0 \tag{3-24}$$

可以求得取极值的 $\boldsymbol{w}^*$ 应该满足

$$\boldsymbol{S}_{\mathrm{b}}\boldsymbol{w}^* - \lambda\boldsymbol{S}_{\mathrm{w}}\boldsymbol{w}^* = 0 \tag{3-25}$$

假定 $\boldsymbol{S}_{\mathrm{w}}$ 可逆，样本数大于维数时其通常是非奇异矩阵，得到

$$\boldsymbol{S}_{\mathrm{w}}^{-1}\boldsymbol{S}_{\mathrm{b}}\boldsymbol{w}^* = \lambda\boldsymbol{w}^* \tag{3-26}$$

也就是说，$\boldsymbol{w}^*$ 实际上是 $\boldsymbol{S}_{\mathrm{w}}^{-1}\boldsymbol{S}_{\mathrm{b}}$ 的特征向量。如果将 $\boldsymbol{S}_{\mathrm{b}} = (\boldsymbol{m}_1 - \boldsymbol{m}_2)(\boldsymbol{m}_1 - \boldsymbol{m}_2)^{\mathrm{T}}$ 代入式(3-26)，则

$$\lambda\boldsymbol{w}^* = \boldsymbol{S}_{\mathrm{w}}^{-1}(\boldsymbol{m}_1 - \boldsymbol{m}_2)(\boldsymbol{m}_1 - \boldsymbol{m}_2)^{\mathrm{T}}\boldsymbol{w}^* \tag{3-27}$$

由于 $(\boldsymbol{m}_1 - \boldsymbol{m}_2)^{\mathrm{T}}\boldsymbol{w}^*$ 为标量，因此 $\boldsymbol{w}^*$ 向量的方向只取决于 $\boldsymbol{S}_{\mathrm{w}}^{-1}(\boldsymbol{m}_1 - \boldsymbol{m}_2)$，由于只需确定方向，因此就可以取

$$\boldsymbol{w}^* = \boldsymbol{S}_{\mathrm{w}}^{-1}(\boldsymbol{m}_1 - \boldsymbol{m}_2) \tag{3-28}$$

为 Fisher 准则下的最佳投影方向。确定了该投影方向后，进一步需要确定分类阈值 w_0，最终采取决策规则

$$g(\boldsymbol{x}) = \boldsymbol{w}^{\mathrm{T}}\boldsymbol{x} + w_0 \begin{cases} > 0, & \boldsymbol{x} \in \omega_1 \\ < 0, & \boldsymbol{x} \in \omega_2 \end{cases} \tag{3-29}$$

根据贝叶斯决策理论，实际上当样本呈正态分布且两类的协方差矩阵相同时，最优贝叶斯决策分类面为线性判别函数，其中

$$\boldsymbol{w}^* = \boldsymbol{\Sigma}^{-1}(\boldsymbol{\mu}_1 - \boldsymbol{\mu}_2) \tag{3-30}$$

$$w_0 = -\frac{1}{2}(\boldsymbol{\mu}_1 + \boldsymbol{\mu}_2)^{\mathrm{T}}\boldsymbol{\Sigma}^{-1}(\boldsymbol{\mu}_1 - \boldsymbol{\mu}_2) + \ln\frac{P(\omega_1)}{P(\omega_2)} \tag{3-31}$$

如果将样本的算术平均值 $\boldsymbol{m}_i$ 当作真实均值 $\boldsymbol{\mu}_i$ 的估计，类内离散度矩阵 $\boldsymbol{S}_{\mathrm{w}}$ 当作真实

的协方差矩阵$\boldsymbol{\Sigma}$的估计，则Fisher准则下的投影方向就是最优贝叶斯决策的线性判别函数的法向量，相应地，式（3-31）可以作为分类阈值，即

$$\begin{aligned} w_0 &= -\frac{1}{2}(\boldsymbol{m}_1+\boldsymbol{m}_2)^{\mathrm{T}}\boldsymbol{S}_{\mathrm{w}}^{-1}(\boldsymbol{m}_1-\boldsymbol{m}_2)+\ln\frac{P(\omega_1)}{P(\omega_2)} \\ &= -\frac{1}{2}(\boldsymbol{m}_1+\boldsymbol{m}_2)^{\mathrm{T}}\boldsymbol{w}^*+\ln\frac{P(\omega_1)}{P(\omega_2)} \\ &= -\frac{1}{2}(\tilde{m}_1+\tilde{m}_2)+\ln\frac{P(\omega_1)}{P(\omega_2)} \end{aligned} \tag{3-32}$$

将式（3-32）代入式（3-29）中，得到决策规则为

$$g(\boldsymbol{x})=\boldsymbol{w}^{*\mathrm{T}}\left(\boldsymbol{x}-\frac{1}{2}(\boldsymbol{m}_1+\boldsymbol{m}_2)\right)\begin{cases} >\ln\dfrac{P(\omega_2)}{P(\omega_1)}, & \boldsymbol{x}\in\omega_1 \\ <\ln\dfrac{P(\omega_2)}{P(\omega_1)}, & \boldsymbol{x}\in\omega_2 \end{cases} \tag{3-33}$$

即将样本投影到Fisher判别方向上，以投影后的两类均值连线的中心点做比较进行分类决策。在先验概率相同时，该中心点即为分类边界阈值；在先验概率不相同时，分界点向先验概率小的一方偏移，如图3-6所示。

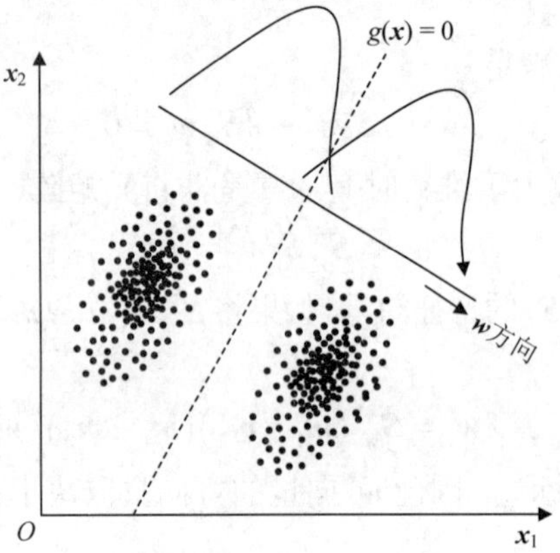

图3-6　Fisher线性判别

尽管Fisher准则对样本的分布不做任何假设，但是当样本维数很高且样本数比较多时，其投影到一维空间后的分布近似于正态分布，因此也可以在投影后的一维空间拟合正态分布，用得到的拟合参数来确定分类阈值。

例3-1　有Apf和Af两类蠓虫，其中Apf蠓虫是某种疾病的载体，而Af蠓虫是宝贵的传粉益虫，要求基于Fisher准则建立区分两类蠓虫的模型。表3-1和表3-2给出了6只Apf蠓虫和9只Af蠓虫的触角长度和前翅长度的数据。

表3-1　Apf蠓虫样本

触角长度/cm	1.14	1.2	1.3	1.26	1.28	1.18
前翅长度/cm	1.78	1.86	1.96	2.0	2.0	1.96

表 3-2　Af 蠓虫样本

触角长度/cm	1.24	1.38	1.36	1.4	1.38	1.48	1.38	1.54	1.56
前翅长度/cm	1.72	1.64	1.74	1.7	1.82	1.82	1.9	1.82	2.08

（1）试给出该问题的 Fisher 分类器。

（2）有 3 个待识别的样本，它们分别是 $[1.24\quad 1.80]^{\mathrm{T}}$、$[1.28\quad 1.84]^{\mathrm{T}}$、$[1.40\quad 2.04]^{\mathrm{T}}$，试问：这 3 个样本属于哪一种蠓虫？

解　根据前面的两类问题 Fisher 线性分类器原理，蠓虫的两分类问题计算过程如下。

（1）求样本均值向量

$$\boldsymbol{m}_1^{(1)} = \frac{1}{6}(1.14 + 1.2 + \cdots + 1.18) \approx 1.227$$

$$\boldsymbol{m}_2^{(1)} = \frac{1}{6}(1.78 + 1.86 + \cdots + 1.96) \approx 1.927$$

$$\boldsymbol{m}_1^{(2)} = \frac{1}{9}(1.24 + 1.38 + \cdots + 1.56) \approx 1.413$$

$$\boldsymbol{m}_2^{(2)} = \frac{1}{9}(1.72 + 1.64 + \cdots + 2.08) \approx 1.804$$

$$\boldsymbol{m}_1 = \begin{bmatrix} \boldsymbol{m}_1^{(1)} \\ \boldsymbol{m}_2^{(1)} \end{bmatrix} = \begin{bmatrix} 1.227 \\ 1.927 \end{bmatrix}$$

$$\boldsymbol{m}_2 = \begin{bmatrix} \boldsymbol{m}_1^{(2)} \\ \boldsymbol{m}_2^{(2)} \end{bmatrix} = \begin{bmatrix} 1.413 \\ 1.804 \end{bmatrix}$$

（2）求两类样本离散度矩阵和总的类内离散度矩阵，即

$$\boldsymbol{S}_1 = \sum_{i=1}^{6}(\boldsymbol{x}_i - \boldsymbol{m}_1)(\boldsymbol{x}_i - \boldsymbol{m}_1)^{\mathrm{T}} = \begin{bmatrix} 0.0197 & 0.0225 \\ 0.0225 & 0.0389 \end{bmatrix}$$

$$\boldsymbol{S}_2 = \sum_{i=1}^{9}(\boldsymbol{x}_i - \boldsymbol{m}_2)(\boldsymbol{x}_i - \boldsymbol{m}_2)^{\mathrm{T}} = \begin{bmatrix} 0.0784 & 0.0536 \\ 0.0536 & 0.1352 \end{bmatrix}$$

$$\boldsymbol{S}_{\mathrm{w}} = \boldsymbol{S}_1 + \boldsymbol{S}_2 = \begin{bmatrix} 0.0981 & 0.0761 \\ 0.0761 & 0.1741 \end{bmatrix}$$

（3）求投影权向量 $\boldsymbol{w}^*$，即

$$\boldsymbol{S}_{\mathrm{w}}^{-1} = \begin{bmatrix} 15.4209 & -6.7422 \\ -6.7422 & 8.6905 \end{bmatrix}$$

$$\boldsymbol{w}^* = \boldsymbol{S}_{\mathrm{w}}^{-1}(\boldsymbol{m}_1 - \boldsymbol{m}_2) = [-3.7326\ \ 2.3593]^{\mathrm{T}}$$

（4）求两类样本在 $\boldsymbol{w}^*$ 方向的投影坐标，即

$$\boldsymbol{y}_1 = \boldsymbol{w}^{*\mathrm{T}}\boldsymbol{X}_1 = [-0.005\ \ 0.219\ \ -0.0907\ \ 0.0156\ \ -0.1337\ \ -0.1534]^{\mathrm{T}}$$

$$\boldsymbol{y}_2 = \boldsymbol{w}^{*\mathrm{T}}\boldsymbol{X}_2 = [-0.5703\ \ -0.9711\ \ -1.2816\ \ -0.8570\ \ -0.6682\ \ -1.2147\ \ -1.2302\ \ -0.8407\ \ -1.6232]^{\mathrm{T}}$$

（5）求在投影空间的两类样本均值，即

$$\tilde{\boldsymbol{m}}_1 = -0.0330$$

$$\tilde{\boldsymbol{m}}_2 = -1.0286$$

（6）选取分类阈值，即

$$w_0 = -\frac{1}{2}(\tilde{\boldsymbol{m}}_1 + \tilde{\boldsymbol{m}}_2) = 0.5308$$

（7）计算待识别样本的投影坐标值，即

$$\boldsymbol{y} = \boldsymbol{w}^{*\mathrm{T}}\boldsymbol{X} = [-3.7326 \quad 2.3593]\begin{bmatrix} 1.24 & 1.28 & 1.40 \\ 1.80 & 1.84 & 2.04 \end{bmatrix} = [-0.3817 \quad -0.4366 \quad -0.4127]^{\mathrm{T}}$$

（8）判断样本类别。

根据判别规则：$g(\boldsymbol{x}) = \boldsymbol{w}^{\mathrm{T}}\boldsymbol{x} + w_0 \begin{cases} >0, & \boldsymbol{x} \in \omega_1 \\ <0, & \boldsymbol{x} \in \omega_2 \end{cases}$

可知上述 3 个样本都属于第一类，即 Apf 蠓虫。

3.4 基于感知器准则的线性分类器

感知器（perceptron）是早期研究模拟人脑神经网络系统处理模式分类问题的一种人工神经网络模型。其中的人工神经元模型虽然只是对生物神经元的简化模拟，但是其刻画了生物神经元的基本信息处理机制，在某种程度上接近人类思维的部分机理，因此在一些领域得到了成功应用。感知器中的人工神经元的数学表示形式就是线性判别函数，因此其可以用于解决模式分类问题，它所提出的感知器学习算法也可用于线性分类器的设计。

对于线性可分的样本集，即对于特征空间中的样本，如果总可找到线性判别面将两类样本无错误地完全分开，则称样本集是线性可分的。依据感知器准则的学习算法，一定可以找到线性判别函数将线性可分的样本集完全无误地分开，即

$$g(\boldsymbol{x}) = \boldsymbol{w}^{\mathrm{T}}\boldsymbol{x} + w_0 \tag{3-34}$$

式（3-34）是线性判别函数的一般形式，为了便于讨论，可以将原有的样本空间进行扩充，在增加一维常量 1 的前提下，得到增广的样本特征向量 $\boldsymbol{y} = [1, x_1, x_2, \cdots, x_d]^{\mathrm{T}}$，相应地，权向量也扩充为增广的权向量 $\boldsymbol{\alpha} = [w_0, w_1, w_2, \cdots, w_d]^{\mathrm{T}}$，则线性判别函数变为

$$g(\boldsymbol{y}) = \boldsymbol{\alpha}^{\mathrm{T}}\boldsymbol{y} \tag{3-35}$$

如果 $g(\boldsymbol{y}) > 0$，则 $\boldsymbol{y} \in \omega_1$；如果 $g(\boldsymbol{y}) < 0$，则 $\boldsymbol{y} \in \omega_2$。增广处理后的线性判别函数是 $\boldsymbol{y}$ 空间中过原点的超平面。

为了简化问题描述，可以进一步对样本做规范化处理，即对于第一类样本，令 $\boldsymbol{y}' = \boldsymbol{y}$，而对于第二类样本，则令 $\boldsymbol{y}' = -\boldsymbol{y}$。此时的 $\boldsymbol{y}'$ 称为规范化增广样本向量。如果样本是线性可分的，则总可以找到权向量 $\boldsymbol{\alpha}$ 使得对所有的样本满足

$$\boldsymbol{\alpha}^{\mathrm{T}}\boldsymbol{y}_i' > 0, \quad i = 1, 2, \cdots, N \tag{3-36}$$

为了讨论方便，不再特意区分 $\boldsymbol{y}'$ 和 $\boldsymbol{y}$，在本节后续的讨论中，默认已将样本做规范化增广处理，但仍然记为 $\boldsymbol{y}$。

通常满足式（3-36）的权向量 $\boldsymbol{\alpha}$ 不止一个，所有满足式（3-36）的 $\boldsymbol{\alpha}$ 构成权向量的解空间。由于权向量和样本向量维数相同，为了理解权空间，可以将权向量画在样本空间上。对于每一个样本 $\boldsymbol{y}_i$，$\boldsymbol{\alpha}^{\mathrm{T}}\boldsymbol{y}_i = 0$ 定义了权空间中一个过原点的超平面 H_i，该平面正侧的任何一个权向量都可以使 $\boldsymbol{\alpha}^{\mathrm{T}}\boldsymbol{y}_i > 0$，因而都是该样本对应的不等式方程的解。对于全部 N 个样本，同时满足式（3-36）的不等式方程组的解则是每个样本对应的超平面 $H_i(i=1,2,\cdots,N)$ 正侧的交集，该交集对应的区域即为权向量的解区，如图 3-7 所示。

尽管落在解区的所有权向量都是式（3-36）的解，但是处于解区中间的权向量更为可靠，在有噪声和数值计算误差的情况下，用解区中间的权向量设计的线性分类器决策更为可靠，因此为了得到靠近解区中间的权向量解，人们引入了余量的概念，即要求解向量满足

$$\boldsymbol{\alpha}^{\mathrm{T}}\boldsymbol{y}_i > b,\ \ i=1,2,\cdots,N \tag{3-37}$$

此时解区的边界会向中间收缩，其收缩的幅度为 $b/\|\boldsymbol{y}_k\|$，其中 $\boldsymbol{y}_k$ 是解区边界处的样本，如图 3-8 所示。

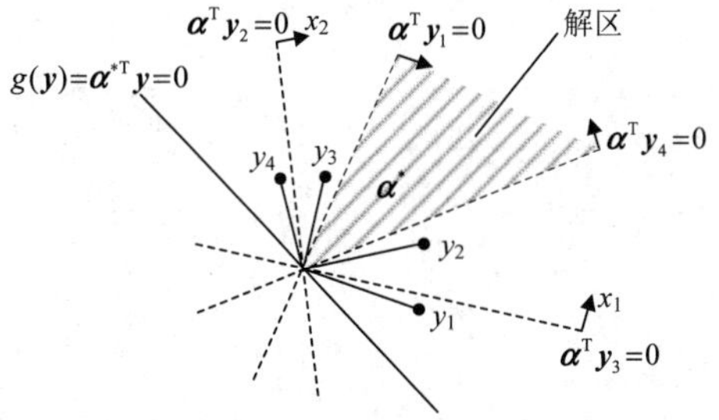

图 3-7　权向量和解区

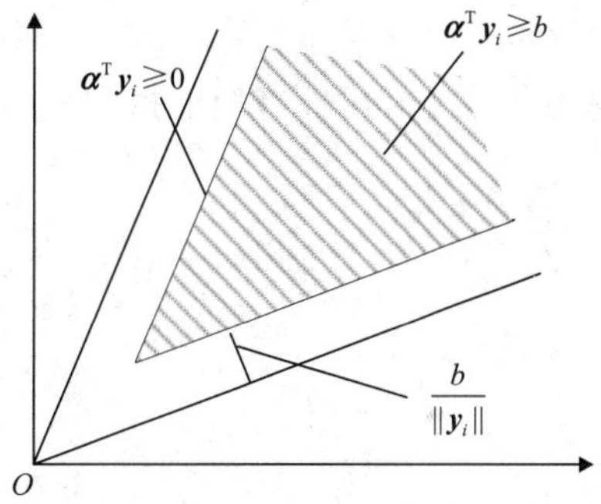

图 3-8　带余量的解区

下面分析如何通过感知器准则函数找到满足式（3-36）的权向量解。感知器准则是定义在样本错分数最少原则上的。对于权向量 $\boldsymbol{\alpha}$，如果样本 $\boldsymbol{y}_k$ 被错分，则表示 $\boldsymbol{\alpha}^{\mathrm{T}}\boldsymbol{y}_k \leqslant 0$。所有被错分的样本的和可以表示错分样本数的多少，因此定义以下感知器准则函数，即

$$J_{\mathrm{P}}(\boldsymbol{\alpha}) = \sum_{\boldsymbol{\alpha}^{\mathrm{T}}\boldsymbol{y}_k \leqslant 0}\left(-\boldsymbol{\alpha}^{\mathrm{T}}\boldsymbol{y}_k\right) \tag{3-38}$$

如果没有错分的样本，则 $J_{\mathrm{P}}(\boldsymbol{\alpha})$ 有最小值 0，所以使 $J_{\mathrm{P}}(\boldsymbol{\alpha}^*)=0$ 的 $\boldsymbol{\alpha}^*$ 即为解向量。为了求得 $J_{\mathrm{P}}(\boldsymbol{\alpha})$ 具有最小值的 $\boldsymbol{\alpha}^*$，可以借助梯度下降法迭代求解，即

$$\boldsymbol{\alpha}(t+1) = \boldsymbol{\alpha}(t) - \rho_t \nabla J_{\mathrm{P}}(\boldsymbol{\alpha}) \tag{3-39}$$

式中：ρ_t 为迭代学习的步长因子；$\nabla J_{\mathrm{P}}(\boldsymbol{\alpha})$ 为 J_{P} 关于权向量 $\boldsymbol{\alpha}$ 的梯度，根据定义，有

$$\nabla J_{\mathrm{P}}(\boldsymbol{\alpha}) = \frac{\partial J_{\mathrm{P}}(\boldsymbol{\alpha})}{\partial \boldsymbol{\alpha}} = \sum_{\boldsymbol{\alpha}^{\mathrm{T}}\boldsymbol{y}_k \leqslant 0}(-\boldsymbol{y}_k) \tag{3-40}$$

所以，感知器的迭代学习公式为

$$\boldsymbol{\alpha}(t+1)=\boldsymbol{\alpha}(t)+\rho_t\sum_{\boldsymbol{\alpha}^{\mathrm{T}}\boldsymbol{y}_k\leqslant 0}(-\boldsymbol{y}_k) \tag{3-41}$$

用全部错分样本做一次修正在实际学习过程中效率并不高，为了获得更好的学习效率，通常的做法是采用在线更新的方式，即实时判断每一个样本是否被错分实现即时更新，具体算法步骤如下。

（1）如果训练样本集为 $\boldsymbol{X}^N=\{\boldsymbol{x}_1,\boldsymbol{x}_2,\cdots,\boldsymbol{x}_N\}$，将训练样本处理成规范增广样本向量 $\boldsymbol{y}$ 的形式，任取初始权向量 $\boldsymbol{\alpha}(0)$，开始迭代学习。

（2）对全部样本进行一轮迭代学习。每考查一个样本 $\boldsymbol{y}_k$，如果 $\boldsymbol{\alpha}^{\mathrm{T}}\boldsymbol{y}_k\leqslant 0$，则根据式（3-41）修正权向量；如果 $\boldsymbol{\alpha}^{\mathrm{T}}\boldsymbol{y}_k>0$，则权向量不变，$\boldsymbol{\alpha}(t+1)=\boldsymbol{\alpha}(t)$。

（3）如果在上一轮迭代学习过程中有样本被错分，则回到步骤（2）继续下一轮迭代学习，直到全部样本都满足 $\boldsymbol{\alpha}^{\mathrm{T}}\boldsymbol{y}_k>0$ 为止。此时全部样本都可以被正确分类，这时的权向量即为学习得到的解向量。

可以证明，只要样本集是线性可分的，则感知器算法是收敛的，其一定可以在有限步的迭代运算后找到使所有样本被正确分类的权向量 $\boldsymbol{\alpha}$，严格的收敛性证明可以参看相关文献。如果样本集不是线性可分的，则感知器算法不会收敛。为了保证算法在停止迭代时，仍可得到对于多数样本能够正确分类的有用解，一种有效的做法是在迭代学习过程中逐步减少学习步长因子 ρ_t，从而起到强制算法收敛的作用，如果多数样本是可分的，则这种做法通常可以有效地找到有用解。

例 3-2 图 3-9 所示为二维平面中的 4 个点，$\boldsymbol{x}_1$、$\boldsymbol{x}_2\in\omega_1$，$\boldsymbol{x}_3$、$\boldsymbol{x}_4\in\omega_2$。假设步长参数默认为 1，请设计基于感知器算法的线性分类器。

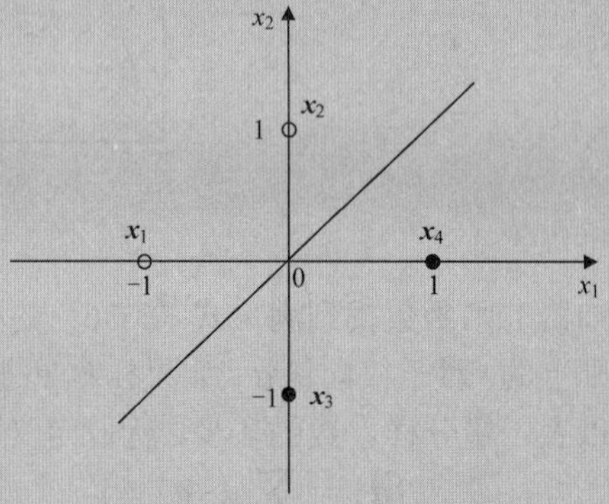

图 3-9 两类样本示意图

解 由题知

ω_1：$\boldsymbol{x}_1=[-1\ \ 0]$，$\boldsymbol{x}_2=[0\ \ 1]^{\mathrm{T}}$；$\omega_2$：$\boldsymbol{x}_3=[0\ \ -1]^{\mathrm{T}}$，$\boldsymbol{x}_4=[1\ \ 0]^{\mathrm{T}}$

所有样本处理成规范增广向量形式，即

$\boldsymbol{x}_1=[-1\ \ 0\ \ 1]^{\mathrm{T}}$，$\boldsymbol{x}_2=[0\ \ 1\ \ 1]^{\mathrm{T}}$，$\boldsymbol{x}_3=[0\ \ 1\ \ -1]^{\mathrm{T}}$，$\boldsymbol{x}_4=[-1\ \ 0\ \ -1]^{\mathrm{T}}$

步长 $\rho=1$，任取 $\boldsymbol{\alpha}(1)=[0\ \ 0\ \ 0]^{\mathrm{T}}$

第一轮迭代：

$$\boldsymbol{\alpha}^{\mathrm{T}}(1)\boldsymbol{x}_1=[0\ \ 0\ \ 0]\begin{bmatrix}-1\\0\\1\end{bmatrix}=0,\leqslant 0，故\ \boldsymbol{\alpha}(2)=\boldsymbol{\alpha}(1)+\boldsymbol{x}_1=[-1\ \ 0\ \ 1]^{\mathrm{T}}$$

$$\boldsymbol{\alpha}^{\mathrm{T}}(2)\boldsymbol{x}_2=[-1\ \ 0\ \ 1]\begin{bmatrix}0\\1\\1\end{bmatrix}=1,>0，故\ \boldsymbol{\alpha}(3)=\boldsymbol{\alpha}(2)=[-1\ \ 0\ \ 1]^{\mathrm{T}}$$

$$\boldsymbol{\alpha}^{\mathrm{T}}(3)\boldsymbol{x}_3=[-1\ \ 0\ \ 1]\begin{bmatrix}0\\1\\-1\end{bmatrix}=-1,\leqslant 0，故\ \boldsymbol{\alpha}(4)=\boldsymbol{\alpha}(3)+\boldsymbol{x}_3=[-1\ \ 1\ \ 0]^{\mathrm{T}}$$

$$\boldsymbol{\alpha}^{\mathrm{T}}(4)\boldsymbol{x}_4=[-1\ \ 1\ \ 0]\begin{bmatrix}-1\\0\\-1\end{bmatrix}=1,>0，故\ \boldsymbol{\alpha}(5)=\boldsymbol{\alpha}(4)=[-1\ \ 1\ \ 0]^{\mathrm{T}}$$

第二轮迭代：

$$\boldsymbol{\alpha}^{\mathrm{T}}(5)\boldsymbol{x}_1=[-1\ \ 1\ \ 0]\begin{bmatrix}-1\\0\\1\end{bmatrix}=1,>0，故\ \boldsymbol{\alpha}(6)=\boldsymbol{\alpha}(5)=[-1\ \ 1\ \ 0]^{\mathrm{T}}$$

$$\boldsymbol{\alpha}^{\mathrm{T}}(6)\boldsymbol{x}_2=[-1\ \ 1\ \ 0]\begin{bmatrix}0\\1\\1\end{bmatrix}=1,>0，故\ \boldsymbol{\alpha}(7)=\boldsymbol{\alpha}(6)=[-1\ \ 1\ \ 0]^{\mathrm{T}}$$

$$\boldsymbol{\alpha}^{\mathrm{T}}(7)\boldsymbol{x}_3=[-1\ \ 1\ \ 0]\begin{bmatrix}0\\1\\-1\end{bmatrix}=1,>0，故\ \boldsymbol{\alpha}(8)=\boldsymbol{\alpha}(7)=[-1\ \ 1\ \ 0]^{\mathrm{T}}$$

$$\boldsymbol{\alpha}^{\mathrm{T}}(8)\boldsymbol{x}_4=[-1\ \ 1\ \ 0]\begin{bmatrix}-1\\0\\-1\end{bmatrix}=1,>0，故\ \boldsymbol{\alpha}(9)=\boldsymbol{\alpha}(8)=[-1\ \ 1\ \ 0]^{\mathrm{T}}$$

该轮迭代后的分类结果完全正确，故解向量 $\boldsymbol{\alpha}=[-1\ \ 1\ \ 0]^{\mathrm{T}}$，相应地，判别函数为 $g(\boldsymbol{x})=-x_1+x_2$。

3.5　基于均方误差准则的线性分类器

由于感知器算法只适用于线性可分的样本集，对于线性不可分的样本集，为了找到尽可能使样本错分数最少的权向量解，可以对原有的难以求解的方程联立不等式方程组

$$\boldsymbol{\alpha}^{\mathrm{T}}\boldsymbol{y}_i>0,\ \ i=1,2,\cdots,N \tag{3-42}$$

做进一步约束，以便将其转化为上述不等式方程组求解的子问题。一种可行的做法是引入一系列正的待定常数 $b_i>0$，将不等式方程组转化为以下等式方程组，即

$$\boldsymbol{\alpha}^{\mathrm{T}}\boldsymbol{y}_i=b_i,\ \ i=1,2,\cdots,N \tag{3-43}$$

显然，满足等式方程组[式（3-43）]的解一定也是不等式方程组[式（3-42）]的解。上述等式方程组可以改写成矩阵方程的形式：

$$\boldsymbol{Y\alpha}=\boldsymbol{b} \tag{3-44}$$

其中，

$$\boldsymbol{Y}=\begin{bmatrix}\boldsymbol{y}_1^{\mathrm{T}}\\ \vdots \\ \boldsymbol{y}_N^{\mathrm{T}}\end{bmatrix}=\begin{bmatrix}y_{11} & \cdots & y_{1\hat{d}}\\ \vdots & & \vdots\\ y_{N1} & \cdots & y_{N\hat{d}}\end{bmatrix} \tag{3-45}$$

$$\boldsymbol{b}=[b_1,b_2,\cdots,b_N]^{\mathrm{T}} \tag{3-46}$$

式中：$\hat{d}=d+1$为增广样本特征向量的维数。由于该等式方程组涉及的自由参量有$\boldsymbol{\alpha}$和$\boldsymbol{b}$，其具体求解通常有两种做法：一是给定$\boldsymbol{b}$只寻找最优$\boldsymbol{\alpha}$，二是同时优化$\boldsymbol{\alpha}$和$\boldsymbol{b}$。先看第一种情况。由于样本数通常大于特征维数，因此式（3-44）的等式方程组通常为矛盾方程组，不存在精确解，通常按照最小平方误差原则求得近似解，即

$$J_{\mathrm{mse}}(\boldsymbol{\alpha})=\frac{1}{2}\|\boldsymbol{Y\alpha}-\boldsymbol{b}\|^2=\frac{1}{2}\sum_{i=1}^{N}\left(\boldsymbol{\alpha}^{\mathrm{T}}\boldsymbol{y}_i-b_i\right)^2 \tag{3-47}$$

上述准则函数的最小化可以采用伪逆法或梯度下降法求解。

根据函数极值点梯度为0的性质，求$\nabla J_{\mathrm{mse}}(\boldsymbol{\alpha})$，即

$$\nabla J_{\mathrm{mse}}(\boldsymbol{\alpha})=\boldsymbol{Y}^{\mathrm{T}}(\boldsymbol{Y\alpha}-\boldsymbol{b})=0 \tag{3-48}$$

求得

$$\boldsymbol{\alpha}^*=\left(\boldsymbol{Y}^{\mathrm{T}}\boldsymbol{Y}\right)^{-1}\boldsymbol{Y}^{\mathrm{T}}\boldsymbol{b}=\boldsymbol{Y}^{+}\boldsymbol{b} \tag{3-49}$$

式中：$\boldsymbol{Y}^{+}=\left(\boldsymbol{Y}^{\mathrm{T}}\boldsymbol{Y}\right)^{-1}\boldsymbol{Y}^{\mathrm{T}}$为矩阵$\boldsymbol{Y}$的伪逆矩阵。

式（3-47）的最小化也可以根据梯度下降迭代学习算法求解，即

$$\boldsymbol{\alpha}(t+1)=\boldsymbol{\alpha}(t)-\rho_t\boldsymbol{Y}^{\mathrm{T}}(\boldsymbol{Y\alpha}-\boldsymbol{b}) \tag{3-50}$$

或者单样本迭代修正算法，即

$$\boldsymbol{\alpha}(t+1)=\boldsymbol{\alpha}(t)+\rho_t\left(b_k-\boldsymbol{\alpha}(t)^{\mathrm{T}}\boldsymbol{y}_k\right)\boldsymbol{y}_k \tag{3-51}$$

上述算法也称为最小均方误差（least mean square error，LMSE）算法。

上述第一种求解做法中，选取不同的$\boldsymbol{b}$会得到不同解的结果。可以证明，如果同类样本的b_i均取相同的值，则最小平方误差算法的解等价于Fisher线性判别函数的解。如果对于所有样本，都取$b_i=1$，则当$N\to\infty$时，LMSE算法的解是贝叶斯判别函数的最小平方误差逼近。

相应地，在第二种求解做法中，$\boldsymbol{\alpha}$和$\boldsymbol{b}$都需要优化，由于有更多的自由度，算法有更快的收敛速度。分别对$\boldsymbol{\alpha}$和$\boldsymbol{b}$求梯度$\nabla J_{\mathrm{mse}}(\boldsymbol{\alpha})$和$\nabla J_{\mathrm{mse}}(\boldsymbol{b})$：

$$\nabla J_{\mathrm{mse}}(\boldsymbol{\alpha})=\frac{\partial}{\partial\boldsymbol{\alpha}}\left[\frac{1}{2}(\boldsymbol{Y\alpha}-\boldsymbol{b})^{\mathrm{T}}(\boldsymbol{Y\alpha}-\boldsymbol{b})\right]=\boldsymbol{Y}^{\mathrm{T}}(\boldsymbol{Y\alpha}-\boldsymbol{b}) \tag{3-52}$$

$$\nabla J_{\mathrm{mse}}(\boldsymbol{b})=\frac{\partial}{\partial\boldsymbol{b}}\left[\frac{1}{2}(\boldsymbol{Y\alpha}-\boldsymbol{b})^{\mathrm{T}}(\boldsymbol{Y\alpha}-\boldsymbol{b})\right]=-\frac{1}{2}\left[(\boldsymbol{Y\alpha}-\boldsymbol{b})+|\boldsymbol{Y\alpha}-\boldsymbol{b}|\right] \tag{3-53}$$

求解$\boldsymbol{\alpha}$和$\boldsymbol{b}$的递推算法如下。

（1）求 $\boldsymbol{\alpha}$ 的计算式。令 $\nabla J_{\text{mse}}(\boldsymbol{\alpha})=0$，由式（3-52）可得

$$\boldsymbol{Y}^{\mathrm{T}}(\boldsymbol{Y}\boldsymbol{\alpha}-\boldsymbol{b})=0$$

$$\boldsymbol{Y}^{\mathrm{T}}\boldsymbol{Y}\boldsymbol{\alpha}=\boldsymbol{Y}^{\mathrm{T}}\boldsymbol{b}$$

$$\boldsymbol{\alpha}=\left(\boldsymbol{Y}^{\mathrm{T}}\boldsymbol{Y}\right)^{-1}\boldsymbol{Y}^{\mathrm{T}}\boldsymbol{b}=\boldsymbol{Y}^{+}\boldsymbol{b}$$

由上式可知，只要求出 $\boldsymbol{b}$ 即可求得 $\boldsymbol{\alpha}$ 。

（2）求 $\boldsymbol{b}$ 的迭代式。根据梯度算式（3-53），有

$$\boldsymbol{b}(t+1)=\boldsymbol{b}(t)+\frac{c'}{2}\left[\left(\boldsymbol{Y}\boldsymbol{\alpha}(t)-\boldsymbol{b}(t)\right)+\left|\boldsymbol{Y}\boldsymbol{\alpha}(t)-\boldsymbol{b}(t)\right|\right]$$

令 $\boldsymbol{e}(t)=\boldsymbol{Y}\boldsymbol{\alpha}(t)-\boldsymbol{b}(t)$ ，$c'/2=c$ ，则上式可以改写为

$$\boldsymbol{b}(t+1)=\boldsymbol{b}(t)+c\left[\boldsymbol{e}(t)+\left|\boldsymbol{e}(t)\right|\right]$$

（3）求 $\boldsymbol{\alpha}$ 的迭代式。将上式代入式（3-49），可得

$$\boldsymbol{\alpha}(t+1)=\boldsymbol{Y}^{+}\boldsymbol{b}(t+1)=\boldsymbol{Y}^{+}\left[\boldsymbol{b}(t)+c\left[\boldsymbol{e}(t)+\left|\boldsymbol{e}(t)\right|\right]\right]=\boldsymbol{Y}^{+}\boldsymbol{b}(t)+\boldsymbol{Y}^{+}c\boldsymbol{e}(t)+\boldsymbol{Y}^{+}c\left|\boldsymbol{e}(t)\right|$$

其中第二项为

$$\boldsymbol{Y}^{+}c\boldsymbol{e}(t)=c\boldsymbol{Y}^{+}\left[\boldsymbol{Y}\boldsymbol{\alpha}(t)-\boldsymbol{b}(t)\right]=c\left[\boldsymbol{Y}^{+}\boldsymbol{Y}\boldsymbol{\alpha}(t)-\boldsymbol{Y}^{+}\boldsymbol{b}(t)\right]=c\left[\boldsymbol{\alpha}(t)-\boldsymbol{Y}^{+}\boldsymbol{b}(t)\right]=0$$

因此，$\boldsymbol{\alpha}$ 的迭代式为

$$\boldsymbol{\alpha}(t+1)=\boldsymbol{Y}^{+}b(t)+c\boldsymbol{Y}^{+}\left|\boldsymbol{e}(t)\right|=\boldsymbol{\alpha}(t)+c\boldsymbol{Y}^{+}\left|\boldsymbol{e}(t)\right|$$

由此得到 LMSE 算法的全部递推公式。LMSE 整个算法的迭代过程如下。

设初始值为 $\boldsymbol{b}(1)$ ，根据前面的要求，要求 $\boldsymbol{b}$ 的每一个分量大于 0，则

$$\boldsymbol{\alpha}(1)=\boldsymbol{Y}^{+}\boldsymbol{b}(1)$$

$$\vdots$$

$$\boldsymbol{e}(t)=\boldsymbol{Y}\boldsymbol{\alpha}(t)-\boldsymbol{b}(t)$$

$$\boldsymbol{\alpha}(t+1)=\boldsymbol{\alpha}(t)+c\boldsymbol{Y}^{+}\left|\boldsymbol{e}(t)\right|$$

$$\boldsymbol{b}(t+1)=\boldsymbol{b}(t)+c\left[\boldsymbol{e}(t)+\left|\boldsymbol{e}(t)\right|\right]$$

依据上述迭代计算过程，即可通过迭代的方式优化参数 $\boldsymbol{\alpha}$ 和 $\boldsymbol{b}$ 。

对于线性可分的模式，可以证明当 $0\leqslant c\leqslant 1$ 时，LMSE 算法收敛，且算法还有一个优点是，在算法迭代过程中，可以通过观察 $\boldsymbol{Y}\boldsymbol{\alpha}(t)$ 各分量和 $\boldsymbol{e}(t)$ 的状况，及时判断算法是否收敛，以及模式样本是否线性可分。具体判断时有以下 3 种情况：

① 如果 $\boldsymbol{e}(t)=0$ ，说明 $\boldsymbol{Y}\boldsymbol{\alpha}(t)=\boldsymbol{b}(t)>0$ 有解。

② 如果 $\boldsymbol{e}(t)>0$ ，说明 $\boldsymbol{Y}\boldsymbol{\alpha}(t)>\boldsymbol{b}(t)>0$ ，隐含有解，继续迭代可能使 $\boldsymbol{e}(t)\to 0$ 。

③ 如果 $\boldsymbol{e}(t)<0$ ，表示 $\boldsymbol{e}(t)$ 的所有分量为负值或零，但不全部为零，表明模式样本可能线性不可分，停止迭代。进一步观察 $\boldsymbol{Y}\boldsymbol{\alpha}(t)$ ：如果 $\boldsymbol{Y}\boldsymbol{\alpha}(t)>0$ ，则有解；否则无解，样本模式线性不可分。

此时，因为 $\boldsymbol{e}(t)+\left|\boldsymbol{e}(t)\right|=0$ ，所以 $\boldsymbol{b}(t+1)=\boldsymbol{b}(t)$ 不再更新，$\boldsymbol{Y}^{+}\left|\boldsymbol{e}(t)\right|=\boldsymbol{Y}^{+}\left|\boldsymbol{Y}\boldsymbol{\alpha}(t)-\boldsymbol{b}(t)\right|=\boldsymbol{Y}^{+}\left(-\boldsymbol{Y}\boldsymbol{\alpha}(t)+\boldsymbol{b}(t)\right)=-\boldsymbol{\alpha}(t)+\boldsymbol{\alpha}(t)=0$ ，所以 $\boldsymbol{\alpha}(t+1)=\boldsymbol{\alpha}(t)$ 也不再更新，所以 $\boldsymbol{e}(t+1)=\boldsymbol{Y}\boldsymbol{\alpha}(t+1)-\boldsymbol{b}(t+1)=\boldsymbol{Y}\boldsymbol{\alpha}(t)-\boldsymbol{b}(t)=\boldsymbol{e}(t)$ 也不再变化。由此可知，一旦 $\boldsymbol{e}(t)\leqslant 0$ ，则 $\boldsymbol{\alpha}$ 、$\boldsymbol{b}$ 、$\boldsymbol{e}$ 不再变化，继续迭代已经没有意义。只有当 $\boldsymbol{e}(t)$ 的分量中仍有大于零的分量，才需要

继续迭代学习，一旦全部分量变为负值或零，则算法终止。

实际上，当误差$\boldsymbol{e}(t)$的全部分量为非正值之前，就可以观察到其中某些分量已经很难再向正值调整，而这些分量对应的样本即为造成线性不可分的样本，可以提早对它们采取对策。

根据上述分析，完整的 LMSE 算法步骤如下。

（1）将样本处理为规范增广样本向量形式，得到规范增广样本矩阵$\boldsymbol{Y}$。

（2）求$\boldsymbol{Y}$的伪逆矩阵$\boldsymbol{Y}^{+}=\left(\boldsymbol{Y}^{\mathrm{T}}\boldsymbol{Y}\right)^{-1}\boldsymbol{Y}^{\mathrm{T}}$。

（3）对c和$\boldsymbol{b}(1)$进行初始化，其中$c>0$，$\boldsymbol{b}(1)>0$，根据下式进行迭代计算，即

$$\begin{gathered}\boldsymbol{\alpha}(1)=\boldsymbol{Y}^{+}\boldsymbol{b}(1)\\ \boldsymbol{e}(1)=\boldsymbol{Y}\boldsymbol{\alpha}(1)-\boldsymbol{b}(1)\\ \boldsymbol{\alpha}(2)=\boldsymbol{\alpha}(1)+c\boldsymbol{Y}^{+}\left|\boldsymbol{e}(1)\right|\\ \boldsymbol{b}(2)=\boldsymbol{b}(1)+c\left[\boldsymbol{e}(1)+\left|\boldsymbol{e}(1)\right|\right]\\ \vdots\end{gathered}$$

（4）根据$\boldsymbol{e}(t)$的状况，进行分析：

如果$\boldsymbol{e}(t)=0$，模式线性可分，输出解$\boldsymbol{\alpha}(t)$，算法结束。

如果$\boldsymbol{e}(t)>0$，模式线性可分，有解，转第（5）步继续迭代学习。

如果$\boldsymbol{e}(t)<0$，停止迭代。进一步观察$\boldsymbol{Y}\boldsymbol{\alpha}(t)$：如果$\boldsymbol{Y}\boldsymbol{\alpha}(t)>0$，则有解；否则无解，算法结束。

（5）更新$\boldsymbol{\alpha}(t+1)$和$\boldsymbol{b}(t+1)$，并计算误差$\boldsymbol{e}(t+1)$，即

$$\begin{gathered}\boldsymbol{\alpha}(t+1)=\boldsymbol{\alpha}(t)+c\boldsymbol{Y}^{+}\left|\boldsymbol{e}(t)\right|\\ \boldsymbol{b}(t+1)=\boldsymbol{b}(t)+c\left[\boldsymbol{e}(t)+\left|\boldsymbol{e}(t)\right|\right]\\ \boldsymbol{e}(t+1)=\boldsymbol{Y}\boldsymbol{\alpha}(t+1)-\boldsymbol{b}(t+1)\end{gathered}$$

将迭代次数t加 1，返回第（4）步。

上述第二种解法可以同时调整$\boldsymbol{\alpha}$和$\boldsymbol{b}$，由于提供了更多的自由度，因此算法收敛速度快，同时通过对$\boldsymbol{Y}\boldsymbol{\alpha}(t)$各分量和$\boldsymbol{e}(t)$的分析，为判断样本模式的线性可分性提供了检测手段。LMSE 算法需要计算伪逆矩阵$\boldsymbol{Y}^{+}$，其中$\left(\boldsymbol{Y}^{\mathrm{T}}\boldsymbol{Y}\right)^{-1}$的计算比较复杂，但是通常该逆矩阵只需计算一次，当增加一个新的样本时，只需在$\boldsymbol{Y}$中添加一行，新的逆矩阵$\left(\boldsymbol{Y}^{\mathrm{T}}\boldsymbol{Y}\right)^{-1}$可以借助迭代算法更新。

例 3-3 已知两类模式训练样本为

$$\omega_1\text{: }\left[0\ \ 0\right]^{\mathrm{T}},\left[0\ \ 1\right]^{\mathrm{T}}；\ \omega_2\text{: }[1\ \ 0]^{\mathrm{T}},[1\ \ 1]^{\mathrm{T}}$$

试用 LMSE 算法求解权向量。

解

（1）写出规范化增广样本矩阵：$\boldsymbol{Y}=\begin{bmatrix}0&0&1\\0&1&1\\-1&0&-1\\-1&-1&-1\end{bmatrix}$。

（2）求伪逆矩阵 $\boldsymbol{Y}^{+}=(\boldsymbol{Y}^{\mathrm{T}}\boldsymbol{Y})^{-1}\boldsymbol{Y}^{\mathrm{T}}$。

在矩阵计算中，矩阵 $\boldsymbol{A}=\begin{bmatrix} a_{11} & a_{12} & a_{13} \\ a_{21} & a_{22} & a_{23} \\ a_{31} & a_{32} & a_{33} \end{bmatrix}$ 的逆矩阵为

$$\boldsymbol{A}^{-1}=\frac{1}{|\boldsymbol{A}|}\boldsymbol{A}^{*}$$

式中，$\boldsymbol{A}$ 的行列式 $|\boldsymbol{A}|=\begin{vmatrix} a_{11} & a_{12} & a_{13} \\ a_{21} & a_{22} & a_{23} \\ a_{31} & a_{32} & a_{33} \end{vmatrix}$；$\boldsymbol{A}$ 的伴随矩阵 $\boldsymbol{A}^{*}=\begin{bmatrix} A_{11} & A_{21} & A_{31} \\ A_{12} & A_{22} & A_{32} \\ A_{13} & A_{23} & A_{33} \end{bmatrix}$，$A_{ij}$ 是 a_{ij} 的代数余子式，注意两者的行号和列号互换。在 $\boldsymbol{A}$ 的行列式 $|\boldsymbol{A}|$ 中，划去 a_{ij} 所在行和列的元素，余下的元素构成的行列式称为 a_{ij} 的余子式 M_{ij}，$A_{ij}=(-1)^{i+j}M_{ij}$ 是 a_{ij} 的代数余子式。

现计算伪逆矩阵 $\boldsymbol{Y}^{+}=(\boldsymbol{Y}^{\mathrm{T}}\boldsymbol{Y})^{-1}\boldsymbol{Y}^{\mathrm{T}}$。

$$\boldsymbol{Y}^{\mathrm{T}}\boldsymbol{Y}=\begin{bmatrix} 0 & 0 & -1 & -1 \\ 0 & 1 & 0 & -1 \\ 1 & 1 & -1 & -1 \end{bmatrix}\begin{bmatrix} 0 & 0 & 1 \\ 0 & 1 & 1 \\ -1 & 0 & -1 \\ -1 & -1 & -1 \end{bmatrix}=\begin{bmatrix} 2 & 1 & 2 \\ 1 & 2 & 2 \\ 2 & 2 & 4 \end{bmatrix}$$

$$|\boldsymbol{Y}^{\mathrm{T}}\boldsymbol{Y}|=\begin{vmatrix} 2 & 1 & 2 \\ 1 & 2 & 2 \\ 2 & 2 & 4 \end{vmatrix}=16+4+4-8-8-4=4$$

由矩阵求逆，有

$$(\boldsymbol{Y}^{\mathrm{T}}\boldsymbol{Y})^{-1}=\frac{1}{|\boldsymbol{Y}^{\mathrm{T}}\boldsymbol{Y}|}\begin{bmatrix} 4 & 0 & -2 \\ 0 & 4 & -2 \\ -2 & -2 & 3 \end{bmatrix}=\frac{1}{4}\begin{bmatrix} 4 & 0 & -2 \\ 0 & 4 & -2 \\ -2 & -2 & 3 \end{bmatrix}$$

所以，有

$$\boldsymbol{Y}^{+}=(\boldsymbol{Y}^{\mathrm{T}}\boldsymbol{Y})^{-1}\boldsymbol{Y}^{\mathrm{T}}=\frac{1}{4}\begin{bmatrix} 4 & 0 & -2 \\ 0 & 4 & -2 \\ -2 & -2 & 3 \end{bmatrix}\begin{bmatrix} 0 & 0 & -1 & -1 \\ 0 & 1 & 0 & -1 \\ 1 & 1 & -1 & -1 \end{bmatrix}=\frac{1}{4}\begin{bmatrix} -2 & -2 & -2 & -2 \\ -2 & 2 & 2 & -2 \\ 3 & 1 & -1 & 1 \end{bmatrix}$$

（3）取初始值 $\boldsymbol{B}(1)=[1,1,1,1]^{\mathrm{T}}$ 和 $c=1$，开始迭代。

$$\boldsymbol{\alpha}(1)=\boldsymbol{Y}^{+}\boldsymbol{B}(1)=\frac{1}{4}\begin{bmatrix} -2 & -2 & -2 & -2 \\ -2 & 2 & 2 & -2 \\ 3 & 1 & -1 & 1 \end{bmatrix}\begin{bmatrix} 1 \\ 1 \\ 1 \\ 1 \end{bmatrix}=\frac{1}{4}\begin{bmatrix} -8 \\ 0 \\ 4 \end{bmatrix}=\begin{bmatrix} -2 \\ 0 \\ 1 \end{bmatrix}$$

$$e(1)=Y\alpha(1)-B(1)=\begin{bmatrix}0&0&1\\0&1&1\\-1&0&-1\\-1&-1&-1\end{bmatrix}\begin{bmatrix}-2\\0\\1\end{bmatrix}-\begin{bmatrix}1\\1\\1\\1\end{bmatrix}=\begin{bmatrix}1\\1\\1\\1\end{bmatrix}-\begin{bmatrix}1\\1\\1\\1\end{bmatrix}=\begin{bmatrix}0\\0\\0\\0\end{bmatrix}=\mathbf{0}$$

因 $e(k)=\mathbf{0}$，故迭代结束，权向量解为 $\alpha(1)=[-2\quad 0\quad 1]^{\mathrm{T}}$，判别函数为

$$g(x)=-2x_1+1$$

示例结果如图 3-10 所示。

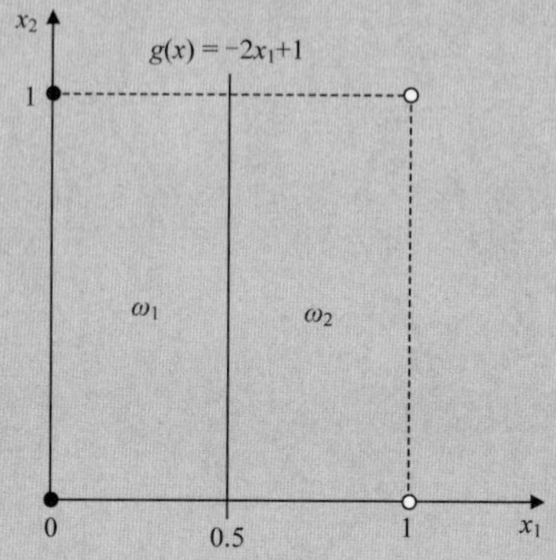

图 3-10 线性可分时 LMSE 算法举例

例 3-4 已知模式训练样本

$$\omega_1\text{: }[0\quad 0]^{\mathrm{T}},\ [1\quad 1]^{\mathrm{T}}\text{；}\omega_2\text{: }[0\quad 1]^{\mathrm{T}},\ [1\quad 0]^{\mathrm{T}}$$

用 LMSE 算法求解权向量。

解 （1）规范化增广样本矩阵：$Y=\begin{bmatrix}0&0&1\\1&1&1\\0&-1&-1\\-1&0&-1\end{bmatrix}$。

（2）求 Y^{+}。

$$Y^{+}=\left(Y^{\mathrm{T}}Y\right)^{-1}Y^{\mathrm{T}}=\frac{1}{4}\begin{bmatrix}-2&2&2&-2\\-2&2&-2&2\\3&-1&-1&-1\end{bmatrix}$$

（3）取初始值 $B(1)=[1\quad 1\quad 1\quad 1]^{\mathrm{T}}$ 和 $c=1$，开始迭代。

$$\alpha(1)=Y^{+}B(1)=[0\quad 0\quad 0]^{\mathrm{T}}$$

$$e(1)=Y\alpha(1)-B(1)=[0\quad 0\quad 0\quad 0]^{\mathrm{T}}-[1\quad 1\quad 1\quad 1]^{\mathrm{T}}=[-1\quad -1\quad -1\quad -1]^{\mathrm{T}}$$

$e(1)$ 全部分量为负，停止迭代。进一步地，$Y\alpha(k)>0$ 不成立，故无解，为线性不可分模式。线性不可分模式分布情况如图 3-11 所示。

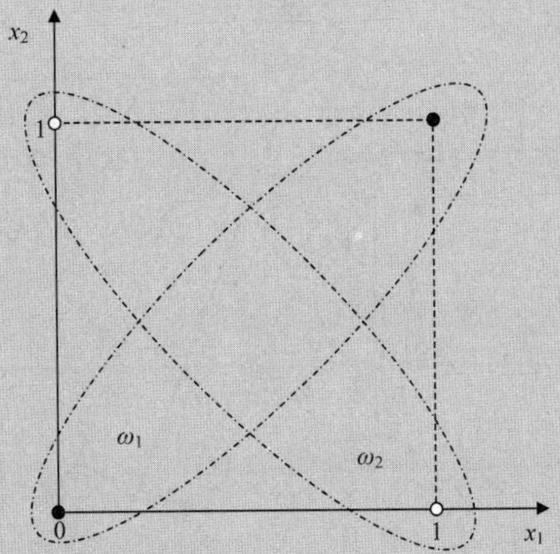

图 3-11　线性不可分时 LMSE 算法举例

3.6* 基于最大间隔距离的超平面和线性支持向量机

能够将线性可分模式分开的超平面很多，如图 3-12 所示，和其他的分隔面相比，人们通常更倾向于采用刚好位于两类样本间隙中间的分隔面 AB。这样的分隔面到两类样本的距离都比较大，称为最大间隔超平面。它的优点是显而易见的，由于其距离两类样本都有较大的间隔距离，因此在实际样本测试时，即便样本受到干扰或噪声的影响，从而更多地进入边界区域，也会因为分界面留有的决策裕量，使其大部分仍不至于越过分界面而造成错判，因此该分隔面和其他分隔面相比，具有更好的鲁棒性。而且也可以观察到，决定最大间隔分隔面走向和位置的其实只是少量的位于边界区域的样本，称为支持样本或支持向量，而绝大部分远离间隔面的样本实际上对于间隔面的确定不起作用。

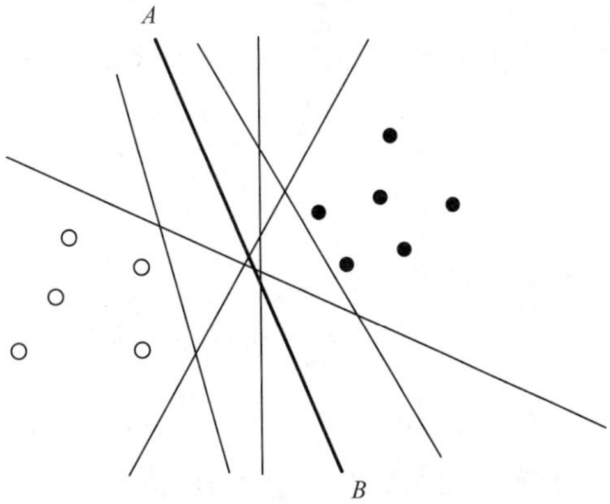

图 3-12　线性判别面的非唯一解

如果定义两类训练样本到分类超平面距离最近的样本到分类面的距离为分类间隔，则上述找到的分隔面实际上就是具有最大间隔距离的分类超平面，如图 3-13 所示。

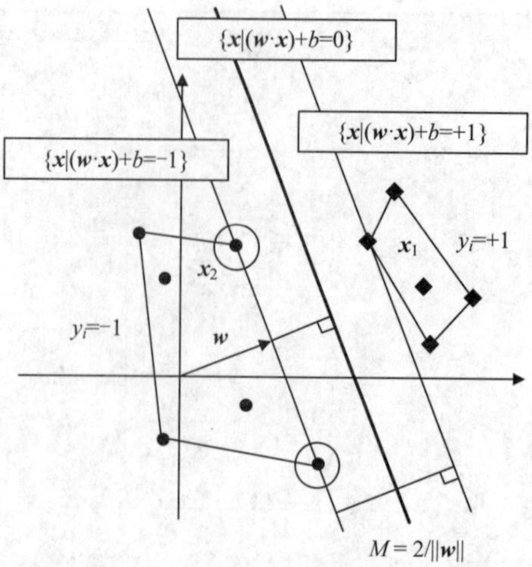

图 3-13 规范的最大间隔分界面

那么这样的最大间隔分类超平面如何定义和描述呢？假设将两类样本分开的超平面为

$$g(\boldsymbol{x})=\boldsymbol{w}^{\mathrm{T}}\boldsymbol{x}+b=0 \tag{3-54}$$

式中：$\boldsymbol{w}$ 和 b 分别决定了分类超平面的走向和位置。如果训练样本集$\{(\boldsymbol{x}_i,y_i),i=1,2,\cdots,N,x_i\in R^d,y_i\in\{-1,+1\}\}$ 被超平面正确分类，则

$$\begin{cases}\boldsymbol{w}^{\mathrm{T}}\boldsymbol{x}_i+b>0, & y_i=+1\\ \boldsymbol{w}^{\mathrm{T}}\boldsymbol{x}_i+b<0, & y_i=-1\end{cases} \tag{3-55}$$

任一样本 $\boldsymbol{x}$ 到超平面的距离为$\left|\boldsymbol{w}^{\mathrm{T}}\boldsymbol{x}+b\right|/\|\boldsymbol{w}\|$，可知同时改变 $\boldsymbol{w}$ 和 b 的尺度不改变 $\boldsymbol{x}$ 到超平面的距离，因此不妨通过尺度缩放使得决定最大间隔超平面的支持样本 $\boldsymbol{x}_{\mathrm{s}}$ 的 $\left|\boldsymbol{w}^{\mathrm{T}}\boldsymbol{x}_{\mathrm{s}}+b\right|=1$，从而对于两类样本满足

$$\begin{cases}\boldsymbol{w}^{\mathrm{T}}\boldsymbol{x}_i+b\geqslant 1, & y_i=+1\\ \boldsymbol{w}^{\mathrm{T}}\boldsymbol{x}_i+b\leqslant -1, & y_i=-1\end{cases} \tag{3-56}$$

由于此时两类样本到分类面距离最近的支持样本 $\boldsymbol{x}_{\mathrm{s}}$ 的 $\boldsymbol{g}(\boldsymbol{x})=\boldsymbol{w}^{\mathrm{T}}\boldsymbol{x}_{\mathrm{s}}+b$ 分别为 $+1$ 或 -1，因此分类间隔为

$$\frac{2}{\|\boldsymbol{w}\|} \tag{3-57}$$

求解最大间隔距离超平面的问题就转变为

$$\min_{\boldsymbol{w},b}\frac{1}{2}\|\boldsymbol{w}\|^2 \tag{3-58}$$

$$\text{s.t. } y_i\left(\boldsymbol{w}^{\mathrm{T}}\boldsymbol{x}_i+b\right)-1\geqslant 0,\ i=1,2,\cdots,N \tag{3-59}$$

作为不等式约束下的优化问题，可以通过拉格朗日法求解。对每一个样本引入拉格朗日系数 $\alpha_i\geqslant 0$（$i=1,2,\cdots,N$），则上述优化问题可以等价转化为

$$\min_{\boldsymbol{w},b}\max_{\boldsymbol{\alpha}}L(\boldsymbol{w},b,\boldsymbol{\alpha})=\frac{1}{2}\|\boldsymbol{w}\|^2-\sum_{i=1}^{N}\alpha_i\left[y_i\left(\boldsymbol{w}^{\mathrm{T}}\boldsymbol{x}_i+b\right)-1\right] \tag{3-60}$$

$L(\boldsymbol{w},b,\boldsymbol{\alpha})$ 作为拉格朗日泛函数，其解相当于对 $\boldsymbol{w}$、b 求最小，而对 $\boldsymbol{\alpha}$ 求最大，最优解位于 $L(\boldsymbol{w},b,\boldsymbol{\alpha})$ 的鞍点，如图 3-14 所示。

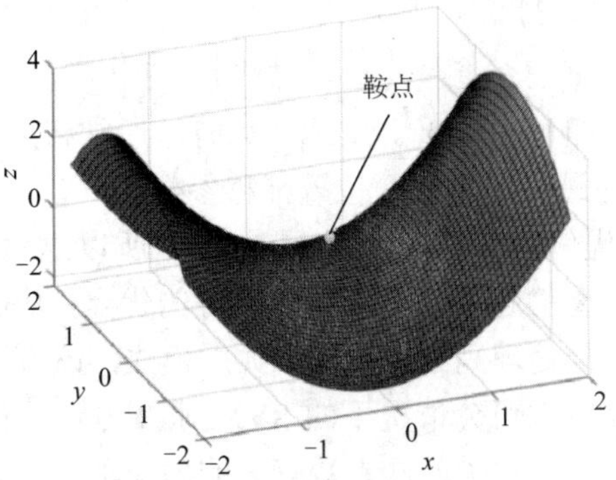

图 3-14（彩图）

图 3-14　鞍点示意图

令 $L(\boldsymbol{w},b,\boldsymbol{\alpha})$ 对 $\boldsymbol{w}$ 和 b 的一阶偏导数为零，可以求得

$$\boldsymbol{w}^* = \sum_{i=1}^{N} \alpha_i^* y_i \boldsymbol{x}_i \tag{3-61}$$

$$\sum_{i=1}^{N} \alpha_i^* y_i = 0 \tag{3-62}$$

将式（3-61）和式（3-62）代入式（3-60），消去 $\boldsymbol{w}$ 和 b，可以得到式（3-60）的对偶问题，即

$$\max_{\boldsymbol{\alpha}} Q(\boldsymbol{\alpha}) = \sum_{i=1}^{N} \alpha_i - \frac{1}{2}\sum_{i=1}^{N}\sum_{j=1}^{N} \alpha_i \alpha_j y_i y_j \left(\boldsymbol{x}_i^{\mathrm{T}} \boldsymbol{x}_j\right) \tag{3-63}$$

$$\text{s.t.} \sum_{i=1}^{N} \alpha_i y_i = 0 \tag{3-64}$$

$$\alpha_i \geqslant 0,\ i = 1,2,\cdots,N \tag{3-65}$$

上述对偶问题属于二次规划问题，借助通用的二次规划算法可以求解，也可以借助序列最小优化算法（sequential minimal optimization，SMO）等高效算法求解。求得对偶问题的解 $\boldsymbol{\alpha}^*$ 后，代入式（3-61）即可求得原问题的权向量解 $\boldsymbol{w}^* = \sum_{i=1}^{N} \alpha_i^* y_i \boldsymbol{x}_i$，意味着最大间隔超平面的权向量实际上是训练样本的线性加权组合。

根据最优化理论中的库恩-塔克（Kuhn-Tucker）条件，式（3-60）在鞍点处满足

$$\alpha_i \left[y_i \left(\boldsymbol{w}^{\mathrm{T}} \boldsymbol{x}_i + b \right) - 1 \right] = 0 \tag{3-66}$$

且由于需要同时满足约束条件

$$y_i \left(\boldsymbol{w}^{\mathrm{T}} \boldsymbol{x}_i + b \right) - 1 \geqslant 0 \tag{3-67}$$

$$\alpha_i \geqslant 0 \tag{3-68}$$

所以，要么 $\alpha_i = 0$，要么 $y_i\left(\boldsymbol{w}^{\mathrm{T}} \boldsymbol{x}_i + b\right) - 1 = 0$。使 $y_i\left(\boldsymbol{w}^{\mathrm{T}} \boldsymbol{x}_i + b\right) - 1 = 0$ 的样本只有两类模式中的支持样本，其对应的 α_i 才会大于零；对于其他非支持样本，由于 $y_i\left(\boldsymbol{w}^{\mathrm{T}} \boldsymbol{x}_i + b\right) - 1 > 0$，

因此对应的α_i必然为零。所以，在求最优权向量的式（3-61）中，只有$\alpha_i > 0$的支持样本参与加权求和，这些样本也称为支持向量，通常支持样本只是训练样本的很少一部分。

对于支持向量样本$(\boldsymbol{x}_s, y_s)$，其满足

$$y_s\left(\boldsymbol{w}^{*\mathrm{T}}\boldsymbol{x}_s + b^*\right) - 1 = 0 \tag{3-69}$$

代入任何一个支持向量，即可求得b^*。实际计算时，通常将所有$\alpha_i > 0$的支持向量样本求得的b^*取平均值，作为最终的超平面位置平移参数b。

由于上述方法的最优解完全取决于支持向量，所以这种方法也称为支持向量机（SVM）。具有最大间隔距离的超平面具有鲁棒性好的优点，从而展现出优良的抗噪能力与泛化能力，而且特别适合处理高维、小样本数据模式，该方法在很多领域得到了广泛应用。尽管上述讨论的是线性可分情况下的 SVM 求解方法，但是其通过引入松弛变量后，使目标准则函数增加一项和错分样本数有关的惩罚项，从而既保证对正确分类的样本分类间隔尽可能大，同时期望错分样本尽可能少。做上述改进后，该方法同样适用于线性不可分模式样本的 SVM 求解。

3.7 多类情况下的线性分类器

前述章节的讨论都是针对二分类问题的讨论，但在实际问题中，更多遇到的是多类别分类问题，如水果分类、0～9 数字识别、英文字母与汉字识别、各种车辆的分类等。对于多类别线性分类问题，通常有两种解决思路：一是将多类别分类问题转化为多个两类别分类问题来解决，二是直接设计多类线性分类器。

3.7.1 多个两分类器组合

将多类别分类问题转化为多个两类别分类问题的典型做法有两种，即一对一（one-vs-one，OVO）和一对多（one-over-all，OVA）。

1. OVO 两分法

一对一的两分法将 C 类的模式分类问题分解为 C 个两类分类问题，其中每一个分类器将$\omega_i / \bar{\omega}_i$区分开来，也就是每个分类器只将自己和其他模式类分开。假设第i个分类器的判别函数为$g_i(\boldsymbol{x})$，则其满足

$$g_i(\boldsymbol{x}) = \begin{cases} \boldsymbol{w}_i^{\mathrm{T}}\boldsymbol{x} + w_{i0} > 0, & \boldsymbol{x} \in \omega_i \\ \boldsymbol{w}_i^{\mathrm{T}}\boldsymbol{x} + w_{i0} < 0, & \boldsymbol{x} \in \bar{\omega}_i \end{cases}, \quad i = 1, 2, \cdots, C \tag{3-70}$$

具体决策时，对于任一$\boldsymbol{x}$，如果$g_i(\boldsymbol{x}) > 0$，而其他$g_j(\boldsymbol{x}) < 0\,(j \neq i)$，则$\boldsymbol{x}$可以明确决策，判定$\boldsymbol{x} \in \omega_i$，否则不能决策。对于某一模式区，如果不止一个$g_i(\boldsymbol{x}) > 0$或者全部$g_i(\boldsymbol{x}) < 0$，则该模式区是不可明确决策的，称为不确定区域。

图 3-15 所示为一个二维情况下的三类分类示意图。其中每一类都有一个判别面将该类样本和其他模式类样本分开，对应的 3 个判别面分别由$g_1(\boldsymbol{x}) = 0$、$g_2(\boldsymbol{x}) = 0$和$g_3(\boldsymbol{x}) = 0$定义和表示。以第 1 类为例，只有当同时满足$g_1(\boldsymbol{x}) > 0$、$g_2(\boldsymbol{x}) < 0$和$g_3(\boldsymbol{x}) < 0$

这 3 个条件时，样本 $\boldsymbol{x}$ 才能被决策为 $\boldsymbol{x} \in \omega_1$。同理，对于其他类的决策，也需要满足类似的条件，否则样本落入的是不确定区域，如图 3-15 中阴影区域所示。由于 OVO 两分法对于空间的划分相对比较粗略，因此可能存在较多的不确定区域。

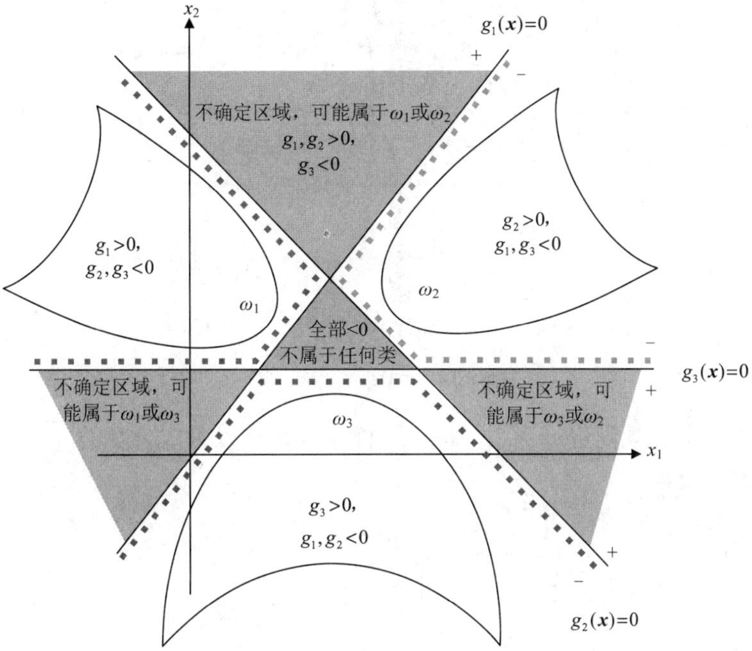

图 3-15　OVO 两分法示例

2. OVA 两分法

一对多的两分法每次只区分 C 类中的两类模式 ω_i、ω_j，由于每区分一类模式，需要 $C-1$ 个两分类器，因此将全部 C 类模式区分出来，需要 $C(C-1)/2$ 个两分类器，也就是将 C 类分类问题分解为 $C(C-1)/2$ 个两分类问题求解。每一个分类器只将 ω_i、$\omega_j(i \neq j)$ 区分开来，假设将 ω_i 和 ω_j 区分开的判别函数记为 $g_{ij}(\boldsymbol{x})$，则判别函数满足

$$g_{ij}(\boldsymbol{x})>0,\ \forall j \neq i;\ i、j=1,2,\cdots,C,\ 若 x \in \omega_i \tag{3-71}$$

也就是只有当以下标 i 开头的所有判别函数 $g_{ij}(\boldsymbol{x})$ 都大于 0 时，才能判定 $\boldsymbol{x}$ 属于 ω_i 类。同理，对于其他类的判定也需要遵循类似的条件，否则样本位于不确定区域，如图 3-16 所示。

相对于 OVO 两分法，OVA 两分法用了更多的线性判别面对空间进行划分，其对于空间的划分相对比较精细，因此不确定区域较少，在特定情况下，也可以完全消除不确定区域。例如，如果每一个判别函数 $g_{ij}(\boldsymbol{x})$ 都可以分解为 $g_{ij}(\boldsymbol{x})=g_i(\boldsymbol{x})-g_j(\boldsymbol{x})$，则满足

$$g_{ij}(\boldsymbol{x})>0,\ \forall j \neq i;\ i、j=1,2,\cdots,C,\ 若 \boldsymbol{x} \in \omega_i \tag{3-72}$$

也就意味着 $g_i(\boldsymbol{x})>g_j(\boldsymbol{x})(\forall j \neq i)$，也即 $g_i(\boldsymbol{x})$ 是所有 $g_j(\boldsymbol{x})(j=1,2,\cdots,C)$ 中取值最大的，所以决策规则等价为

$$g_i(\boldsymbol{x})=\max\{g_j(\boldsymbol{x}),\ j=1,2,\cdots,C\},\ 若 \boldsymbol{x} \in \omega_i \tag{3-73}$$

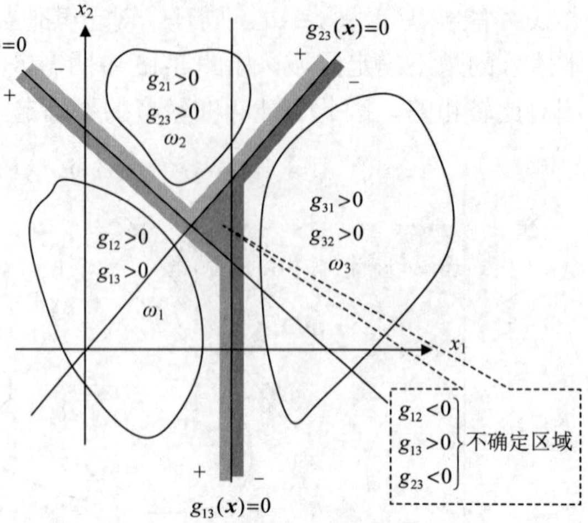

图 3-16 OVA 两分法示例

显然，根据上述规则进行决策，每一个样本都是可以确定分类的，不存在不确定区域，如图 3-17 所示。

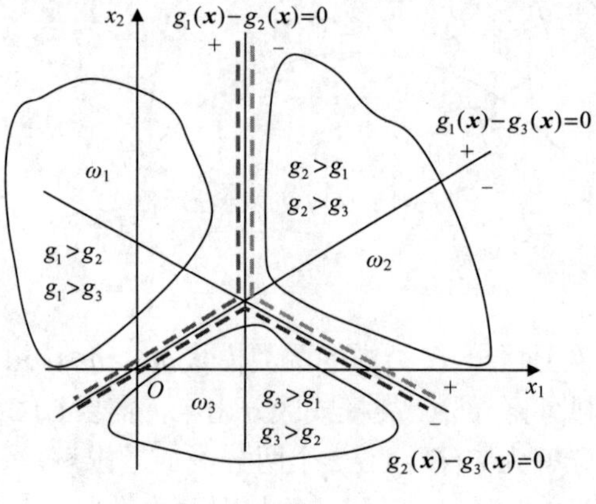

图 3-17 OVA 两分法特例

3.7.2 多类线性分类器直接设计

多类线性分类器直接设计依据的是判别函数原则，也就是哪一类判别函数值最大，则判为哪一类。根据定义，可以采用线性判别函数

$$g_i(\boldsymbol{x})=\boldsymbol{w}_i^{\mathrm{T}}\boldsymbol{x}_i+w_{i0} \tag{3-74}$$

若

$$g_i(\boldsymbol{x})>g_j(\boldsymbol{x})，\forall j\neq i，\text{则}\boldsymbol{x}\in\omega_i \tag{3-75}$$

此时第 i 类和第 j 类的决策面方程为 $g_i(\boldsymbol{x})-g_j(\boldsymbol{x})=0$ 。式（3-75）也可写成增广向量的形式，即

$$g_i(\boldsymbol{y})=\boldsymbol{a}_i^{\mathrm{T}}\boldsymbol{y}，i=1,2,\cdots,c \tag{3-76}$$

式中：$\boldsymbol{\alpha}_i^{\mathrm{T}} = \left[\boldsymbol{w}_i^{\mathrm{T}} w_{i0}\right]$，$\boldsymbol{y} = \begin{bmatrix} \boldsymbol{x} \\ 1 \end{bmatrix}$。依据上述方式设计的多类线性分类器不存在不确定区域，如图 3-18 所示。

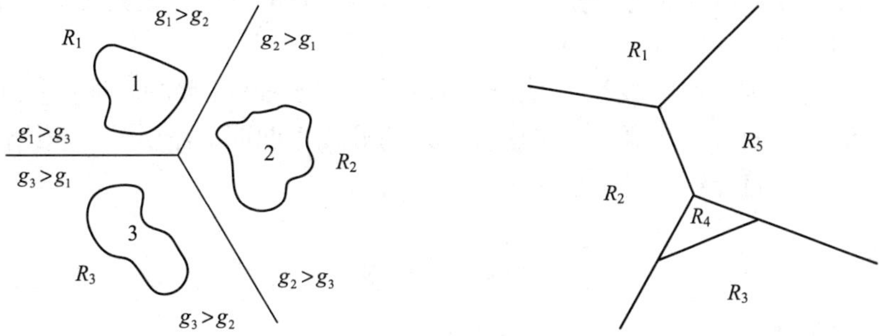

图 3-18　多类线性分类器

很多两分类算法都可以延伸出多分类算法，但是应用比较广泛的主要是多类情况下的感知器算法。如果样本是多类线性可分的，即存在多类线性判别函数能够将全部类别的样本正确分类。适用于多类别问题的线性判别函数求解，可以在原有感知器算法的基础上加以修正来实现，具体算法如下。

（1）将样本扩展成增广向量形式，不需要做规范化处理。任取初始权向量 $\boldsymbol{\alpha}_i(0)(i=1,2,\cdots,c)$，初始迭代次数 $t=0$。

（2）在第 t 次迭代时，对属于 ω_i 类的某样本 y^k，计算所有的判别函数值 $\boldsymbol{\alpha}_j^{\mathrm{T}} y^k (j=1,2,\cdots,c)$，如果 $\boldsymbol{\alpha}_i^{\mathrm{T}} y^k > \boldsymbol{\alpha}_j^{\mathrm{T}} y^k (\forall j \neq i;\ j=1,2,\cdots,c)$，则权向量不做修正；如果存在类 l 使 $\boldsymbol{\alpha}_i^{\mathrm{T}} y^k \leqslant \boldsymbol{\alpha}_l^{\mathrm{T}} y^k$，则选择判别函数值 $\boldsymbol{\alpha}_j^{\mathrm{T}} y^k$ 最大的类 j，对各类的权向量进行以下修正，即

$$\begin{cases} \boldsymbol{\alpha}_i(t+1) = \boldsymbol{\alpha}_i(t) + \rho_t y^k \\ \boldsymbol{\alpha}_j(t+1) = \boldsymbol{\alpha}_j(t) - \rho_t y^k \\ \boldsymbol{\alpha}_l(t+1) = \boldsymbol{\alpha}_l(t),\ l \neq i、j \end{cases} \tag{3-77}$$

（3）如果所用样本分类正确，则算法停止；否则选取下一个样本，重复（2）。

可以证明，只要样本是线性可分的，则上述单步修正算法可以在有限步内收敛，但是如果样本线性不可分，则算法不能收敛。此时为了使算法收敛，可以通过逐步减小步长因子 ρ_t 强制算法收敛，或者引入余量 b，将修正的判断条件修改为 $\boldsymbol{\alpha}_i^{\mathrm{T}} y^k > \boldsymbol{\alpha}_j^{\mathrm{T}} y^k + b$。

本 章 小 结

线性分类器从空间几何划分的视角来理解和解决分类器设计问题，尽管将空间样本分开的判别面形式多样，解的数量也是无穷的，但是线性判别面是其中最简单的，如果样本模式是线性可分的，则总可以找到能够将模式正确分开的线性函数。当然即便已经约定了判别面为线性函数，其可行的解空间仍具有无穷性，为了找到确定的线性分类面，还需要进一步引入准则函数，进而寻找准则函数意义上的最优解。在此思路下，本章介绍了若干经典的线性分类器，包括基于 Fisher 准则、基于均方误差准则、基于感知器准

则和基于最大间隔准则的线性分类器求解方法。

尽管所研究的模式分类问题很多实际上并不是线性可分的，但是很多时候采用线性分类器仍是一种合理的解决分类问题的可选方案，而且在样本数很少或样本具有较大观测噪声时，线性分类器反而可能获得比复杂分类器更好的性能，尤其在泛化推广能力上表现出一定的优势。

当然实际的分类判别函数和判别面的复杂性远高于线性函数和线性超平面，其可能是非常复杂的超曲面，因此要拟合出这种复杂的非线性曲面，需要借助非线性分类器设计方法，在第 4 章将介绍多种非线性分类器设计方法。

习　题

T3.1　设有两类样本的类内离散度矩阵分别 $\boldsymbol{S}_1=\begin{bmatrix}1 & 0.5\\ 0.5 & 1\end{bmatrix}$、$\boldsymbol{S}_2=\begin{bmatrix}1 & -0.5\\ -0.5 & 1\end{bmatrix}$。各类样本均值分别为 $\boldsymbol{m}_1=[2\ \ 0]^{\mathrm{T}}$、$\boldsymbol{m}_2=[2\ \ 2]^{\mathrm{T}}$，请使用 Fisher 准则求其决策面方程。

T3.2　已知两类训练样本为

$$\omega_1\text{: } [0\ \ 0\ \ 0]^{\mathrm{T}},[1\ \ 0\ \ 0]^{\mathrm{T}},[1\ \ 0\ \ 1]^{\mathrm{T}},[1\ \ 1\ \ 0]^{\mathrm{T}}$$

$$\omega_2\text{: } [0\ \ 0\ \ 1]^{\mathrm{T}},[0\ \ 1\ \ 1]^{\mathrm{T}},[0\ \ 1\ \ 0]^{\mathrm{T}},[1\ \ 1\ \ 1]^{\mathrm{T}}$$

设 $\boldsymbol{\alpha}(1)=[-1\ \ -2\ \ -2\ \ 0]^{\mathrm{T}}$，用感知器算法求解判别函数，并绘出判别界面。

T3.3　用 LMSE 算法求解 T3.2 题中两类模式的判别函数，并绘出判别界面。

T3.4　已知两类模式

$$\omega_1\text{: } [0\ \ 1]^{\mathrm{T}},[0\ \ -1]^{\mathrm{T}};\ \ \omega_2\text{: } [1\ \ 0]^{\mathrm{T}},[-1\ \ 0]^{\mathrm{T}}$$

用 LMSE 算法检验模式样本的线性可分性。

T3.5　已知三类问题训练样本为

$$\omega_1\text{: } [-1\ \ -1]^{\mathrm{T}};\ \ \omega_2\text{: } [0\ \ 0]^{\mathrm{T}};\ \ \omega_3\text{: } [1\ \ 1]^{\mathrm{T}}$$

试用多类感知器算法求解判别函数。

T3.6　已知正例样本 $\boldsymbol{x}_1=[1\ \ 2]^{\mathrm{T}}$、$\boldsymbol{x}_2=[2\ \ 3]^{\mathrm{T}}$、$\boldsymbol{x}_3=[3\ \ 3]^{\mathrm{T}}$，负例样本 $\boldsymbol{x}_4=[2\ \ 1]^{\mathrm{T}}$、$\boldsymbol{x}_5=[3\ \ 2]^{\mathrm{T}}$，试求最大间隔分类超平面和分类决策函数，并画出分类超平面、间隔边界和支持向量。

T3.7　考虑分属两类的训练样本：

$$\omega_1\text{: } [1\ \ 1]^{\mathrm{T}},[2\ \ 2]^{\mathrm{T}},[2\ \ 0]^{\mathrm{T}}$$

$$\omega_2\text{: } [0\ \ 0]^{\mathrm{T}},[1\ \ 0]^{\mathrm{T}},[0\ \ 1]^{\mathrm{T}}$$

请绘出 6 个训练样本点，构造最优超平面和最大间隔的权向量，并确定哪些样本属于支持向量。

T3.8　请基于 Fisher 准则算法编程实现 MNIST 手写数字 0,1,…,9 的识别。

T3.9　请基于多类感知器准则算法编程解决 Iris 数据集中三类鸢尾花（山鸢尾、变色鸢尾和弗吉尼亚鸢尾）的分类。

T3.10　请基于 LMSE 算法编程解决 Iris 数据集中两类鸢尾花(山鸢尾和变色鸢尾）样本的分类。

T3.11　请选择花瓣长、花瓣宽两类属性，利用线性支持向量机方法解决鸢尾花（变色鸢尾和弗吉尼亚鸢尾）的分类。

思　考　题

S3.1　贝叶斯决策将样本看作不确定随机变量，而线性分类器将样本看作特征空间的确定性变量，它们对问题的理解角度完全不同，但为什么都可以很好地解决模式识别问题？

S3.2　本章介绍了多种线性分类器设计方法，不同方法基于不同的优化准则，或者说这些准则表示了人们对于模型选择的偏好，这些方法所找到的某准则意义上的最优解和贝叶斯最优解是什么关系？

第 4 章　非线性分类器

4.1　引　　言

简单的线性判别函数只能对单连通区域的线性可分模式做正确分类，如果模式样本分布空间复杂，如呈多峰、多区域分布（图 4-1），此时往往需要更为复杂的分界面才能将模式样本正确划分。简单采用线性决策面可能产生很高的分类错误，因此只有更为复杂的非线性判别函数才能精确刻画这种异常复杂的分界面，如何通过机器学习的方法来寻找将复杂模式样本分开的非线性分类器就是本章需要讨论的内容。

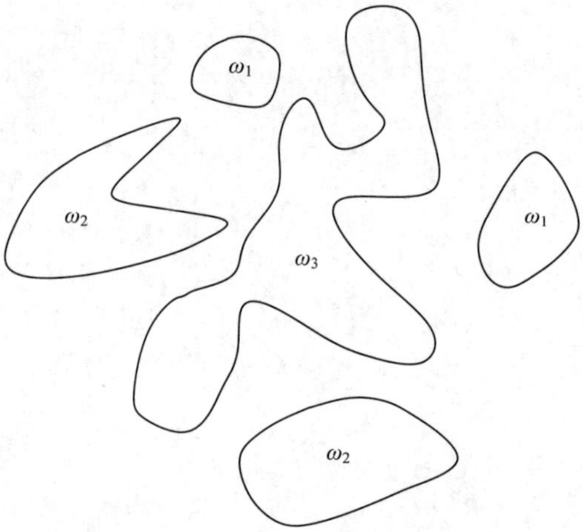

图 4-1　多峰、多区域分布

4.2　分段线性判别函数

从理论上讲，任意复杂的曲线都可以用多段线段去拟合逼近它，只要线段足够多、分段区间足够小，分段线段是可以逼近任意复杂曲线的。同理，高维空间中任意复杂的超曲面，也可以用分段线性超平面去做任意逼近，因此分段线性判别函数可用于复杂超曲面分界面的近似描述。不管是形式已知的非线性函数，还是不能用解析形式描述的非线性函数，分段线性函数都是一种很好的近似逼近模型，其广泛适用于复杂的两类别或多类别分类问题，如图 4-2 所示。

4.2.1　基于距离的分段线性判别函数

当两类的类条件概率密度符合正态分布时，如果两类先验概率相等，且各维特征独

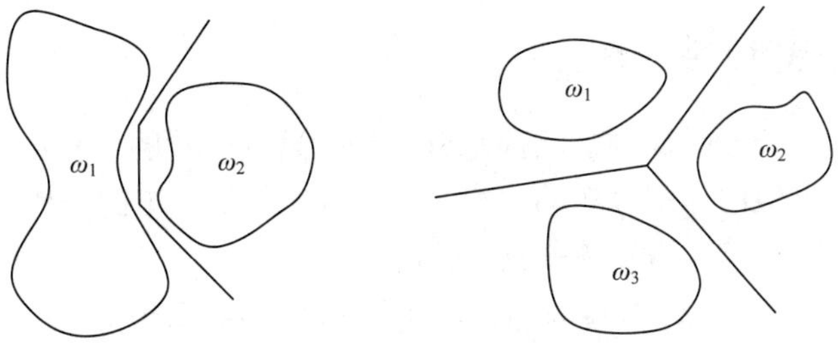

图 4-2　两类别或多类别的分段线性分类器

立且方差相同，则根据 2.6 节的分析，判别函数可以简化为基于距离原则的判别，此时的分类器称为最小距离分类器。对待判别样本 $\boldsymbol{x}$，只要分别计算 $\boldsymbol{x}$ 到两类均值 $\boldsymbol{\mu}_i$ 和 $\boldsymbol{\mu}_j$ 的欧氏距离，按照距离最小的原则进行分类即可。这个分类原则可以理解为，将每类的均值看作代表该类的原型或模板，最小距离决策就是以距离作为相似性测度，比较待测样本 $\boldsymbol{x}$ 和哪一类模板最相似，则将样本判别为哪一类。在多类问题中，基于最小距离设计的判别函数即为分段线性判别函数。

尽管基于最小距离的分类器是在满足正态分布的特殊条件下推导出来的，但是如果可以将样本划分为多个子集，每个子集近似符合单峰分布且在各维上的分布基本对称，符合球状分布的特点，则采用最小距离分类仍是一种简单有效的分类方法。

构建基于距离的分段线性判别函数的具体做法是，将多峰分布的各类样本分别划分为多个单峰分布的子类，且每个子类基本呈大小相近的球状分布，然后以每个子类的均值中心为模板，待测样本和哪个子类的距离最近，则将待测样本归为该子类所属的类别。基于距离的分段线性判别函数的构建原理可做以下形式化描述。

将每一类的模式样本划分为 l_i 个子类，每个子类的均值记作 $\boldsymbol{\mu}_i^l$（$i=1,2,\cdots,c$；$l=1,2,\cdots,l_i$），待测样本为 $\boldsymbol{x}$，第 i 类的判别函数为

$$g_i(\boldsymbol{x}) = \min_{l=1,2,\cdots,l_i} \left\| \boldsymbol{x} - \boldsymbol{\mu}_i^l \right\| \tag{4-1}$$

即该类的子类均值到样本 $\boldsymbol{x}$ 的最小距离。最终的决策规则为

$$g_k(\boldsymbol{x}) = \min_{i=1,2,\cdots,c} g_i(\boldsymbol{x}),\ \boldsymbol{x} \in \omega_k \tag{4-2}$$

图 4-3 所示为多峰分布时基于最小距离的分段线性分类器示例。

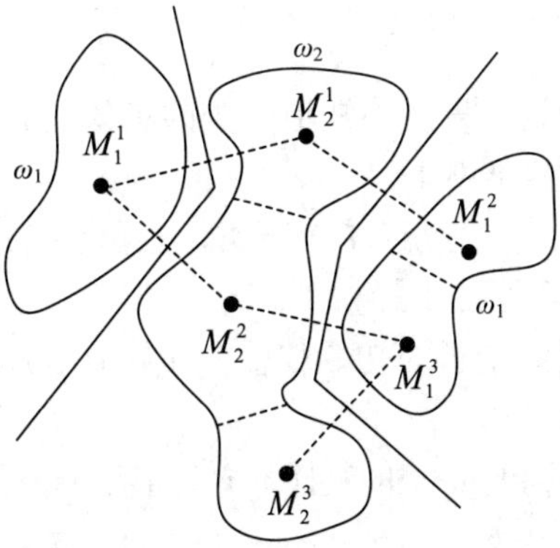

图 4-3　多峰分布时基于最小距离的分段线性分类器

4.2.2 一般的分段线性判别函数

基于最小距离的分段线性判别函数是分段线性判别函数的一种特殊情况，它只适用于各子类符合大小近似的球状分布的情况，而作为一般情形下的分段线性判别函数，假定对于第 i 类的第 l 个子类，其线性判别函数为

$$g_i^l(\boldsymbol{x})=\boldsymbol{\alpha}_i^{l\mathrm{T}}y,\ i=1,2,\cdots,c;\ l=1,2,\cdots,l_i \tag{4-3}$$

则第 i 类的判别函数为

$$g_i(\boldsymbol{x})=\max_{l=1,2,\cdots,l_i} g_i^l(\boldsymbol{x}) \tag{4-4}$$

而决策规则为

$$g_k(\boldsymbol{x})=\max_{i=1,2,\cdots,c} g_i(\boldsymbol{x}),\ \boldsymbol{x}\in\omega_k \tag{4-5}$$

相邻两个子类之间的决策面方程满足

$$g_i(\boldsymbol{x})-g_j(\boldsymbol{x})=0 \tag{4-6}$$

由于 $g_i(\boldsymbol{x})$ 和 $g_j(\boldsymbol{x})$ 都是线性判别函数，因此式（4-6）决定的决策面也是一个线性函数，所有相邻子类构成的决策面将是一个分段线性判别函数，其中某一段线性面将一类中的某个子类和另一类中的某个相邻子类分开。一旦子类的划分确定以后，分段线性判别函数的求取问题实际上等价于多类情况下的线性分类器设计问题，可以借助前面的多类分类器设计策略来解决，因此在该问题中，需要解决的新问题是子类如何划分？在实际应用中，可以分为以下 3 种情况。

1. 子类划分已知的分段线性判别函数学习

如果对问题有足够的认知，此时可以依赖经验和知识划分子类。例如，对文字按照不同字体划分子类，对水果按照不同品种划分子类，对车辆按照不同车型划分子类等。有时也可以根据样本数据的空间分布或概率分布特点划分子类，如借助非监督聚类算法进行子类划分。

该情况下，可以将每一个子类当作独立的类，即可借助通常的多类分类器设计策略来求得分段线性判别函数。

2. 子类数目已知时的分段线性判别函数学习

如果子类数目已预先知道，只是不知道子类的具体划分方式，此时可以借助错误修正学习算法学习分段线性判别函数。

已知共有 c 个类别，第 ω_i 类划分为 l_i 个子类，$\boldsymbol{\alpha}_i^l$ 表示第 i 类的第 l 个子类对应的权重向量，t 代表迭代次数。学习算法步骤如下。

（1）初始化。任意设置各子类的初始权值向量 $\boldsymbol{\alpha}_i^l(0)$（$i=1,2,\cdots,c;\ l=1,2,\cdots,l_i$），通常设置为比较小的随机数值。

（2）在第 t 次迭代时，对属于 ω_j 类的某样本 y^k，找到具有最大判别函数值的子类 m，则

$$\boldsymbol{\alpha}_j^m(t)^{\mathrm{T}}y^k=\max_{l=1,2,\cdots,l_j}\left\{\boldsymbol{\alpha}_j^l(t)^{\mathrm{T}}y^k\right\} \tag{4-7}$$

根据现有权向量对样本分类，则

① 如果$\boldsymbol{\alpha}_j^m(t)^{\mathrm{T}}y^k > \boldsymbol{\alpha}_i^l(t)^{\mathrm{T}}y^k(\forall i=1,2,\cdots,c;\ i\neq j;\ l=1,2,\cdots,l_i)$，即$y^k$被当前权重分类正确，所有权向量不需要修正；

② 如果对某个$i\neq j$，存在子类l使$\boldsymbol{\alpha}_j^m(t)^{\mathrm{T}}y^k < \boldsymbol{\alpha}_i^l(t)^{\mathrm{T}}y^k$，则$y^k$被当前权重错分，选取$\boldsymbol{\alpha}_i^l(t)^{\mathrm{T}}y^k$中最大的子类$n$，对权值做以下修正，即

$$\boldsymbol{\alpha}_j^m(t+1)=\boldsymbol{\alpha}_j(t)+\rho_t y^k \tag{4-8}$$

$$\boldsymbol{\alpha}_i^n(t+1)=\boldsymbol{\alpha}_i^n(t)-\rho_t y^k \tag{4-9}$$

其他权值不变。

③ $t=t+1$，考查下一个样本，回到第（2）步。依次迭代，直到算法收敛。

只要各子类之间是线性可分的，则上述算法收敛，如果算法不能收敛，可以考虑逐步减小步长参数ρ_t，强制算法收敛。

3. 子类数目未知时的分段线性判别函数学习

更为一般的情况是，通常对样本划分的子类数目完全不能事先确定。此时可以利用分类树的思想通过分级划分来解决分段线性判别函数的学习问题。以两类情况为例，参照图 4-4 来说明基于树分类的分段线性判别函数的基本思想。

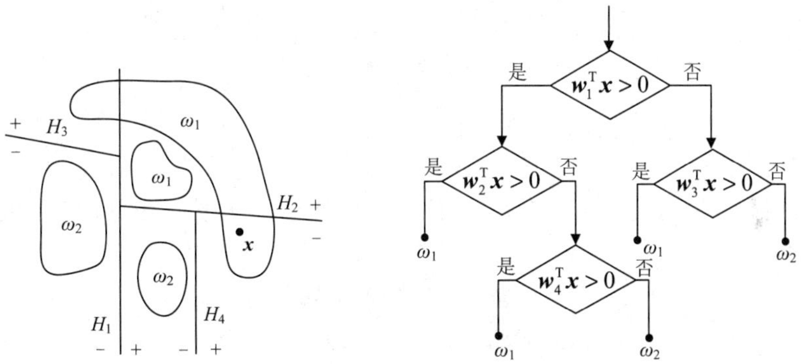

图 4-4　树状分段线性分类器

对于图 4-4 中的两类样本，先利用两类线性判别函数算法找到权向量$\boldsymbol{\alpha}_1$，其确定的判别面H_1将样本划分为两部分，由于样本不是线性可分的，因此两部分样本中仍然各自包含两类样本。

接着，利用算法再找到第二个权向量$\boldsymbol{\alpha}_2$、$\boldsymbol{\alpha}_3$，其对应的判别面H_2和H_3分别将相应的样本再分为两部分。若某一部分仍然包含两类样本，则继续上述过程，直到将两类样本完全分开为止。

上述分类过程得到的是一个树状分类器，其决策面构成一个分段线性判别函数，依据图 4-4 右侧的逻辑判断即可完成分类任务。

4.3 二次判别函数

空间的划分除了可以采用最简单的线性超平面进行分割外，还可以采用超二次曲面进行分割。根据第 3 章的分析，样本正态分布条件下的贝叶斯决策面就是一个超二次曲面，其判别函数为二次函数，其一般形式为

$$g(\boldsymbol{x})=\boldsymbol{x}^{\mathrm{T}}\boldsymbol{W}\boldsymbol{x}+\boldsymbol{w}^{\mathrm{T}}\boldsymbol{x}+w_0=\sum_{k=1}^{d}w_{kk}x_k^2+\sum_{j=1}^{d-1}\sum_{k=j+1}^{d}w_{jk}x_jx_k+\sum_{j=1}^{d}w_jx_j+w_0 \tag{4-10}$$

式中：$\boldsymbol{W}$ 为 $d\times d$ 维的实对称阵；$\boldsymbol{w}$ 为 d 维向量。二次判别函数 $g(\boldsymbol{x})$ 共包含 $\frac{1}{2}d(d+3)+1$ 个独立参数。显然，相对于线性判别函数，二次判别函数的待学习参数远多于线性函数，学习的难度很大，而且在样本不够充分时，参数估计的可靠性和推广能力都难以保证。

在实际应用中，不妨假设各类样本均符合正态分布，此时可以将二次判别函数转化为以下参数化形式，即

$$g_i(\boldsymbol{x})=K_i^2-(\boldsymbol{x}-\boldsymbol{\mu}_i)^{\mathrm{T}}\boldsymbol{\Sigma}_i^{-1}(\boldsymbol{x}-\boldsymbol{\mu}_i) \tag{4-11}$$

式中：K_i^2 为阈值项；第二项对应的是样本到均值中心 $\boldsymbol{\mu}_i$ 的马氏距离；$\boldsymbol{\Sigma}_i$ 为 ω_i 类样本的协方差矩阵。其中，样本均值和协方差矩阵由下式估计，即

$$\boldsymbol{\mu}_i=\frac{1}{N_i}\sum_{j=1}^{N_i}\boldsymbol{x}_j \tag{4-12}$$

$$\boldsymbol{\Sigma}_i=\frac{1}{N_i-1}\sum_{j=1}^{N_i}(\boldsymbol{x}_j-\boldsymbol{\mu}_j)(\boldsymbol{x}_j-\boldsymbol{\mu}_j)^{\mathrm{T}} \tag{4-13}$$

如果两类都近似符合正态分布，此时可以对每一类分别估计出其均值和协方差，而两类的决策面方程为

$$g_i(\boldsymbol{x})-g_j(\boldsymbol{x})=0 \tag{4-14}$$

将式（4-11）代入式（4-14），可得

$$-\boldsymbol{x}^{\mathrm{T}}\left(\boldsymbol{\Sigma}_i^{-1}-\boldsymbol{\Sigma}_j^{-1}\right)\boldsymbol{x}+2\left(\boldsymbol{\mu}_i^{\mathrm{T}}\boldsymbol{\Sigma}_i^{-1}-\boldsymbol{\mu}_j^{\mathrm{T}}\boldsymbol{\Sigma}_j^{-1}\right)\boldsymbol{x}-\left(\boldsymbol{\mu}_i^{\mathrm{T}}\boldsymbol{\Sigma}_i^{-1}\boldsymbol{\mu}_i-\boldsymbol{\mu}_j^{\mathrm{T}}\boldsymbol{\Sigma}_j^{-1}\boldsymbol{\mu}_j\right)+\left(K_i^2-K_j^2\right)=0 \tag{4-15}$$

通过调节 K_i^2 和 K_j^2 两个阈值，即可调整两类的决策错误率。

如果其中类 ω_i 比较聚集，另一类 ω_j 比较均匀地分布在 ω_i 附近，此时只需要对类 ω_i 确定其二次判别函数，即此时类 ω_i 和类 ω_j 的决策面为

$$g(\boldsymbol{x})=K^2-(\boldsymbol{x}-\boldsymbol{\mu}_i)^{\mathrm{T}}\boldsymbol{\Sigma}_i^{-1}(\boldsymbol{x}-\boldsymbol{\mu}_i) \tag{4-16}$$

决策规则为

$$\text{若}g(\boldsymbol{x})\gtrless 0\text{，则}x\in\begin{cases}\omega_i\\ \omega_j\end{cases} \tag{4-17}$$

即当样本 $\boldsymbol{x}$ 到 ω_i 类均值的马氏距离的平方小于 K^2 时，决策为 ω_i 类；否则决策为 ω_j 类。同理，调整阈值 K^2 即可调节两类的决策边界。

4.4　多层感知器神经网络与深度神经网络

由于实际问题的真实决策面很可能既不是线性面也不是二次曲面，而是非常复杂的超曲面，因此如果想要更好地逼近任意复杂的决策面，有必要研究更为复杂的判别模型。人具有很强的模式识别能力，而这种能力的物质基础是生物神经系统，生物神经系统包括神经通道和神经中枢（大脑和脊髓）。生物神经系统是人类进行信息处理的基本机制，其基本单元是神经细胞（神经元），大量的神经元互相连接而成的复杂网络构成神经系统，而通过对生物神经系统的数学建模和优化学习，构建具备类似于人的智能能力的网络系统，这样的网络称为人工神经网络。人工神经网络的模型很多，其中最有影响的是感知器神经元和多层感知器神经网络。多层感知器具有学习任意复杂非线性函数的能力，其可以作为一种通用的非线性分类器设计方法，用于学习非线性判别函数解决复杂的模式识别问题。

4.4.1　感知器神经元和感知器

据估计，人脑中大概有 $10^{10\sim11}$ 数量级的生物神经元，生物神经元由细胞体、树突、轴突、突触组成，其构成示意图如图 4-5 所示。

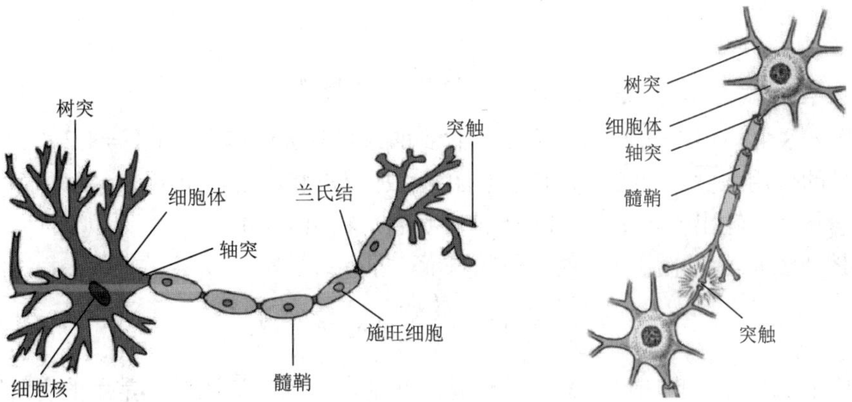

图 4-5　生物神经元结构与连接示意图

其中，细胞体是神经元的主体，由细胞质、细胞核和细胞膜组成。细胞体是神经信息处理加工的主要场所。

树突起感受器的作用，负责从外部接收信息。树突有大量的微小分支，规模达到 10^3 数量级，但是长度很短，通常不超过 1mm。

轴突是由细胞体伸出的一条最长的突起，用来传递神经元产生的输出信号，轴突最长可达 1m 以上，如人体四肢的某些神经细胞的轴突。轴突被髓鞘包裹，以提高传导速度并减小相互干扰，髓鞘相当于导线绝缘层。神经信号在轴突中的传导机制属于电化学过程，传导速率大概每秒几十米。轴突的末端有很多细的分支，称为神经末梢。

突触是神经末梢上的特殊部位，是一个神经元的轴突和另一个神经元的树突功能性连接的部位。所谓的功能性连接，不是物理上的直接接触，而是两者的细胞膜充分靠近后，可以通过两者之间的间隙传递带电离子。神经系统中的电化学信号通过带电离子在细胞内外的浓度差来形成和维持，电化学信号以脉冲的形式沿着轴突向外传播，并通过突触传递到下一个神经元。信号的传递效率受突触连接强度和细胞体液离子浓度的影响，突触的功能性连接也非永久性的，其可以自适应调节。

神经元有兴奋和抑制两种状态。处于抑制状态的神经元，通过突触接收来自外界的电信号，当接收到的信号总和累计超过一定阈值后，神经元被激活为兴奋状态，并通过轴突向下一个神经元发送电信号。上述神经元的工作过程可以简化为图 4-6 所示的数学模型。

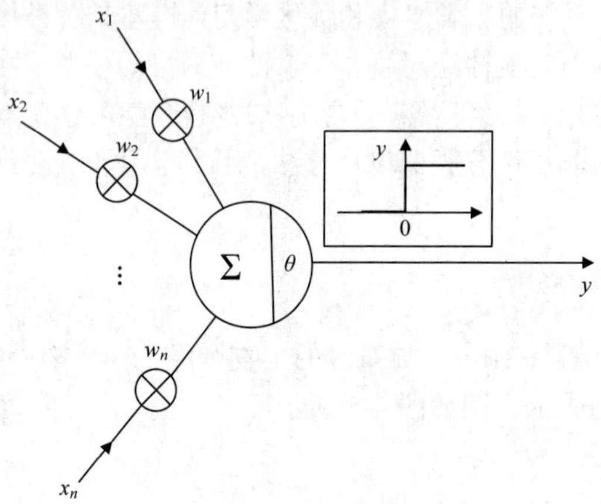

图 4-6 M-P 神经元模型

在图 4-6 中，$x_i(i=1,2,\cdots,n)$ 表示接收到的来自外界的信号，$w_i(i=1,2,\cdots,n)$ 代表各输入信号的作用强度。神经元对信号进行线性加权求和，当累计超过一定阈值后神经元进入激活状态，输出 $y=1$；否则处于抑制状态，输出 $y=0$。

M-P 神经元可以采用以下数学公式表示，即

$$y=f\left(\sum_{i=1}^{n} w_i x_i-\theta\right) \tag{4-18}$$

称为阈值逻辑单元，也叫作感知器神经元。其中，f 为激活函数，常用的有阶跃函数、Sigmoid 函数、ReLU（rectified linear unit，修正线性单元）函数等，如图 4-7 所示。θ 为阈值参量，有时习惯将其看作权参数 w_0，进而将上述公式表示为

$$y=f\left(\sum_{i=1}^{n} w_i x_i+w_0\right) \tag{4-19}$$

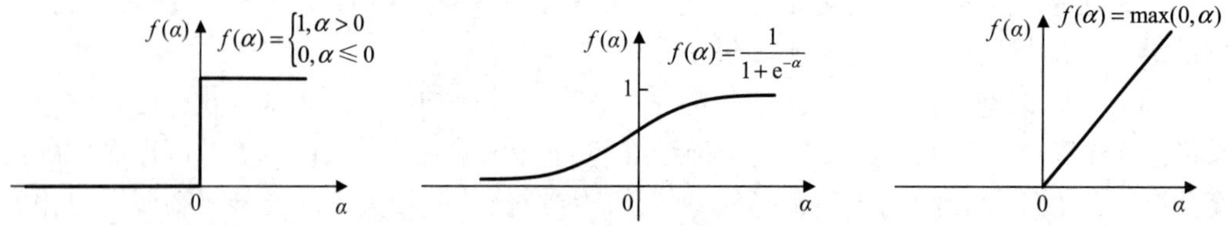

（a）阶跃函数 （b）Sigmoid 函数 （c）ReLU 函数

图 4-7 常见的激活函数

显然，当感知器神经元的激活函数为阶跃函数或符号函数之类的二元输出函数时，其输出值可以看作两类的类别标签，此时的感知器神经元等效于线性分类器，其输出 $y=0/1$ 或输出 $y=-1/1$ 表示针对输入 $\boldsymbol{x}=[x_1,x_2,\cdots,x_n]$ 的决策结果，所以单个感知器神经元可以起到线性分类的作用，而分层连接的多个感知器神经元则可以达到分段线性判别函数构建的作用，从而能够实现复杂的空间分割，解决非线性分类问题。

如图 4-8 所示，网络由 3 层构成，即输入层、中间层（隐层）、输出层。其中，输入层包含两个输入神经元，中间层包含两个感知器神经元，输出层只包含一个感知器神经元。输入神经元起到输入信息引入的作用，中间层的两个感知器神经元分别构建两个线性分类器（如图 4-8 所示的左右分割示意图），而输出感知器神经元，再将中间感知器神经元的输出进行处理，相当于将两段线性分界面进行组合，得到图 4-8 上方的分割面，从而解决了单个线性分类器解决不了的异或分类问题。

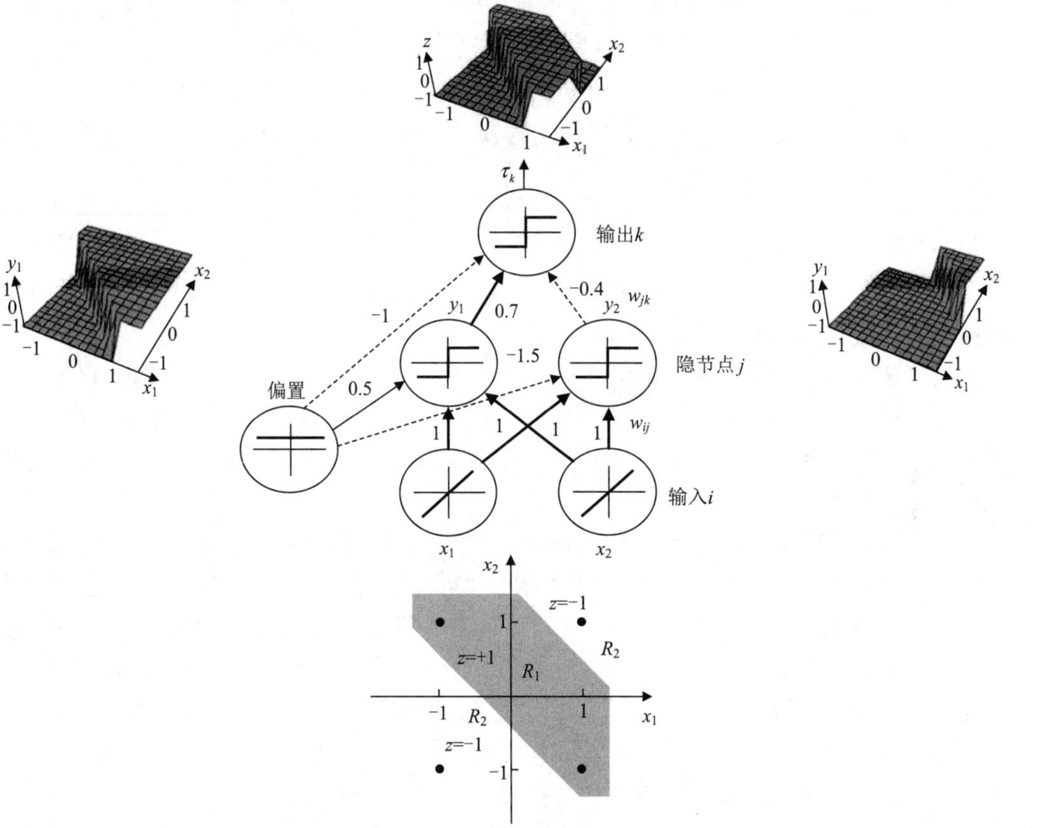

图 4-8　两个感知器神经元实现异或分类

对于多类别分类问题，也可以构建出含有多个输出神经元的感知器网络，如图 4-9 所示。同时也可以扩展中间层的级数。例如，图 4-9 所示为包含 3 个或更多中间层（隐层）的多层感知器网络，以及替换二元激活函数为连续型的、非线性的 Sigmoid 函数或 ReLU 函数，使网络具有更强的非线性表示能力，从而具备学习并逼近任意非线性分类面的能力，这也是多层感知器神经网络作为一种通用的非线性分类器模型的依据所在。

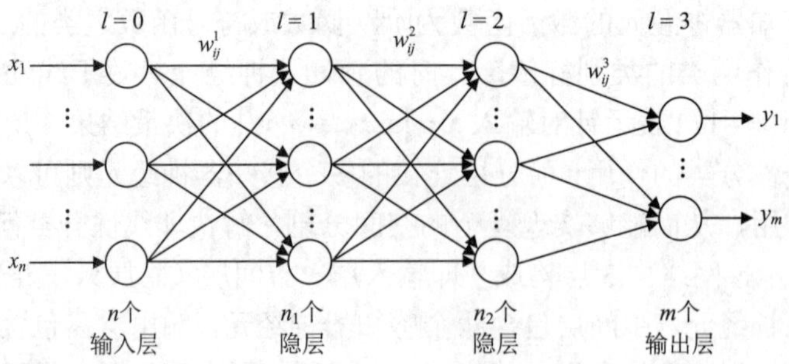

图 4-9 多层感知器神经网络

4.4.2 多层感知器神经网络的学习

单层感知器神经网络可以通过感知器算法进行学习，其隐层的连接权值修正算法为

$$\boldsymbol{w}(t+1)=\boldsymbol{w}(t)+\rho_t\left[d(t)-y(t)\right]\boldsymbol{x}(t) \tag{4-20}$$

式中：$d(t)$ 为网络的期望输出；ρ_t 为 t 时刻的学习步长因子；$y(t)$ 为网络当前实际输出。

式（4-20）可以在准则函数为二次均方误差函数时，依据反向梯度算法原理推导得到

$$J(\boldsymbol{x})=\frac{1}{2}\left[d(t)-y(t)\right]^2 \tag{4-21}$$

可以证明，当模式样本线性可分时，只要 ρ_t 步长因子取得合适，且可以随着迭代时间的增长而减小时，上述算法一定可以收敛。

由于单层感知器网络学习能力有限，因此为了获得复杂的非线性分类能力，通常采用含有多个隐层的感知器网络结构，而为了学习多层感知器网络，需要引入误差反向传播（back-propagation，BP）算法，而采用 BP 算法学习的多层感知器网络也习惯称为 BP 网络。

为了利用 BP 算法实现多层感知器网络的学习，需要对网络的表示做一定的规范和约定。首先对于激活函数，需要选用具有连续可微性的 Sigmoid 函数、双曲正切函数 TanSigmoid 或 ReLU 函数等，而不采用阶跃函数或符号函数，因为这些二元函数在阈值点不可求导，而在其他点导数为 0，无法引导权值参数的学习。由于 Sigmoid 函数是单调递增的非线性函数，具有无限可微性，其参数 α 较大时可以逼近阶跃函数，而 α 较小时则逼近线性函数，因此用其替换二元函数构成的神经网络仍是感知器神经网络的一种很好的近似，同时又具有权值参数学习能力。

不失一般性，以图 4-9 所示的多层感知器为例，其包含一个输入层、一个输出层及若干隐层。l 表示层号，层与层之间的连接权记作 w_{ij}^l，假设采用 Sigmoid 函数作为激活函数 $f(\cdot)$，则该网络的 BP 学习算法如下。

（1）在网络结构已经明确的前提下，将各层间的权值初始化为很小的随机数，迭代时间 $t=0$。

（2）从训练集任选样本 $\boldsymbol{x}=\left[x_1,x_2,\cdots,x_n\right]^{\mathrm{T}}$，它对应的期望输出 $\boldsymbol{D}=\left[d_1,d_2,\cdots,d_m\right]^{\mathrm{T}}$。

（3）根据网络前向计算过程，计算得到输入为 $\boldsymbol{x}$ 时的网络实际输出为

$$y_r = f\left(\sum_{s=1}^{n_{L-2}} w_{sr}^{l=L-1} \cdots f\left(\sum_{j=1}^{n_1} w_{jk}^{l=2} f\left(\sum_{i=1}^{n} w_{ij}^{l=1} x_i\right)\right)\right),\quad r = 1,2,\cdots,m \tag{4-22}$$

（4）从输出层开始，逐层调整权值，对于第 l 层，有

$$w_{ij}^l(t+1) = w_{ij}^l(t) + \Delta w_{ij}^l(t),\ j = 1,2,\cdots,n_l;\ i = 1,2,\cdots,n_{l-1} \tag{4-23}$$

式中：$\Delta w_{ij}^l(t)$ 为权值修正项，即

$$\Delta w_{ij}^l(t) = \rho_t \delta_j^l x_i^{l-1} \tag{4-24}$$

对于输出层（$l = L-1$），δ_j^l 是当前网络实际输出和期望输出的误差对权值的导数，即

$$\delta_j^l = y_j(1-y_j)(d_j - y_j),\ j = 1,2,\cdots,m \tag{4-25}$$

对于中间层，δ_j^l 是输出误差反向传播到该层的误差对权值的导数，即

$$\delta_j^l = x_j^l(1-x_j^l)\sum_{k=1}^{n_{l+1}} \delta_k^{l+1} w_{jk}^{l+1}(t),\ j = 1,2,\cdots,n_l \tag{4-26}$$

（5）更新完所有权值后，对全部训练样本重新计算输出，并计算更新后的网络输出与期望输出的误差。根据终止条件判断算法是否结束，如果满足终止条件，则算法停止并输出结果，否则 $t = t+1$，回到（2）。算法的终止条件通常指如果在最近一轮训练中，总的平均平方误差小于某一阈值，或者所有权值的变化都小于某一阈值，或者算法达到约定的最大训练次数。

需要说明的是，上述递推公式是假设激活函数为 Sigmoid 函数时推导得到的，因为 Sigmoid 函数的梯度为

$$f'(\alpha) = f(\alpha)(1 - f(\alpha)) \tag{4-27}$$

如果替换为其他激活函数，则需要根据相应的梯度修正算法中的 δ_j^l 递推计算公式。

BP 算法作为经典的多层感知器学习算法，解决了多层网络的学习问题，但是 BP 算法也存在收敛速度慢、易陷入局部最优解的缺陷，为了改进 BP 算法的收敛性能，提出了很多改进算法，对于各种常见的改进算法及其特点，读者可以参考神经网络的专门教材。

4.4.3 用于模式识别的多层感知器神经网络

1. 网络结构设计

为了获得一个可以用于解决实际模式识别问题的多层感知器神经网络，除了借助前面已经说明过的权值学习算法进行学习外，还必须预先确定用于模式识别的网络结构，因为网络模型还取决于网络的隐层数、隐层节点数、输入/输出编码方式、激活函数类型等很多其他结构参数。如何设计合适的网络模型使得能够基于样本数据得到合适的分类模型尽管是一个非常重要的问题，但目前并不存在成熟的方法来对问题给出一般性的答案，在实际应用中，仍依赖经验和反复试错的方式去探寻可能的解决方案。

例如，为了帮助人们确定多层感知器网络隐层节点数，通常有 3 种经验做法。

（1）根据具体问题进行试探选择。例如，选择几个不同隐层节点数目，分别独立地进行训练和测试，最后根据错误率的大小来选择性能较好的网络。此外，人们在实践中

也总结了一些经验法则。例如，通常隐层节点数要小于输入维数，训练样本数较少时，选择较少的隐层节点数，如输入节点的一半等。这些经验性的建议可以帮助确定候选节点数。

（2）根据对问题的先验知识进行精心设计。例如，在设计网络进行文字识别时，根据不同的字体设计隐层节点数，进行苹果分类时，根据不同的品种来设计其中的隐层结构等。

（3）根据算法确定隐层节点数。具有代表性的是裁剪法，其具体做法是：首先采用较多的隐层节点数，在采用 BP 算法训练权重的过程中，同时增加一条额外的准则，即要求所有权值的绝对值和或平方和尽可能小。经过训练后，一部分冗余隐层节点的权值会变小，当训练到一定阶段后，检查隐层节点的权值，将权值过小的节点删除，然后对剩余的网络继续学习，通过多次裁剪，最后得到一个比较合适的网络结构。与此对应，也可以采用从较小的网络结构开始，逐步增加隐层节点的做法。

需要说明的是，上述做法都是尝试性的，并没有一种做法能够确保一定有好的结果。网络的隐层数、隐层的节点数，选取过大会造成过学习，而过小又会造成欠学习，如何选取以便平衡网络的复杂性和网络的泛化能力，是网络结构设计时需要反复斟酌和考量的问题，也是一个需要具体情况具体分析的复杂问题。

2. 输入预处理

模式识别是根据输入 $\boldsymbol{x}$ 来预测样本的输出类别。通常输入特征为连续向量，但是不同的特征数据由于有尺度和量值的差异，导致数据可能存在极大的幅值差异。另外，多层感知器激活函数的值域一般为[0,1]或[−1,1]，其自变量虽然取值范围为[$-\infty,+\infty$]，但是其取值过大或过小都很容易陷入饱和区，导致即使数值出现明显变化，而对于神经元来说，其输出也不会产生显著变化，从而造成学习难以收敛。为了使数值位于 Sigmoid 函数的敏感区间，有必要将数据做一定的预处理。例如，通过平移和缩放将数据规范化到某固定的区间范围内，如[0,1]或[−1,1]。

当然如果输入的是离散变量，必要时也可以通过数值编码的方式将其转化为数值型变量，再输入网络进行处理。

3. 输出编码

对于分类问题，为了使输出神经元具有类别意义，一般采用编码的形式来表示离散形式的输出结果。不管是两类别还是多类别问题，常用的输出编码是独热编码。对于 C 类别问题，设计的网络输出神经元数为 C，每个输出节点对应一类。对于 ω_i 类的样本，其期望输出是第 i 个节点输出为 1，其余节点输出均为 0。对于测试样本，类别决策时根据输出最大原则进行决策，也就是输出值最大的节点对应的类别作为决策结果。当然，有时为了保证决策可靠，也可以要求最大输出和其他节点的输出差异超过一定的阈值才进行决策，否则不决策。

除了独热编码外，有的文献也有采用多位二进制数编码一种状态的做法。例如，对于八类别问题，可以分别用 3 位二进制数 001,010,011,⋯,111 来编码类别。此种编码做法虽然可以节省输出节点数，但是会增加训练难度。

4.4.4　深度卷积神经网络

尽管早期的神经网络模型提供了一种通用的非线性分类器模型设计方法，但是其仍然存在模型设计没有规律可循的困难，若想获得好的模型，很大程度上依赖专家的经验和技巧，而且对于大规模多类分类问题，所需的分类网络模型必然结构庞大，参数规模巨大，网络训练困难。此外，作为一种分类模型，早期的神经网络并不考虑特征提取问题，通常都是默认特征已经获得的前提下，单独考虑分类器模型的设计。由于对象的特征表示实际上也是模式识别的核心问题之一，因此为了获得好的有利于分类的特征，还需要专门借助“特征工程”的方法和技术来解决特征获取的问题。

一方面，大规模分类问题需要复杂模型，而复杂模型的训练容易出现过拟合，为了降低过拟合的风险，复杂模型的训练需要海量数据；另一方面，特征的表示和分类器的设计需要协同优化。这两方面的要求，促进了深度卷积神经网络技术的出现和发展。

人类大脑的视觉系统是一种分层的并逐层抽象的信息加工过程，基于这一认识，1980 年前后，日本科学家福岛邦彦（Kunihiko Fukushima）在 Hubel 和 Wiesel 工作的基础上，模拟生物视觉系统提出了一种层级化的多层人工神经网络及“神经认知”（neurocognition），可以用于手写数字识别和其他模式识别任务。福岛邦彦的神经认知模型主要由两种重要的组成单元“S 型细胞”和“C 型细胞”的交替堆叠组成，其中 S 型细胞主要用于局部特征抽取，C 型细胞则用于抽象和容错，分别和后来的深度卷积神经网络的卷积层（convolution layer）和汇聚层（pooling layer）相对应，如图 4-10 所示。

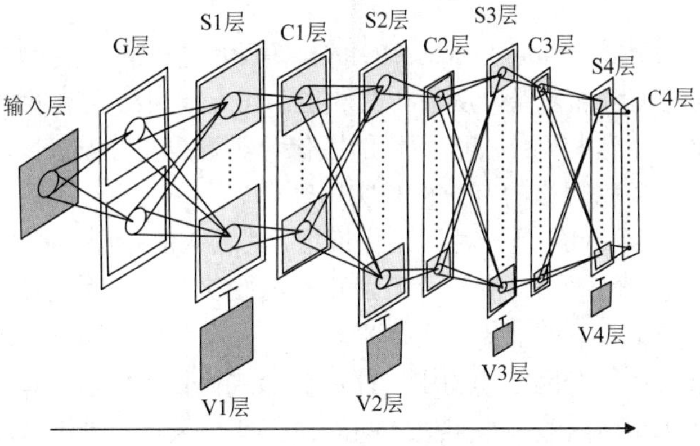

图 4-10　福岛邦彦提出的神经认知模型

1998 年，杨立昆（Yann Lecun）等提出基于梯度学习的卷积神经网络 LeNet5，并成功用于手写数字字符识别，取得了不超过 1%错误率的结果，该网络成功应用于全美的手写邮政编码识别，该网络为卷积网络的发展奠定了坚实的基础。LeNet5 共由 7 层组成，分别是 C1、C3、C5 卷积层，S2、S4 下采样层（下采样层又称为池化层），F6

为一个全连接层，输出是一个高斯连接层，该层使用 Softmax 函数对输出图像进行分类，如图 4-11 所示。其中，卷积层的卷积核相当于特征模板，而卷积计算相当于特征滤波的作用，和卷积模板特征相似的区域会产生强响应，因此卷积实际起到的是特征提取的作用。池化层也称为汇聚层，其除了起到数据降维、减少冗余作用外，还有扩大感受野和增强非线性泛化能力的效果，并在一定程度上可以获得特征表示时的平移、旋转和尺度不变性。网络通过卷积和池化的堆叠处理，使信息被逐层地抽象和概括，从而实现从低级到高级、从简单到复杂的语义信息的抽取与表示，起到信息深度加工的作用。同时总体来说，LeNet5 的前面 5 层相当于特征的提取与编码，而后面 2 层则相当于分类器模型。但是由于卷积核是可学习的，因此特征的提取与表示不需要人工干预，它可以通过自适应学习获得完成任务所需要的特征表示，同时由于将特征提取模块和分类器模型集成在一个整体的网络框架中，通过梯度反向传播学习算法，可以通过端到端的方式进行特征抽取和分类器模型的联合优化，从而很好地实现由原始输入到类别输出的映射关系的学习。

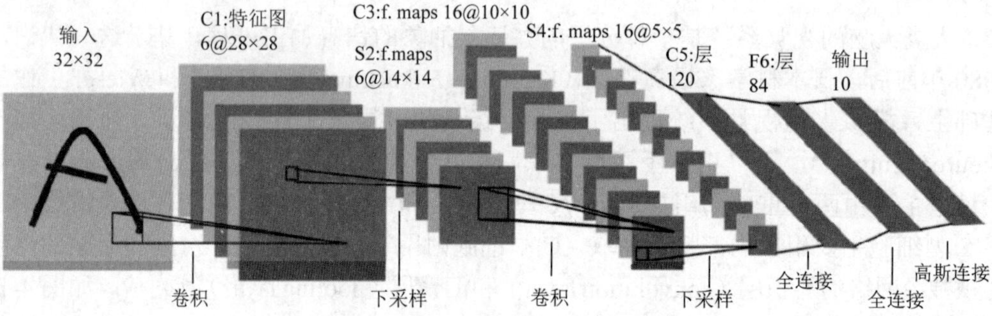

图 4-11　LeNet5 结构

随后出现的 Alex Net、GoogLeNet、ResNet 等深度卷积网络在网络结构上则进一步变宽、变深，网络结构愈加复杂，从最初的 5 层、16 层到 152 层的残差网络，甚至上千层的网络也不再罕见，这些网络在大规模的图像分类数据集 ImageNet 上取得了极大成功，充分验证了深度卷积网络的有效性和实用性。

总的来说，深度卷积网络是一种层次化模型，其输入的是原始数据，如 RGB 图像、原始音频数据等。卷积网络通过卷积、汇聚和非线性映射等一系列操作，实现原始信息的特征抽取，逐层语义信息的抽象，最终实现高层语义的分类识别。由于网络将特征抽取和分类器设计集成在一个网络模型中，并通过形式化目标任务（分类、回归）的目标函数的优化，通过计算预测值和真实值之间的误差或损失，凭借梯度反向传播算法将误差或损失逐层向前反馈，从而更新每层的参数，以达到网络训练和优化的目的。借助“端到端”的学习，网络能够实现特征表示和分类器模型的联合优化，并最大程度减少了人为干预，相对于传统的分治策略，即将预处理、特征提取和分类器设计等环节分开处理和分别优化的做法，深度卷积网络更易于获得全局最优解，这也是深度卷积网络之所以成功并具有广泛适用性的重要原因。

4.5* 广义线性判别函数与支持向量机

4.5.1 广义线性判别函数

前面在讨论线性分类模型时，介绍了基于最大间隔距离的所谓最优线性分类器设计方法，也就是线性支持向量机，虽然其针对的是线性可分样本，但实际上该方法同样也适用于线性不可分问题。

理论上任何用于分类的非线性判别函数 $g(\boldsymbol{x})$ 总可以按照级数展开成多项式函数进行逼近，即

$$g(\boldsymbol{x})=w_1f_1(\boldsymbol{x})+w_2f_2(\boldsymbol{x})+\cdots+w_kf_k(\boldsymbol{x})+w_{k+1}f_{k+1}(\boldsymbol{x})=\sum_{i=1}^{k+1}w_if_i(\boldsymbol{x}) \tag{4-28}$$

式中：$f_{k+1}(\boldsymbol{x})=1$，其中 $f_i(\boldsymbol{x})$ 的形式是多样的。例如，如果是按泰勒级数展开，则 $f_i(\boldsymbol{x})$ 为 $\boldsymbol{x}$ 的幂次项；如果是按傅里叶级数展开，则 $f_i(\boldsymbol{x})$ 可能是三角函数。式（4-28）也称为广义线性判别函数。针对式（4-28）的展开式，不妨对原有特征 $\boldsymbol{x}$ 做以下变换，令

$$y_1=f_1(\boldsymbol{x}),\ y_2=f_2(\boldsymbol{x}),\ \cdots,\ y_k=f_k(\boldsymbol{x}),\ y_{k+1}=1 \tag{4-29}$$

在变换得到的新的特征 $\boldsymbol{y}$ 空间中，有

$$g(\boldsymbol{y})=w_1y_1+w_2y_2+\cdots+w_ky_k+w_{k+1}=\sum_{i=1}^{k+1}w_iy_i=\boldsymbol{w}^{\mathrm{T}}y \tag{4-30}$$

经过上述变换，原来 $\boldsymbol{x}$ 空间的非线性判别函数 $g(\boldsymbol{x})$，变成了新的 $\boldsymbol{y}$ 空间的线性判别函数 $g(\boldsymbol{y})$。也就是说，原来 $\boldsymbol{x}$ 空间中的线性不可分问题，变成了 $\boldsymbol{y}$ 空间中的线性可分的问题，如图 4-12 所示。

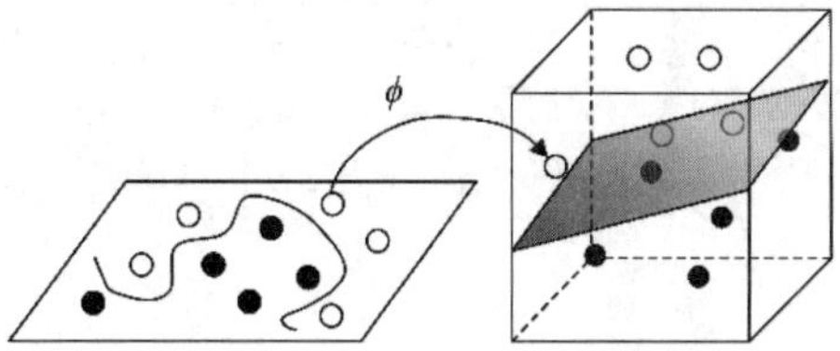

图 4-12　低维空间的非线性可分问题转化为高维空间的线性可分问题

由于上述理论是普适性的，也就意味着，任何线性不可分问题都可以借助上述思想转变为其他空间的线性可分问题。当然，从上式的变换也可以判断，这种变换通常会使特征维数大大增加，也就是说，通常需要将原有样本映射到高维空间后，才能将低维空间线性不可分问题转变为线性可分问题。但是这种变换通常都非常复杂，而且随着空间维数的增高，计算量迅速增加，以致计算机难以处理，导致“维数灾难”。

例 4-1　假设 $\boldsymbol{x}$ 为二维模式向量，$\boldsymbol{x}$ 空间的判别函数为

$$g(\boldsymbol{x})=w_{11}x_1^2+w_{12}x_1x_2+w_{22}x_2^2+w_1x_1+w_2x_2+w_3$$

不妨设

$$y_1=f_1(\boldsymbol{x})=x_1^2,\ y_2=f_2(\boldsymbol{x})=x_1x_2$$

$$y_3=f_3(\boldsymbol{x})=x_2^2,\ y_4=f_4(\boldsymbol{x})=x_1,\ y_5=f_5(\boldsymbol{x})=x_2$$

令 $\boldsymbol{y}=[y_1,y_2,\cdots,y_5,1]^{\mathrm{T}}$、$\boldsymbol{w}=[w_{11},w_{12},w_{22},w_1,w_2,w_3]^{\mathrm{T}}$，这样原来的非线性判别函数 $g(\boldsymbol{x})$ 被转化为线性函数 $g(\boldsymbol{y})=\boldsymbol{w}^{\mathrm{T}}\boldsymbol{y}$。

4.5.2 支持向量机

在前面介绍线性支持向量机时，假定模式样本是线性可分的，在此条件下，求得的最大间隔线性分类器为

$$g(\boldsymbol{x})=\operatorname{sgn}\left(\boldsymbol{w}^{\mathrm{T}}\boldsymbol{x}+b\right) \tag{4-31}$$

其中，

$$\boldsymbol{w}=\sum_{i=1}^{N}\alpha_i y_i \boldsymbol{x}_i \tag{4-32}$$

将 $\boldsymbol{w}$ 代入，并用点积 $(\boldsymbol{a}\cdot\boldsymbol{b})$ 形式表示向量的内积计算 $\boldsymbol{a}^{\mathrm{T}}\boldsymbol{b}$，则式（4-31）可以表示为

$$g(\boldsymbol{x})=\operatorname{sgn}\left(\sum_{i=1}^{n}\alpha_i y_i(\boldsymbol{x}_i\cdot\boldsymbol{x})+b\right) \tag{4-33}$$

其中，$\alpha_i(i=1,2,\cdots,n)$ 是下述二次优化问题的解，即

$$\max_{\boldsymbol{\alpha}} Q(\boldsymbol{\alpha})=\sum_{i=1}^{N}\alpha_i-\frac{1}{2}\sum_{i=1}^{N}\sum_{j=1}^{N}\alpha_i\alpha_j y_i y_j(\boldsymbol{x}_i\cdot\boldsymbol{x}_j) \tag{4-34}$$

$$\text{s.t.}\sum_{i=1}^{N}\alpha_i y_i=0 \tag{4-35}$$

$$\alpha_i\geqslant 0,\ i=1,2,\cdots,N \tag{4-36}$$

而 b 则由满足

$$y_j\left(\sum_{i=1}^{n}\alpha_i y_i(\boldsymbol{x}_i\cdot\boldsymbol{x}_j)+b\right)-1=0 \tag{4-37}$$

的支持样本 $\boldsymbol{x}_j$ 求得。

相应地，如果样本是线性不可分的，则根据广义线性判别函数的思想，可以通过对 $\boldsymbol{x}$ 进行非线性变换 $\boldsymbol{z}=\phi(\boldsymbol{x})$，如果在新的特征空间 $\boldsymbol{z}$ 中样本是线性可分的，则借助前面的线性支持向量机求解方法，可得到决策函数为

$$g(\boldsymbol{x})=\operatorname{sgn}\left(\sum_{i=1}^{n}\alpha_i y_i(\boldsymbol{z}_i\cdot\boldsymbol{z})+b\right)=\operatorname{sgn}\left(\sum_{i=1}^{n}\alpha_i y_i(\phi(\boldsymbol{x}_i)\cdot\phi(\boldsymbol{x}))+b\right) \tag{4-38}$$

其中，$\alpha_i(i=1,2,\cdots,n)$ 是下述二次优化问题的解，即

$$\max_{\boldsymbol{\alpha}} Q(\boldsymbol{\alpha})=\sum_{i=1}^{N}\alpha_i-\frac{1}{2}\sum_{i=1}^{N}\sum_{j=1}^{N}\alpha_i\alpha_j y_i y_j(\phi(\boldsymbol{x}_i)\cdot\phi(\boldsymbol{x}_j)) \tag{4-39}$$

$$\text{s.t.}\sum_{i=1}^{N}\alpha_i y_i=0 \tag{4-40}$$

$$\alpha_i\geqslant 0,\ i=1,2,\cdots,N \tag{4-41}$$

而 b 则满足

$$y_j\left(\sum_{i=1}^{n}\alpha_i y_i\left(\phi(\boldsymbol{x}_i)\cdot\phi(\boldsymbol{x}_j)\right)+b\right)-1=0 \tag{4-42}$$

上述分析表明，在新的特征空间求解支持向量机，只需将原空间的内积 $(\boldsymbol{x}_i\cdot\boldsymbol{x}_j)$ 直接替换为新空间的内积 $\left(\phi(\boldsymbol{x}_i)\cdot\phi(\boldsymbol{x}_j)\right)$ 即可。

尽管上述方法原理明确，但在实际应用中却存在困难。一方面难以预先确定什么样的非线性变换 ϕ 适合求解问题，另一方面在变换后的高维空间进行点积计算也大大增加了计算复杂度。根据观察不难发现，不管是原特征空间还是变换后的空间，求解关系式中的 $(\boldsymbol{x}_i\cdot\boldsymbol{x}_j)$ 或 $\left(\phi(\boldsymbol{x}_i)\cdot\phi(\boldsymbol{x}_j)\right)$ 实际上都属于向量点积计算，且 $\left(\phi(\boldsymbol{x}_i)\cdot\phi(\boldsymbol{x}_j)\right)$ 仍可以看作 $\boldsymbol{x}_i$、$\boldsymbol{x}_j$ 的函数，因此如果可以直接在原 $\boldsymbol{x}$ 空间定义 $\left(\phi(\boldsymbol{x}_i)\cdot\phi(\boldsymbol{x}_j)\right)$，就可以避免显式地去定义变换函数 ϕ，这就引出了核函数的概念，核函数直接在原空间定义新空间的点积计算，即

$$K(\boldsymbol{x}_i,\boldsymbol{x}_j)\underline{\underline{\mathrm{def}}}\left(\phi(\boldsymbol{x}_i)\cdot\phi(\boldsymbol{x}_j)\right) \tag{4-43}$$

由此，式（4-43）的求解关系式变为

$$g(\boldsymbol{x})=\mathrm{sgn}\left(\sum_{i=1}^{n}\alpha_i y_i K(\boldsymbol{x}_i,\boldsymbol{x}_j)+b\right) \tag{4-44}$$

其中，$\alpha_i(i=1,2,\cdots,n)$ 是下述二次优化问题的解，即

$$\max_{\boldsymbol{\alpha}} Q(\boldsymbol{\alpha})=\sum_{i=1}^{N}\alpha_i-\frac{1}{2}\sum_{i=1}^{N}\sum_{j=1}^{N}\alpha_i\alpha_j y_i y_j K(\boldsymbol{x}_i,\boldsymbol{x}_j) \tag{4-45}$$

$$\text{s.t.}\sum_{i=1}^{N}\alpha_i y_i=0 \tag{4-46}$$

$$\alpha_i\geqslant 0,\ i=1,2,\cdots,N \tag{4-47}$$

而 b 则满足

$$y_j\left(\sum_{i=1}^{n}\alpha_i y_i K(\boldsymbol{x}_i,\boldsymbol{x}_j)+b\right)-1=0 \tag{4-48}$$

核函数的引入使得不管理论上 $\phi(\boldsymbol{x})$ 的空间维数有多高，变换空间的线性支持向量机求解都可以通过原空间的核函数 $K(\boldsymbol{x}_i,\boldsymbol{x}_j)$ 来进行，这避免了高维空间的计算和显式地定义难以确定的变换函数 $\phi(\boldsymbol{x})$，同时核函数 $K(\boldsymbol{x}_i,\boldsymbol{x}_j)$ 的计算复杂度与点积计算的复杂度相比也不会有实质性的增加。

泛函理论可以证明，上述做法是可行的，只要找到满足默瑟（Mercer）定理条件的正定核函数，就一定存在一个从 $\boldsymbol{x}$ 空间到内积空间 H 的变换函数 $\phi(\boldsymbol{x})$，使得

$$K(\boldsymbol{x},\boldsymbol{x}')=(\phi(\boldsymbol{x})\cdot\phi(\boldsymbol{x}')) \tag{4-49}$$

关于 Mercer 定理以及正定核函数的分析和知识可以参考相关泛函教材与文献。

4.5.3　常用核函数及其应用

目前常用的核函数主要有 3 种类型。

（1）多项式核函数，即

$$K(\boldsymbol{x},\boldsymbol{x}')=((\boldsymbol{x}\cdot\boldsymbol{x}')+1)^q \tag{4-50}$$

采用这种核函数的线性支持向量机实现的是 q 阶多项式判别函数。

（2）径向基核函数（radial basis function，RBF），即

$$K(\boldsymbol{x},\boldsymbol{x}')=\exp\left(-\frac{\|\boldsymbol{x}-\boldsymbol{x}'\|^2}{\sigma^2}\right) \tag{4-51}$$

采用径向基核函数的线性支持向量机实现类似径向基网络的决策函数。

（3）Sigmoid 核函数，即

$$K(\boldsymbol{x},\boldsymbol{x}')=\tanh(v(\boldsymbol{x}\cdot\boldsymbol{x}')+c) \tag{4-52}$$

采用这种核函数的支持向量机在 v 和 c 满足一定条件时等价于单隐层的多层感知器神经网络。

支持向量机通过选择不同的核函数，可以实现不同形式的非线性分类器。当核函数为线性内积时，就是线性支持向量机。

对于具体应用问题，究竟该如何选择核函数，目前并没有一般性的原则，需要具体问题具体分析，目前主要依赖经验来选择。基本的经验是：通常先尝试简单的核函数，如线性核函数，如果性能不满意再考虑非线性核函数；如果选择的是径向基核函数，则先选择较大的宽度参数，宽度越大越接近线性，然后再尝试减小宽度，增加非线性程度。

对于某一问题，选择不同类型的核函数也许可以达到相同的效果，但同一类型的核函数需要选取合适的参数才能达到好的效果，如多项式核函数的阶数 q 、径向基核函数的宽度 σ 、Sigmoid 核函数的 v 和 c 。对于核函数参数的选择，在实际应用中通常采用启发式方法或累试的方法来选取，其中具有代表性的有 LIBSVM 软件，提供的一种做法是按照网格自动尝试用各种参数进行试验，最后根据留一法下的交叉验证结果选择最佳参数。

4.6* 核函数与核方法

通过非线性变换可以增强数据的类别可分离性，从而能够将原有空间线性不可分问题转变为新的高维空间中线性可分问题，但是非线性变换也会带来非常大的计算负担，同时造成维数灾难问题，为了保证学习精度，高维空间的模型学习所需要的样本数随着空间维数的增加而呈指数增加，然而实际应用中，很难获得足够的高维空间训练所需的样本数，使得一般的非线性映射方法实用价值较低。为了解决上述问题，人们引入了核函数，核函数作为一种非线性变换方法，其优势在于：首先，它不需要对样本直接进行非线性变换，使其计算负担大大低于普通的非线性方法；其次，它能有效避免维数灾难问题。

核函数通过直接定义高维空间中两个样本向量之间的内积 $k(\boldsymbol{x}_i,\boldsymbol{x}_j)=\phi(\boldsymbol{x}_i)^{\mathrm{T}}\phi(\boldsymbol{x}_j)$ ，从而避免直接定义非线性映射函数 $\phi(\boldsymbol{x})$ 。事实上，研究者也不需要知道非线性映射的具体形式，通过使用上述“核技巧”，使引入核函数后的核方法具有比普通非线性方法低得

多的计算复杂度。虽然该方法的本质是将数据转换为高维空间，但它不需要直接在高维空间求解，其问题求解空间的维数仅等于训练样本的维数，因此可以克服维数灾难问题。核方法在实现中需要做的主要是选择合适的核函数，常用的核函数有 4.5.3 节所提到的多项式核函数、径向基核函数和 Sigmoid 核函数。

用于模式识别的核方法本质上属于非线性映射的非线性分类方法，但是其具体实现时仍可以借助线性手段来求解。只要原方法求解能够表示成只涉及样本内积计算的形式，就可以借助核函数的思想，将一系列线性分类方法改造为基于核的非线性分类方法。常见的基于核的模式分类方法有核费希尔鉴别分析（kernel Fisher discriminant analysis，KFDA）、核主成分分析（kernel principal component analysis，KPCA）和核最小均方误差（kernel minimum squared error，KMSE）等。下面以 KFDA 为例，简单介绍核方法在模式分类问题中的应用。

KFDA 实质上就是基于 Fisher 准则的核方法，其基本思想是将样本通过非线性变换映射到高维空间，在新的高维空间中求解 Fisher 线性判别解。对样本 $\boldsymbol{x}$ 进行非线性变换 $\phi(\boldsymbol{x})$，将其映射到特征空间 F，在空间 F 中的 Fisher 线性判别准则为

$$J(\boldsymbol{w})=\frac{\boldsymbol{w}^{\mathrm{T}}\boldsymbol{S}_{\mathrm{b}}^{\phi}\boldsymbol{w}}{\boldsymbol{w}^{\mathrm{T}}\boldsymbol{S}_{\mathrm{w}}^{\phi}\boldsymbol{w}} \tag{4-53}$$

式中：$\boldsymbol{w}$ 为 F 空间的权向量；$\boldsymbol{S}_{\mathrm{b}}^{\phi}$ 和 $\boldsymbol{S}_{\mathrm{w}}^{\phi}$ 分别为 F 空间的类间离散度矩阵和类内离散度矩阵，即

$$\boldsymbol{S}_{\mathrm{b}}^{\phi}=\left(\boldsymbol{m}_1^{\phi}-\boldsymbol{m}_2^{\phi}\right)\left(\boldsymbol{m}_1^{\phi}-\boldsymbol{m}_2^{\phi}\right)^{\mathrm{T}} \tag{4-54}$$

$$\boldsymbol{S}_{\mathrm{w}}^{\phi}=\sum_{i=1,2}\sum_{\boldsymbol{x}\in\omega_i}\left(\phi(\boldsymbol{x})-\boldsymbol{m}_i^{\phi}\right)\left(\phi(\boldsymbol{x})-\boldsymbol{m}_i^{\phi}\right)^{\mathrm{T}} \tag{4-55}$$

式中：$\boldsymbol{m}_i^{\phi}$ 为 F 空间里的各类样本均值，有

$$\boldsymbol{m}_i^{\phi}=\frac{1}{l_i}\sum_{j=1}^{l_i}\phi\left(\boldsymbol{x}_j^i\right) \tag{4-56}$$

式中：l_i 为第 i 类样本数；l 为总样本数。

根据再生核希尔伯特空间的有关理论，上述问题的解 $\boldsymbol{w}$ 处在 F 空间中所有训练样本所张成的子空间中，即

$$\boldsymbol{w}=\sum_{j=1}^{l}\alpha_j\phi\left(\boldsymbol{x}_j\right) \tag{4-57}$$

由此可以推得

$$\boldsymbol{w}^{\mathrm{T}}\boldsymbol{m}_i^{\phi}=\frac{1}{l_i}\sum_{j=1}^{l}\sum_{k=1}^{l_i}\alpha_j k\left(\boldsymbol{x}_j,\boldsymbol{x}_k^i\right)=\boldsymbol{\alpha}^{\mathrm{T}}\boldsymbol{M}_i \tag{4-58}$$

式中：$\boldsymbol{M}_i$ 为 $l\times 1$ 阶的矩阵，$\left(\boldsymbol{M}_i\right)_j=\frac{1}{l_i}\sum_{k=1}^{l_i}k\left(\boldsymbol{x}_j,\boldsymbol{x}_k^i\right)$，如果记

$$\boldsymbol{M}=\left(\boldsymbol{M}_1-\boldsymbol{M}_2\right)\left(\boldsymbol{M}_1-\boldsymbol{M}_2\right)^{\mathrm{T}} \tag{4-59}$$

则

$$\boldsymbol{w}^{\mathrm{T}}\boldsymbol{S}_{\mathrm{b}}^{\phi}\boldsymbol{w}=\boldsymbol{\alpha}^{\mathrm{T}}\boldsymbol{M}\boldsymbol{\alpha} \tag{4-60}$$

式中：$\boldsymbol{\alpha}$ 为由 l 个 α_j 组成的向量。

同理可以求得

$$\boldsymbol{w}^{\mathrm{T}}\boldsymbol{S}_{\mathrm{w}}^{\phi}\boldsymbol{w}=\boldsymbol{\alpha}^{\mathrm{T}}\boldsymbol{N}\boldsymbol{\alpha} \tag{4-61}$$

其中，

$$\boldsymbol{N}=\sum_{i=1}^{2}\boldsymbol{K}_i\left(\boldsymbol{I}-\boldsymbol{I}_{l_i}\right)\boldsymbol{K}_i^{\mathrm{T}} \tag{4-62}$$

式中：$\boldsymbol{I}$ 为单位阵；$\boldsymbol{I}_{l_i}$ 为全部元素为 $\frac{1}{l_i}$ 的 $l_i \times l_i$ 阶矩阵；$\boldsymbol{K}_i$ 为 $l \times l_i$ 阶矩阵；$\boldsymbol{K}_1$ 为 c_1 类的核矩阵，$\boldsymbol{K}_2$ 为 c_2 类的核矩阵；$(\boldsymbol{K}_n)_{i,j}=k\left(\boldsymbol{x}_i,\boldsymbol{x}_j^n\right)$（$i=1,2,\cdots,l$；$j=1,2,\cdots,l_n$，$n=1,2$）。由此，式（4-53）变为

$$J(\boldsymbol{\alpha})=\frac{\boldsymbol{\alpha}^{\mathrm{T}}\boldsymbol{M}\boldsymbol{\alpha}}{\boldsymbol{\alpha}^{\mathrm{T}}\boldsymbol{N}\boldsymbol{\alpha}} \tag{4-63}$$

$\boldsymbol{\alpha}$ 可以通过求解广义特征方程

$$\boldsymbol{M}\boldsymbol{\alpha}=\lambda\boldsymbol{N}\boldsymbol{\alpha} \tag{4-64}$$

的最大特征值对应的特征向量得到。对于两类别问题，可以证明 $\boldsymbol{\alpha}$ 的最优解方向为

$$\boldsymbol{\alpha}=\boldsymbol{N}^{-1}\left(\boldsymbol{M}_1-\boldsymbol{M}_2\right) \tag{4-65}$$

KFDA 方法在一些实际数据集上取得了很好的结果。一些研究结果表明，在某些数据集上，KFDA 方法与 SVM 方法相当，甚至优于 SVM 方法。除了 KFDA 方法外，关于 KPCA 和 KMSE 方法的原理可以参考相关文献，更多关于模式分析的核方法的理论可以参考相关文献。

4.7 近邻法

前面介绍的各种线性和非线性分类器，总的来说都属于基于模型的分类器设计方法，在已经预设了分类器模型类型的前提下，其中模型的参数化表示可以是概率密度函数、线性判别函数或非线性判别函数，通过训练样本学习得到分类器模型的参数后，便可确定最终的分类器模型，上述方法可以归类为模型驱动的分类器设计方法。

本节和 4.8 节即将介绍的近邻法和决策树法属于非模型类方法，在此既不预设模型类型，也不需要学习模型参数，而是直接在样本数据基础上，通过预设的分类原则或通过数据分析提取的分类规则进行分类决策，它们可以归类为基于数据的模式识别方法。

4.7.1 最近邻决策

根据“物以类聚”的原则，人们知道同类的事物具有相似性，具有相近的特征表示，在特征空间中具有集聚效应，因此人们可以得到的直观判别原则是“像哪类则归哪类”，在欧氏空间中，如果以距离作为相似性测度，则待测样本和距离最近的已知类别样本的相似度相对其他样本来说最大，因此将待测样本归类为最近邻已知类别样本所属类别就

是一种自然的抉择。基于此原则的决策称为最近邻决策。

最近邻决策的原理同样可以通过判别函数的形式加以描述，已知样本集记作 $T=\{(\boldsymbol{x}_1,y_1),(\boldsymbol{x}_2,y_2),\cdots,(\boldsymbol{x}_N,y_N)\}$，其中 $\boldsymbol{x}_i\in\mathbf{R}^n$， $y_i\in\{\omega_1,\omega_2,\cdots,\omega_c\}$，则属于第 ω_i 类的判别函数为

$$g_i(\boldsymbol{x})=\min_{\boldsymbol{x}_j\in\omega_i}\delta(\boldsymbol{x},\boldsymbol{x}_j),\quad i=1,2,\cdots,c \tag{4-66}$$

式中：$\delta(\boldsymbol{x},\boldsymbol{x}_j)$ 为两个样本间的距离测度，可以是欧氏距离，也可以采用其他距离，如马氏距离、L_p 范数距离等。

决策规则为

$$\text{若}g_k(\boldsymbol{x})=\min_{i=1,2,\cdots,c}g_i(\boldsymbol{x}),\ \text{则}\boldsymbol{x}\in\omega_k \tag{4-67}$$

最近邻决策是一种非常直观的决策方法，理论可以证明，当样本数足够多时，最近邻决策可以获得很好的效果。对于近邻决策的理解，可以认为样本周边各类样本出现的概率也就代表了样本归属类别的可能性程度，假设待判别样本 $\boldsymbol{x}$ 的最近邻样本为 $\boldsymbol{x}'$，则当样本数量非常大时，有理由认为 $\boldsymbol{x}'$ 距离 $\boldsymbol{x}$ 足够近，使 $P(\omega_i\,|\,\boldsymbol{x}')\approx P(\omega_i\,|\,\boldsymbol{x})$，因此最近邻决策是真实概率的一个有效近似。

关于最近邻决策的错误率，有以下结论。设 N 个样本下的最近邻决策的平均错误率为 $P_N(e)$，即

$$P_N(e)=\int P(e\,|\,\boldsymbol{x})p(\boldsymbol{x})\mathrm{d}\boldsymbol{x} \tag{4-68}$$

定义最近邻决策的渐进平均错误率 P 为当 $N\to\infty$ 时 $P_N(e)$ 的极限，即

$$P=\lim_{N\to\infty}P_N(e) \tag{4-69}$$

则可以证明，存在关系

$$P^*\leqslant P\leqslant P^*\left(2-\frac{c}{c-1}P^*\right)\leqslant 2P^* \tag{4-70}$$

式中：P^* 为贝叶斯决策错误率，也就是理论上的最小错误率；c 为类别数。这个结论说明，最近邻决策的渐进平均错误率最差不会超过两倍的贝叶斯决策错误率，而最好可以接近或达到最小贝叶斯决策错误率。这充分说明了最近邻决策在一定条件下可以获得很好的决策结果，如图 4-13 所示。

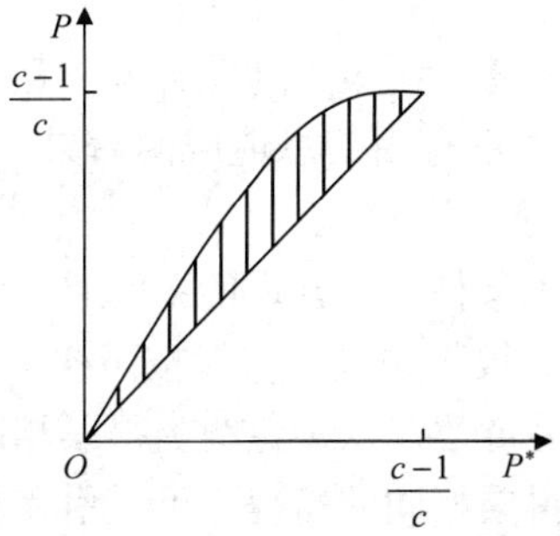

图 4-13　最近邻决策的渐进平均错误率与贝叶斯决策错误率的关系

需要注意的是，上述结论在样本数趋于无穷时才能成立。当样本数有限时，最近邻

决策通常也可以获得不错的结果，但不一定满足式（4-70）的关系。当样本数太少时，由于样本采集的偶然性太大，难以反映样本真实的内在分布情况，此时最近邻决策也很难有好的结果。

4.7.2 *k*-近邻决策

最近邻决策存在的问题是对样本噪声非常敏感，将决策建立在最近的单个样本上在很多时候风险很大，为此，人们提出了改进的 k-近邻决策方法。所谓 k-近邻决策，也就是判断的依据不仅是距离最近的样本，而且是来自相近的 k 个样本，相应的决策规则修改为多数投票原则。当 $k=1$ 时，k-近邻决策就是最近邻决策，所以最近邻决策是 k-近邻决策的特例，也称为 1-近邻决策。

k-近邻决策的判别函数描述如下。假设已经找到待判别样本周边的 k 个近邻样本，经统计，它们属于 $\omega_i(i=1,2,\cdots,c)$ 的样本数分别为 $k_i(i=1,2,\cdots,c)$，则属于第 ω_i 类的判别函数，有

$$g_i(\boldsymbol{x})=k_i,\ i=1,2,\cdots,c \tag{4-71}$$

决策规则为

$$若 g_k(\boldsymbol{x})=\max_{i=1,2,\cdots,c} g_i(\boldsymbol{x}),\ 则 \boldsymbol{x}\in\omega_k \tag{4-72}$$

k-近邻决策生成的决策边界比最近邻决策更为复杂，对其进行的理论分析同样可以得到相似的渐进错误率结论，即其仍然满足式（4-70）的错误率上下界关系。

k 值的选择对于 k-近邻决策的结果有重大影响。k-近邻决策也可以看作一种从样本中估计后验概率 $P(\omega_i|\boldsymbol{x})$ 的方法，k_i/k 可看作对 $P(\omega_i|\boldsymbol{x})$ 的一种近似估计。根据第 2 章关于概率密度函数估计的分析可知，为了得到可靠估计，希望 k 越大越好。另外，又希望 $\boldsymbol{x}$ 的 k 个近邻 $\boldsymbol{x}'$ 尽可能地靠近 $\boldsymbol{x}$，这样才能保证 $P(\omega_i|\boldsymbol{x}')$ 尽可能地逼近 $P(\omega_i|\boldsymbol{x})$，因为距离较远的 $\boldsymbol{x}'$ 和 $\boldsymbol{x}$ 的关联性会极大地减弱。基于此，人们又希望 k 个近邻样本所在的邻域尽可能紧凑，因此训练样本有限时，k 值不能选得过大。

较小的 k 值造成的后果是，模型变得复杂，容易发生过拟合，此时模型对噪声比较敏感，样本周边的噪声容易对决策造成干扰；而过大的 k 值，意味着模型变得简单，导致模型学习误差变大，而且更大的邻域也就意味着较多的和 $\boldsymbol{x}$ 相似性较小（距离较远）的样本，也会对决策产生影响，从而造成决策出错。极端情况下，k 如果等于样本数 N，则无论输入什么示例样本，都会将它决策为训练样本中最多的那一类，这是因模型过于简单，忽略了样本所能提供的大量有用信息造成的后果。综上所述，关于 k 值的选取，在训练样本数有限时，需要折中考虑。

实际应用中，在有限的样本条件下，合适的 k 值通常仍然需要依赖累次的试验来进行探寻，它和样本本身的分布有很大关系，一般按照样本总数很小的比例选取可能的 k 值。在两类问题中，k 一般选为奇数，以避免两类得票相同，而导致不能决策的情况出现。在多类情况下，如果出现得票相同的情况，可以引入拒绝决策机制，或引入其他策略来改进 k-近邻决策方法。例如，根据样本距离远近进行加权，使距离较近（相似性大）的样本拥有更大的投票权；也可以根据邻近样本分布密度，自适应调节 k 值等。

4.7.3　近邻法的改进算法

近邻决策作为一种非模型驱动的方法，避免了复杂的模型构建和参数学习问题，是一种简单实用的分类器设计方法，很多情况下，也是一种性能不错的方法。但正是因为没有从样本中抽取出模型，因此需要记录下所有的样本信息，以便在进行决策时，计算待测样本和每一个训练样本的距离或相似度并进行比较排序，其计算和存储代价都很大，尤其是当样本规模很大、特征空间维数很高时，这对于近邻决策的实际应用造成了不利影响。为了降低计算量，减少存储成本，研究人员提出很多的改进算法，其中比较经典的算法有近邻法的快速算法、剪辑近邻法和压缩近邻法。

1. 近邻法的快速算法

对于近邻决策来说，寻找近邻样本实际上是一个搜索求解的过程，如果采用简单的穷举或暴力搜索的方式求解，则在对样本间距离进行计算和排序的过程中，如果样本很多且特征空间维数较高，会使算法的计算量非常大，严重时会导致算法无法实际应用。因此，如果想快速找到最优解，两种常见的解决思路是：①样本预组织结构；②样本剪辑。

样本预组织结构，通常的做法是采用一定的方式将样本划分成多个层次化的子集，并构成搜索树。其基本思想是，将已知样本按一定的形式组织成若干子集，并形成树状结构，其中节点代表子集。最终基于树状结构依序与节点进行比较，通过对节点特性的快速判断，排除不可能包含近邻样本的子集。这种处理方式，可以避免待判别样本和每一个已知样本进行比较，从而大大加快搜索效率。

上述方法的关键是如何预先组织和划分样本子集，其中具体做法很多，如聚类划分、层级拆分等。下面介绍一种基于分支定界思想设计的快速近邻算法。

设已知样本集 $T=\{\boldsymbol{x}_1,\boldsymbol{x}_2,\cdots,\boldsymbol{x}_N\}$，需要从中寻找待判别样本 $\boldsymbol{x}$ 的 k 个近邻。以最近邻 $k=1$ 为例，方法的原理如下。

第一步，首先将样本进行层级分解。

将 T 分为 l 个子集，每个子集再分解为 l 个子集，如此操作，得到如图 4-14 所示的树状结构，其中每一个节点都代表一部分样本，而且对于某节点 p，用以下信息来描述。

$\mathcal{X}_p$：节点 p 所包含的样本子集；N_p：$\mathcal{X}_p$ 中的样本数；M_p：$\mathcal{X}_p$ 中样本的均值中心；$D(\boldsymbol{x},M_p)$：样本 $\boldsymbol{x}$ 到均值中心 M_p 的距离；r_p：$\mathcal{X}_p$ 中样本离均值中心 M_p 最远的距离，$r_p=\max\limits_{x_i\in\mathcal{X}_p}D(\boldsymbol{x}_i,M_p)$。

第二步，按照树状结构进行搜索，找到最近邻样本。

为了提高搜索效率，可以引入下述两条规则来判断 $\boldsymbol{x}$ 的最近邻样本是否在节点 $\mathcal{X}_p$ 中。

规则 1：如果存在

$$D(\boldsymbol{x},M_p)>B+r_p \tag{4-73}$$

则 $\boldsymbol{x}$ 的最近邻样本不可能在 $\mathcal{X}_p$ 中。其中，B 是算法在搜索过的样本中，暂时找到的离 $\boldsymbol{x}$ 最近样本的距离。依据该规则，只需要计算一次 $\boldsymbol{x}$ 到 M_p 的距离即可直接判断 $\mathcal{X}_p$ 中是否可能存在最近邻样本，如图 4-15 所示。

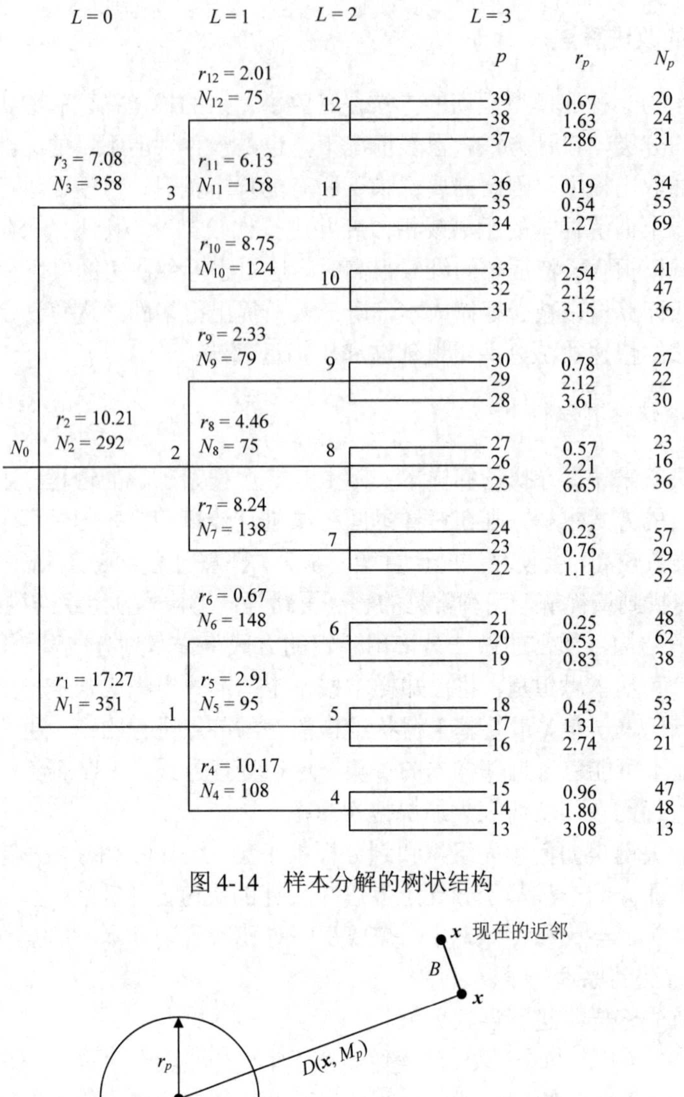

图 4-14 样本分解的树状结构

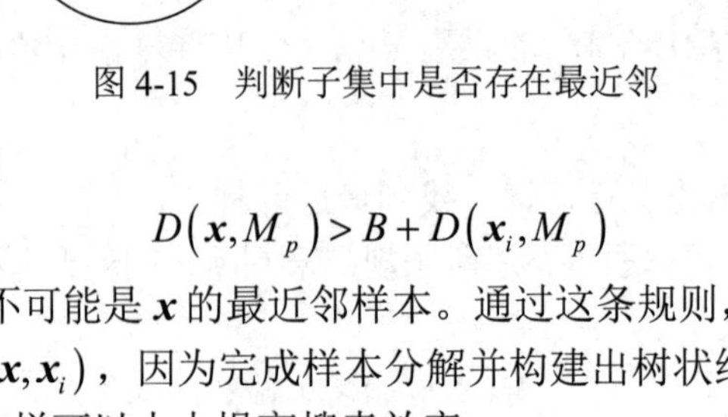

图 4-15 判断子集中是否存在最近邻

规则 2：如果存在

$$D(\boldsymbol{x},M_p) > B + D(\boldsymbol{x}_i,M_p) \tag{4-74}$$

其中，$\boldsymbol{x}_i \in \mathcal{X}_p$，则 $\boldsymbol{x}_i$ 不可能是 $\boldsymbol{x}$ 的最近邻样本。通过这条规则，可以避免在线对 $\mathcal{X}_p$ 中每一个样本 $\boldsymbol{x}_i$ 计算 $D(\boldsymbol{x},\boldsymbol{x}_i)$，因为完成样本分解并构建出树状结构后，$D(\boldsymbol{x}_i,M_p)$ 可以预先计算并存储好，这样可以大大提高搜索效率。

依据树状结构和上述两条规则，设计的搜索算法如下。

步骤 1：初始化。设 $B \to \infty$，$L=0$，$p=0$，待判别样本为 $\boldsymbol{x}$。

步骤 2：将当前节点的所有直接后继节点存储在目录表中，并对这些节点计算 $D(\boldsymbol{x},M_p)$。

步骤 3：对步骤 2 中的每一个节点 p，根据规则 1，如果有 $D(\boldsymbol{x},M_p)>B+r_p$，则从目录表中删除节点 p。

步骤 4：如果步骤 3 中目录表已没有节点，则后退到前一水平，置 $L=L-1$。如果 $L=0$ 则算法结束；否则，转到步骤 3。

步骤 5：根据 $D(\boldsymbol{x},M_p)$ 的最小值，从目录表中选择最近节点 p' 作为当前执行节点，从目录表中删去 p'。如果当前是最终水平，则转到步骤 6；否则，置 $L=L+1$，转到步骤 2。

步骤 6：对当前执行节点 p' 中的每一个样本 $\boldsymbol{x}_i$，根据规则 2，如果

$$D(\boldsymbol{x},M_p)>B+D(\boldsymbol{x}_i,M_p)$$

则 $\boldsymbol{x}_i$ 不可能是 $\boldsymbol{x}$ 的最近邻，不计算 $D(\boldsymbol{x},\boldsymbol{x}_i)$；否则，计算 $D(\boldsymbol{x},\boldsymbol{x}_i)$。若 $D(\boldsymbol{x},\boldsymbol{x}_i)<B$，则保存 $\boldsymbol{x}_{NN}=\boldsymbol{x}_i$，$B=D(\boldsymbol{x},\boldsymbol{x}_i)$。当前执行节点每一个 $\boldsymbol{x}_i$ 检验完后，转到步骤 3。

算法结束后，最终输出最近邻样本 $\boldsymbol{x}_{NN}$ 和最近邻距离 B。

上述算法修正后也可用于 k-近邻搜索。为此需要将 B 修正为 $\boldsymbol{x}$ 到第 k 个近邻的距离。在步骤 6 中每计算一个距离后，与当前执行近邻表中的 k 个近邻距离相比较，若新计算的距离小于近邻表中任何一个时，则替换近邻表中最大的一个。

当然还有一个值得关注的问题是，树的结构应该如何设计，也就是分级数与分支数多少比较合适，这涉及节点的数量和最终节点的样本数，前者关系到节点搜索规模，后者关系到最终 $D(\boldsymbol{x},\boldsymbol{x}_i)$ 的计算量，如何设置需要根据实际样本数去衡量。

除了上述方法外，KD 树（k-dimension tree）也是一种常见的可用于快速搜索求解的预组织样本结构的方法。KD 树构建的是一种二叉树，可以实现对 K 维空间的划分，其每一个节点对应一个 K 维超矩形区域。关于 KD 树及其快速搜索算法参见相关文献。

2. 剪辑近邻法

减少近邻法计算量的另一种途径是做样本剪辑，比较常见的有两种做法：一种是去除边界混叠区域容易误导决策的样本，另一种是去除样本内部区域不能提供更多决策信息的冗余样本。

在类之间的样本分布区域，通常混杂有来源不同的模式类训练样本，一旦训练样本含有噪声，就很容易偏离最佳决策边界，进入异类区域，这些样本很容易误导决策。剪辑近邻法就是期望去除边界混叠区域的样本，一种具体做法是将样本分成训练集 $\mathcal{X}_{\text{tr}}$ 和测试集 $\mathcal{X}_{\text{te}}$，然后利用训练集 $\mathcal{X}_{\text{tr}}$ 中的样本对测试集 $\mathcal{X}_{\text{te}}$ 进行近邻决策，去掉 $\mathcal{X}_{\text{te}}$ 中被错分的样本，最终保留下来的样本构成剪辑样本集 $\mathcal{X}_{\text{E}}$，用于对未来样本的近邻分类决策。

为了降低单次样本划分的偶然性影响，在样本数较多时，可以采用多重剪辑算法，具体步骤如下：

（1）将样本集随机划分为 s 个子集，即 $\mathcal{X}_1,\mathcal{X}_2,\cdots,\mathcal{X}_s$。

（2）依次用 $\mathcal{X}_2$ 对 $\mathcal{X}_1$ 分类，$\mathcal{X}_3$ 对 $\mathcal{X}_2$ 分类，$\cdots$，$\mathcal{X}_s$ 对 $\mathcal{X}_{s-1}$ 分类，$\mathcal{X}_1$ 对 $\mathcal{X}_s$ 分类。

（3）从各子集中去掉第（2）步中被错分的样本。

（4）混合第（3）步中的剩余样本，形成新的样本集 $\mathcal{X}_E$。

（5）用 $\mathcal{X}_E$ 替换原来的样本集，转到第（1）步。如果在上一轮的迭代中没有任何样本被去除，则算法终止，保留最后的 $\mathcal{X}_E$ 作为近邻决策的样本集。

经过多轮迭代的反复剪辑，交叠区的样本被大量清理，决策边界也变得简单。图 4-16 所示为某人工生成的数据集经过 1 次、3 次及多次剪辑后的样本集分布情况。

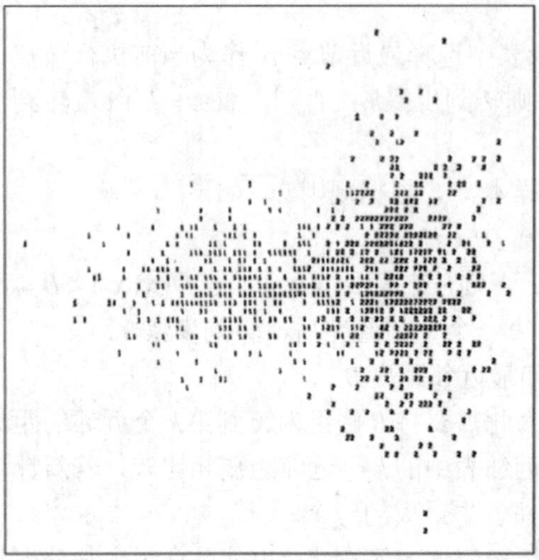

（a）原始样本集

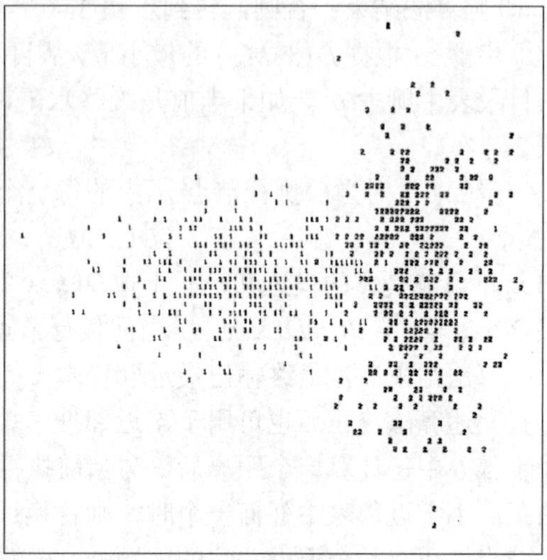

（b）经过 1 次剪辑的样本集

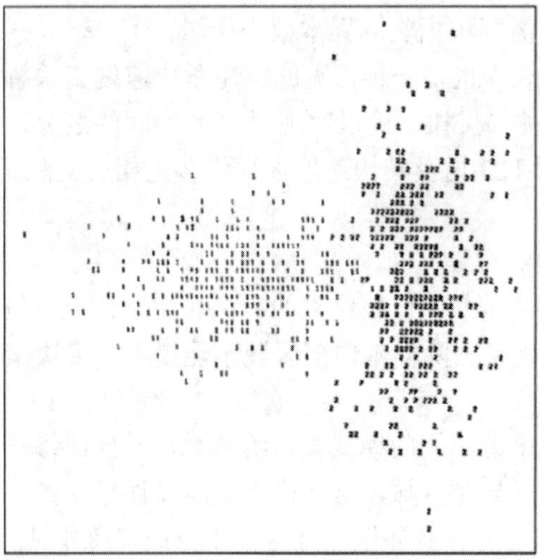

（c）经过 3 次剪辑的样本集

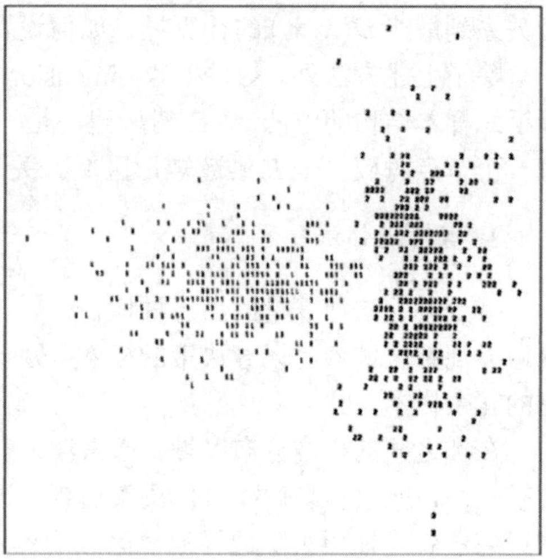

（d）算法终止时的样本集

图 4-16 重复剪辑近邻实验

3. 压缩近邻法

采用近邻决策时可以观察到，大量远离边界的样本实际上对最终的分类并不提供帮助，也不影响最终的决策面。对于近邻决策来说，它们相当于冗余样本，因此如果可以移除这样的样本，则能够大大减少样本的存储空间，也会极大降低近邻决策的计算量。

这种做法称为压缩近邻法。

压缩近邻法的具体做法：将样本分成储存集 $\mathcal{X}_C$ 和备选集 $\mathcal{X}_B$，算法开始阶段，$\mathcal{X}_C$ 中只有一个样本，其余样本均在 $\mathcal{X}_B$ 中。用 $\mathcal{X}_C$ 中的样本对 $\mathcal{X}_B$ 中的样本进行近邻分类，如果能够被正确分类，则保留该样本在 $\mathcal{X}_B$ 中，否则将该样本移入 $\mathcal{X}_C$ 中，依此类推，并循环迭代，直到再也没有样本需要搬移为止。最终的 $\mathcal{X}_C$ 用于对未知样本进行分类。

压缩近邻法在不牺牲分类准确率的前提下，能够大大减少训练样本的存储空间，如果和剪辑近邻法配合使用，可以更好地提高算法的效果。尽管剪辑近邻法和压缩近邻法都对样本进行了剪辑，但是并不会弱化近邻决策的性能。可以证明，剪辑近邻法的渐进错误率近似等于贝叶斯错误率。在一些例子中，也可以观察到，压缩近邻法的决策面接近贝叶斯分类面，因此其分类性能是有保障的。图 4-17 所示为某两类样本经过多次重复剪辑和压缩后的样本分布及其决策面情况。

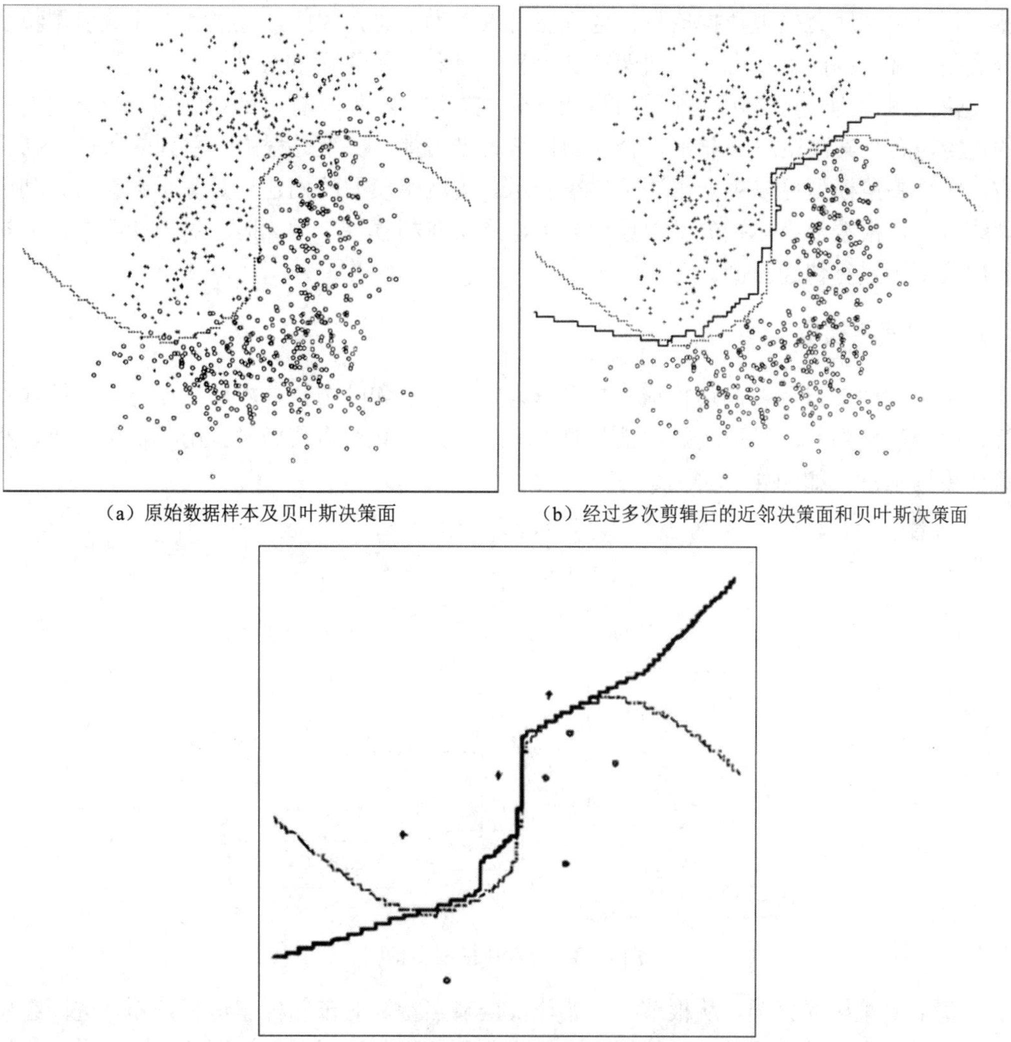

（a）原始数据样本及贝叶斯决策面

（b）经过多次剪辑后的近邻决策面和贝叶斯决策面

（c）多重剪辑和压缩后的近邻决策面

图 4-17　结合剪辑与压缩策略的近邻决策示例

4.8 决 策 树

日常生活中，很多时候用于描述事物的特征是非数值型的，如性别、颜色、民族、职业等，对其只能比较相同或不相同，不能比较大小，称为名义特征（nominal feature）；有一些特征虽然是数值，如序号、等级等，但是不能看作欧氏空间的数值，称为序数特征（ordinal feature）；还有一些数值特征，如年龄、温度等，在某些问题中，它们和目标之间呈现明显的非线性，例如，某些疾病在不同年龄段有很大差异，物体性质在不同温度区间有显著变化等，在这些问题中，这些特征也不能当作普通的数值特征，需要分区段处理，因此称其为区间（interval）数据。如果要采用前面介绍的方法设计分类器，则需要将上述非数值型特征转化为数值型特征。尽管有办法将非数值型特征转化为数值型特征，但相应地会损失数据信息，也可能引入人为信息，因此，直接利用非数值型特征分类是一种更好的解决办法。决策树就是其中一种广泛采用的方法。

决策树作为一种常用的非数值型特征分类方法，不仅具有可解释性强、分类速度快的优点，而且其决策思想非常符合人的日常思维习惯，决策过程由一系列的条件判断构成，整个决策模型可以用一个决策树来表示。决策树模型的构建也是基于数据的，利用训练数据，根据最小化损失函数原则即可建立决策树模型。预测时，对未知样本，直接利用决策树进行快速推断。

4.8.1 决策树模型

决策树由节点和有向边构成，节点分为内部节点和叶节点，内部节点对应属性或特征，用于条件判断，最顶层的内部节点称为根节点；叶节点代表类，用于输出决策。决策树模型示意图如图 4-18 所示。

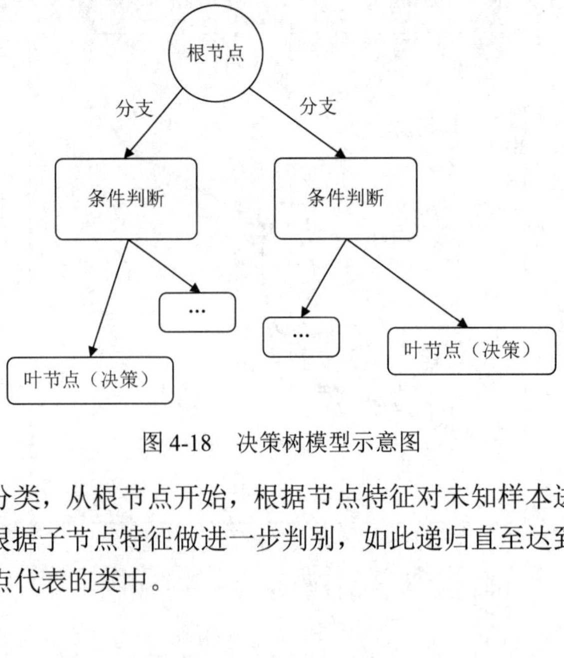

图 4-18 决策树模型示意图

基于决策树的分类，从根节点开始，根据节点特征对未知样本进行判断，进而经由分支到子节点，再根据子节点特征做进一步判别，如此递归直至达到叶节点，最终将未知样本归属到叶节点代表的类中。

如何从给定的样本中构建一个决策树模型，能够对实例正确分类是决策树学习需要解决的问题。决策树学习的本质是从训练数据归纳出一组分类规则，进而利用规则构建出决策树。一般情况下，能够对训练样本正确分类的决策树不是唯一的，通常需要找到与训练数据最为契合（冲突最小）同时具有很好泛化能力的决策树。

4.8.2　构建决策树

构建决策树包括 3 个步骤，即特征选择、决策树生成和决策树修剪。

1. 特征选择

选择什么样的特征以及采用何种特征顺序来构建决策树，是决策树构建首先需要解决的问题，因为需要明确什么样的特征有利于分类，以及如何提高决策树的学习效率。

表 4-1 是一个由 15 个样本组成的贷款申请训练数据。数据包括贷款申请人的 4 个特征（属性）：第一个特征是年龄，有 3 个可能值，即青年、中年、老年；第 2 个特征是有工作，有 2 个可能值，即是、否；第 3 个特征是有自己的房子，有 2 个可能值，即是、否；第 4 个特征是信贷情况，有 3 个可能值，即非常好、好、一般。表的最后一列是类别，是否同意贷款，有 2 个取值，即是、否。

表 4-1　贷款申请训练数据表

ID	年龄	有工作	有自己的房子	信贷情况	是否同意贷款
1	青年	否	否	一般	否
2	青年	否	否	好	否
3	青年	是	否	好	是
4	青年	是	是	一般	是
5	青年	否	否	一般	否
6	中年	否	否	一般	否
7	中年	否	否	好	否
8	中年	是	是	好	是
9	中年	否	是	非常好	是
10	中年	否	是	非常好	是
11	老年	否	是	非常好	是
12	老年	否	是	好	是
13	老年	是	否	好	是
14	老年	是	否	非常好	是
15	老年	否	否	一般	否

希望通过所给的训练数据学习一个贷款申请审批的决策树，用于对未来的贷款申请进行分类，即当新的客户提出贷款申请时，根据申请人的特征，利用决策树决定是否批准贷款申请。

图 4-19 所示为从表 4-1 所列数据学习到的两个可能的决策树，分别由两个不同特征的根节点构成。图 4-19（a）所示的根节点的特征是年龄，有 3 个取值，对应于不同的

取值有不同的子节点。图 4-19（b）所示的根节点的特征是有工作，有 2 个取值，对应于不同的取值有不同的子节点。两个决策树都可以从此延续下去。问题是：究竟选择哪个特征更好？这就要求确定选择特征的准则。

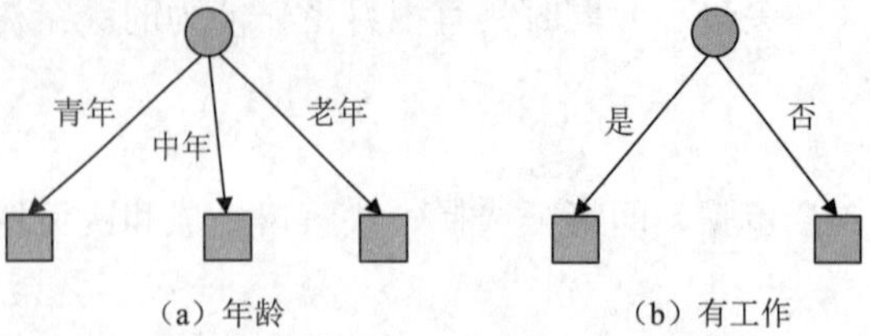

图 4-19 不同特征决定的不同决策树

直观上，一个特征如果能够将不同的样本区分开，则该特征具有分类鉴别能力，相反由某个特征对训练样本分成的子集中，各类样本没有明显的比例差别，则该特征不能提供有利的分类信息。也就是说，某个特征分成的样本子集包含单一类别样本的纯度越高，则认为该特征越有利于分类，其分类鉴别能力越强，优先选用这样的特征构建决策树。

信息增益是常用的特征选择依据。根据信息论和概率统计理论，熵是描述事件不确定性的度量，如果一个事件有 k 种结果，每一种结果的概率为 $P_i(i=1,2,\cdots,k)$，则对该事件进行观察后获得的信息可以用熵来衡量，即

$$I=-\sum_{i=1}^{k}P_i\log P_i \tag{4-75}$$

熵表示事件的不确定性度量。例如，当决策树的某个节点包含 4 类样本，且 4 类样本比例相同，各占 1/4，则该节点的样本不确定性为

$$I=-4\times0.25\times\log0.25=2$$

如果当前节点只包含两类样本且数量相同，则

$$I=-2\times0.5\times\log0.5=1$$

此时样本的不确定性减小。如果该节点只含某一类样本，其他 3 类样本出现概率为 0，则

$$I=-1\times\log1=0$$

此时样本没有不确定性。

熵指标实际上衡量了样本中的不确定性程度，对应于决策树的节点来说，也就是描述了由该节点分类后分类结果的不确定性。从信息获取的角度来理解：第一种情况，无法决策未知样本到底属于哪一类，此时的决策不会优于随机决策的结果，也就是该节点不能提供任何有利于分类的判别信息；第二种情况，样本只有两种类别，尽管最终判决仍然困难，但是排除了其他两种类别可能，因此提供了一定的判别信息；第三种情况，根据当前信息可以完全确定样本类别，不含任何不确定性。

随着决策树的构建，从根节点到叶节点的熵不确定性是逐步减小的，叶节点只包含单一类别样本，没有不确定性。根节点特征以及构建过程中每一个子节点特征的选择都需要依据最大程度减少或最快降低不确定性为准则。根据熵不确定性，构建决策树常用的特征选择依据是信息增益，表示得知特征 X 的信息使类 Y 的信息不确定性减少的程度。

特征 X 对训练数据集 D 的信息增益 $\Delta I(D,X)$ 定义为数据集 D 的经验熵 $I(D)$ 和给定特征 X 下 D 的经验条件熵 $I(D|X)$ 之差，即

$$\Delta I(D,X)=I(D)-I(D|X) \tag{4-76}$$

根据信息增益准则，对训练数据集 D 计算每个特征的信息增益，选择信息增益最大的特征。

例 4-2　对表 4-1 所给的训练数据集 D，根据信息增益准则选择最优特征。

解　首先计算经验熵 $I(D)$。

$$I(D)=-\frac{9}{15}\log_2\frac{9}{15}-\frac{6}{15}\log_2\frac{6}{15}=0.971$$

然后计算各特征对数据集 D 的信息增益。分别以 A_1、A_2、A_3、A_4 表示年龄、有工作、有自己的房子和信贷情况 4 个特征，则

（1）

$$\begin{aligned}\Delta I(D,A_1)&=I(D)-\left[\frac{5}{15}I(D_1)+\frac{5}{15}I(D_2)+\frac{5}{15}I(D_3)\right]\\&=0.971-\left[\frac{5}{15}\left(-\frac{2}{5}\log_2\frac{2}{5}-\frac{3}{5}\log_2\frac{3}{5}\right)\right.\\&\quad\left.+\frac{5}{15}\left(-\frac{3}{5}\log_2\frac{3}{5}-\frac{2}{5}\log_2\frac{2}{5}\right)+\frac{5}{15}\left(-\frac{4}{5}\log_2\frac{4}{5}-\frac{1}{5}\log_2\frac{1}{5}\right)\right]\\&=0.971-0.888=0.083\end{aligned}$$

这里 D_1、D_2、D_3 分别是 D 中 A_1（年龄）取值为青年、中年和老年的样本子集。类似地，有

（2）

$$\begin{aligned}\Delta I(D,A_2)&=I(D)-\left[\frac{5}{15}I(D_1)+\frac{10}{15}I(D_2)\right]\\&=0.971-\left[\frac{5}{15}\times 0+\frac{10}{15}\left(-\frac{4}{10}\log_2\frac{4}{10}-\frac{6}{10}\log_2\frac{6}{10}\right)\right]=0.324\end{aligned}$$

（3）

$$\begin{aligned}\Delta I(D,A_3)&=0.971-\left[\frac{6}{15}\times 0+\frac{9}{15}\left(-\frac{3}{9}\log_2\frac{3}{9}-\frac{6}{9}\log_2\frac{6}{9}\right)\right]\\&=0.971-0.551=0.420\end{aligned}$$

（4）

$$\Delta I(D,A_4)=0.971-0.608=0.363$$

最后，比较各特征的信息增益值。由于特征 A_3（有自己的房子）的信息增益值最大，所以选择特征 A_3 作为最优特征。

以信息增益作为划分样本的特征，会倾向于选择取值较多的特征，为校正这一问题，也可以使用信息增益比 $\Delta I_R(D,X)$ 为特征选择准则。

$$\Delta I_R(D,X)=\frac{\Delta I(D,X)}{I(D|X)} \tag{4-77}$$

除了采用香农（Shannon）熵作为不确定性度量外，其他常用的不确定性度量还有 Gini 不纯度度量和误差不纯度度量。多数情况下，上述不同度量对于分类结果影响并不大。

Gini 不纯度，即

$$I_{\mathrm{G}}(D)=1-\sum_{j=1}^{k}P^2(\omega_j) \tag{4-78}$$

误差不纯度，即

$$I_{\mathrm{E}}(D)=1-\max_j P(\omega_j) \tag{4-79}$$

2. 决策树生成

构建决策树的经典算法有 ID3 算法、C4.5 算法和 CART 算法。

1）ID3 算法

ID3 算法采用信息增益准则选择特征。具体做法是：从根节点开始，计算节点对于所有特征的信息增益，优先选择具有最大信息增益的特征作为当前节点的判别特征，并根据该特征的取值划分样本，建立子节点；继续对子节点做上述处理，做进一步划分，构建出决策树。决策树在构建过程中，如果遇到以下 3 种情况，则节点不再往下生长：①当前节点只包含同类样本，无须划分；②没有可用的判别特征，或者对于剩下的特征，样本取值都相同，无法划分；③当前节点包含的样本集为空，不能划分。

ID3 决策树生成算法如下。

输入：训练数据集 $D=\{(x_1,y_1),(x_2,y_2),\cdots,(x_n,y_n)\}$，特征集 $A=\{a_1,a_2,\cdots,a_d\}$

输出：决策树 T

步骤 1：如果当前节点中样本均属于同一类 C_k，则标记为叶节点，返回 T，并将 C_k 作为该节点的类标记。

步骤 2：若当前节点可用特征集 $A=\varnothing$ 或样本在 A 上取值相同，则标记为叶节点，返回 T，并将节点中样本最多的类别作为该节点的类标记。

步骤 3：否则从 A 中选择信息增益最大的特征 a^*，按照该特征的取值将样本做划分并生成子节点 D^v，同时从 A 中移除 a^*。

步骤 4：如果子节点 D^v 为空，则将子节点标记为叶节点，其父节点中样本最多的类别作为该节点的类标记，返回 T。

步骤 5：否则递归调用步骤 1～步骤 4，生成决策树 T。

2）C4.5 算法

由于 ID3 算法进行特征选取时采用的是信息增益准则，倾向于选择取值较多的特征。因为取值较多，意味着节点对样本的划分比较精细，样本相对纯净，但是可能导致模型过拟合，极端情况下会出现每一个样本对应一个叶节点，此时决策树变成单纯的记忆模型，没有任何泛化能力。

例如，用表 4-1 所列数据构建一个分类客户的决策树，如果将 ID 编号也作为特征，由于 ID 编号对于客户来说具有唯一性，如果单纯考虑信息增益准则，构建出来的决策树就是按照 ID 编号进行单次判别的决策树，而该模型显然无法对未知客户进行判别，也就是模型没有任何泛化能力。而且根据常识可知，ID 编号是人为编码信息，并不包含任何有利于鉴别客户的有用信息。

为解决这一问题，C4.5 算法采用了式（4-77）的信息增益比准则。当特征取值较多时，式（4-77）的分母变大，增益比则变小，因此加入分母项 $I(D)$ 后，实际上在特征选择上做了一个规范化。

C4.5 算法与 ID3 算法类似，只要在步骤 3 的特征选择准则上稍作改动即可。

C4.5 决策树生成算法如下。

输入：训练数据集 $D=\{(x_1,y_1),(x_2,y_2),\cdots,(x_n,y_n)\}$，特征集 $A=\{a_1,a_2,\cdots,a_d\}$

输出：决策树 T

步骤 1：如果当前节点中样本均属于同一类 C_k，则标记为叶节点，返回 T，并将 C_k 作为该节点的类标记。

步骤 2：若当前节点可用特征集 $A=\varnothing$ 或样本在 A 上取值相同，则标记为叶节点，返回 T，并将节点中样本最多的类别作为该节点的类标记。

步骤 3：否则从 A 中选择信息增益比最大的特征 a^*，按照该特征的取值将样本做划分并生成子节点 D^v，同时从 A 中移除 a^*。

步骤 4：如果子节点 D^v 为空，则将子节点标记为叶节点，其父节点中样本最多的类别作为该节点的类标记，返回 T。

步骤 5：否则递归调用步骤 1～步骤 4，生成决策树 T。

值得注意的是，由于信息增益比倾向于选择取值较少的特征，因此在实际应用时，C4.5 算法通常也不是简单地选择信息增益比最大的特征，而是先选择信息增益高于平均水平的特征，再从中选择信息增益比最大的特征。

3）CART 算法

CART 算法和 ID3、C4.5 算法不一样的是，其采用基尼系数（Gini coefficient）作为特征选择的准则，同时整个算法由决策树生成和决策树剪枝两步组成。CART 采用二叉树结构，用递归的方式二分每个特征。每一个内部节点特征取值为“是”和“否”，左分支对应取值为“是”的分支，右分支对应取值为“否”的分支。CART 的具体算法参见相关文献，在此不再展开介绍。

3. 决策树修剪

为了使训练样本尽可能正确分类，决策树在学习过程中，有时会造成决策树分支过多，从而产生“过拟合”的问题。为了避免过拟合，并确保决策树的泛化能力，通常需要采用剪枝的手段来降低“过拟合”的风险。

剪枝的策略有两种：一种是预剪枝，另一种是后剪枝。预剪枝就是在生成决策树的过程中，先预估某个节点的划分是否会带来泛化性能的提升，若不能带来性能提升，则不再继续划分，将当前节点标记为叶节点；后剪枝则是先根据训练集生成一棵完整的决策树，再按照自底向上的顺序对中间节点进行观察，如果将该中间节点对应的子树替换为叶节点能够带来决策树泛化性能的提升，则将该子树替换为叶节点。

为了评估泛化性能，通常可以采用留出法，即预留一部分样本作为校验集，而决策树对校验集的分类性能作为决策树泛化性能的估计。

1）预剪枝

例 4-3 表 4-2 是引自周志华编写的《机器学习》一书中的西瓜分类数据集，要求采用预剪枝技术生成决策树。

表 4-2 西瓜数据集 2.0 划分出的训练集（上部分）与校验集（下部分）

编号	色泽	根蒂	敲声	纹理	脐部	触感	好瓜
			训练集				
1	青绿	蜷缩	浊响	清晰	凹陷	硬滑	是
2	乌黑	蜷缩	沉闷	清晰	凹陷	硬滑	是
3	乌黑	蜷缩	浊响	清晰	凹陷	硬滑	是
6	青绿	稍蜷	浊响	清晰	稍凹	软黏	是
7	乌黑	稍蜷	浊响	稍糊	稍凹	软黏	是
10	青绿	硬挺	清脆	清晰	平坦	软黏	否
14	浅白	稍蜷	沉闷	稍糊	凹陷	硬滑	否
15	乌黑	稍蜷	浊响	清晰	稍凹	软黏	否
16	浅白	蜷缩	浊响	模糊	平坦	硬滑	否
17	青绿	蜷缩	沉闷	稍糊	稍凹	硬滑	否
			检验集				
4	青绿	蜷缩	沉闷	清晰	凹陷	硬滑	是
5	浅白	蜷缩	浊响	清晰	凹陷	硬滑	是
8	乌黑	稍蜷	浊响	清晰	稍凹	硬滑	是
9	乌黑	稍蜷	沉闷	稍糊	稍凹	硬滑	否
11	浅白	硬挺	清脆	模糊	平坦	硬滑	否
12	浅白	蜷缩	浊响	模糊	平坦	软黏	否
13	青绿	稍蜷	浊响	稍糊	凹陷	硬滑	否

基于信息增益准则，可以选取属性“脐部”对训练集进行划分，并产生 3 个分支，如图 4-20 所示。然而，是否应该进行这个划分，要看预剪枝对划分前后的泛化性能进行的估计。

在划分之前，所有样例集中在根节点。若不进行划分，则根据算法，该节点将被标记为叶节点，其类别标记为训练样例数最多的类别，假设将这个叶节点标记为“好瓜”。用表 4-2 的验证集对这个单节点决策树进行评估，则编号为{4，5，8}的样例分类正确，另外 4 个样例分类错误，于是，验证集精度为 $\frac{3}{7}\times 100\%=42.9\%$。

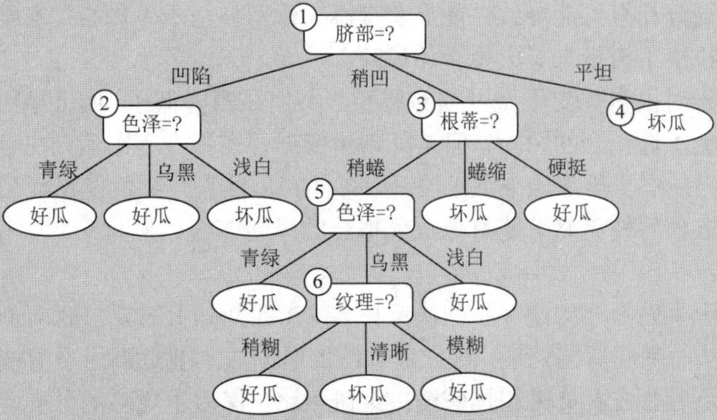

图 4-20　基于表 4-2 中训练集生成的未剪枝决策树

在用属性“脐部”划分之后，图 4-21 中的节点②、③、④分别包含编号为{1, 2, 3, 14}、{6, 7, 15, 17}、{10, 16}的训练样例，因此这 3 个节点分别被标记为叶节点“好瓜”“好瓜”“坏瓜”。此时，验证集中编号为{4, 5, 8, 11, 12}的样例被分类正确，验证集精度为 $\frac{5}{7}\times 100\% = 71.4\% > 42.9\%$。于是，确定用“脐部”进行划分。

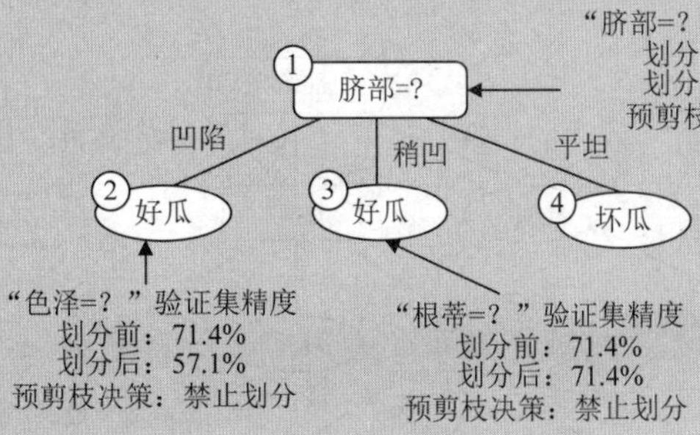

图 4-21　基于表 4-2 中数据生成的预剪枝决策树

然后，决策树算法应该对节点②进行划分，基于信息增益准则，将挑选出划分属性“色泽”。然而，在使用“色泽”划分后，编号为{5}的验证集样本分类结果会由正确转为错误，使验证集精度下降为 57.1%。于是，预剪枝策略将禁止节点②被划分。

对节点③，最优划分属性为“根蒂”，划分后验证集精度仍为 71.4%。这个划分不能提升验证集精度，于是，预剪枝策略禁止节点③被划分。

对节点④，其所含训练样例已属于同一类，不再进行划分。

于是，基于预剪枝策略从表 4-2 所列数据所生成的决策树如图 4-21 所示，其验证集精度为 71.4%。这是一棵仅有一层划分的决策树。

对比图 4-21 和图 4-20 可看出，预剪枝使决策树的很多分支都没有“展开”，这不仅降低了过拟合的风险，还显著减少了决策树的训练时间开销和测试时间开销。然而，有些分支的当前划分虽不能提升泛化性能，甚至可能导致泛化性能暂时下降，但在其基础上进行的后续划分却有可能导致性能显著提高。预剪枝基于“贪心”本质禁止这些分支展开，给预剪枝决策树带来了欠拟合的风险。

预剪枝由于对很多分支不做过细的展开，不但显著降低了训练和测试的时间代价，同时也有效避免了过拟合的风险，但是其判断依据存在不合理因素，在当前展开也许没有性能提升，但并不能排除如果继续展开，可能在后续划分中性能反而又有显著提升的情况，此时采取预剪枝策略可能有导致欠拟合的风险。

2）后剪枝

后剪枝由于事先需要构建完整的决策树，并在此基础上需要自底向上对所有非叶节点进行分析，从而完成剪枝处理，因此其训练的时间成本要远高于不剪枝决策树和预剪枝决策树，但是后剪枝决策树和预剪枝决策树相比，保留了更多的分支，因此其欠拟合风险较小，泛化性能通常优于预剪枝决策树。

后剪枝先从训练集生成一棵完整的决策树，如基于表 4-2 所列数据可以得到图 4-20 所示的决策树。易知，该决策树的验证集精度为 42.9%。

后剪枝首先考察图 4-20 中的节点⑥。若将其领衔的分支剪除，则相当于把⑥替换为叶节点。替换后的叶节点包含编号为{7，15}的训练样本，于是，该叶节点的类别标记为“好瓜”，此时决策树的验证集精度提高至 57.1%。于是，后剪枝策略决定剪枝，如图 4-22 所示。

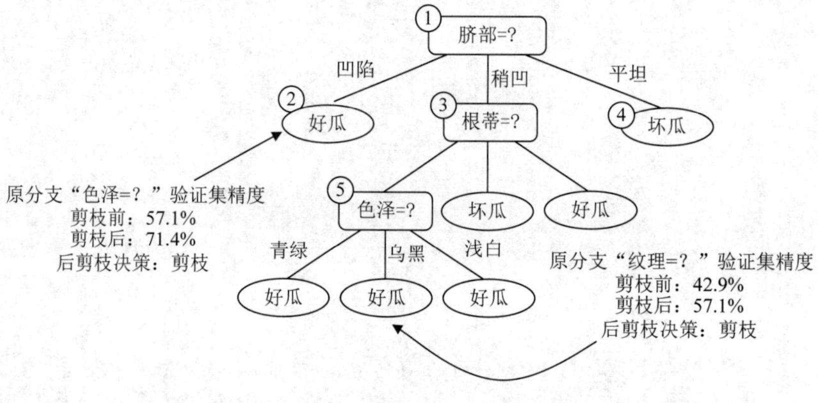

图 4-22 基于表 4-2 中数据生成的后剪枝决策树

然后考察节点⑤，若将其领衔的子树替换为叶节点，则替换后的叶节点包含编号为{6，7，15}的训练样例，叶节点类别标记为“好瓜”。此时，决策树验证集精度仍为 57.1%。于是，可以不进行剪枝。

对节点②，若将其领衔的子树替换为叶节点，则替换后的叶节点包含编号为{1，2，3，14}的训练样例，叶节点标记为“好瓜”。此时，决策树的验证集精度提高至 71.4%。于是，后剪枝策略决定剪枝。

对节点③和①，若将其领衔的子树替换为叶节点，则所得决策树的验证集精度分别为 71.4%与 42.9%，均未得到提高。于是它们被保留。

最终，基于后剪枝策略，从表 4-2 所列数据所生成的决策树如图 4-22 所示，其验证集精度为 71.4%。

对比图 4-22 和图 4-21 可看出，后剪枝决策树通常比预剪枝决策树保留了更多的分支。一般情形下，后剪枝决策树的欠拟合风险很小，泛化性能往往优于预剪枝决策树。但后剪枝过程是在生成完全决策树之后进行的，并且要自底向上地对树中的所有非叶节点进行逐一考察，因此其训练时间开销比未剪枝决策树和预剪枝决策树都要大得多。

虽然前文介绍决策树算法时，都是基于离散属性进行的分析，但是决策树模型改造以后，同样也适用于含有连续属性的数据集，甚至样本属性有缺失的情况也有办法处理。此外，在构建决策树的节点特征判别时，不一定只选用一个特征，也可以通过组合多个特征属性进行判别，从而构建决策面更为复杂的决策树。关于连续属性和缺失属性以及多变量条件下的决策树构建方法原理可以参考相关文献。

4.9* Logistic 回归

对数线性回归示意图如图 4-23 所示。

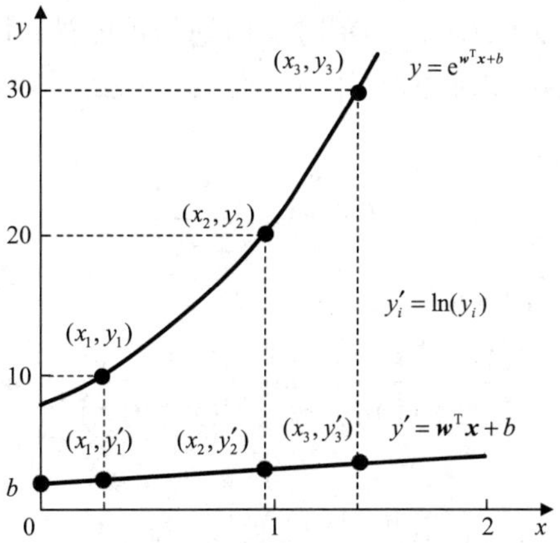

图 4-23 对数线性回归示意图

前面介绍线性模型时，虽然是在样本线性可分的情况下讨论的，但是通过引入联系函数，线性模型也可以用于解决非线性分类问题。联系函数 $g(\cdot)$ 就是将输出 y 和线性函数 $\boldsymbol{w}^{\mathrm{T}}\boldsymbol{x}+b$ 关联起来的函数，即

$$y = g^{-1}\left(\boldsymbol{w}^{\mathrm{T}}\boldsymbol{x}+b\right) \tag{4-80}$$

虽然 y 本身不是 $\boldsymbol{x}$ 的线性函数，但是 $g(y)$ 是 $\boldsymbol{x}$ 的线性函数（图 4-24），即

$$g(y) = \boldsymbol{w}^{\mathrm{T}}\boldsymbol{x}+b \tag{4-81}$$

因此，借助前面的线性分类器学习方法，也可以实现非线性分类器的设计。基于这一思想，本节介绍基于 Logistic 回归的分类器。Logistic 回归也称对数几率回归，其基本原理是利用线性模型去拟合下面的几率函数，即

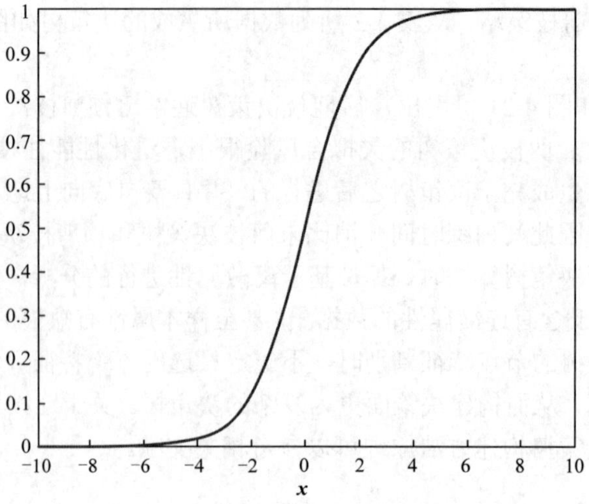

图 4-24 Logistic 函数

$$\ln\left(\frac{P(y|\boldsymbol{x})}{1-P(y|\boldsymbol{x})}\right)=\boldsymbol{w}^{\mathrm{T}}\boldsymbol{x}+b \tag{4-82}$$

式（4-82）中的 $P(y|\boldsymbol{x})$ 表示 $\boldsymbol{x}$ 确定时 y 出现的可能性，$1-P(y|\boldsymbol{x})$ 则表示 $\boldsymbol{x}$ 确定时 y 不出现的可能性，两者的比值称为几率，而式（4-82）左边称为对数几率函数。由此可知

$$P(y|\boldsymbol{x})=\frac{\mathrm{e}^{\boldsymbol{w}^{\mathrm{T}}\boldsymbol{x}+b}}{1+\mathrm{e}^{\boldsymbol{w}^{\mathrm{T}}\boldsymbol{x}+b}} \tag{4-83}$$

在两类问题中，式（4-83）可以写为

$$\ln\left(\frac{P(y=1|\boldsymbol{x})}{1-P(y=1|\boldsymbol{x})}\right)=\ln\left(\frac{P(y=1|\boldsymbol{x})}{P(y=0|\boldsymbol{x})}\right)=\boldsymbol{w}^{\mathrm{T}}\boldsymbol{x}+b \tag{4-84}$$

其决策规则为

$$\ln\left(\frac{P(y=1|\boldsymbol{x})}{P(y=0|\boldsymbol{x})}\right)\gtrless 0,\text{ 则}\begin{cases}\boldsymbol{x}\in\omega_1\\ \boldsymbol{x}\in\omega_2\end{cases} \tag{4-85}$$

为了学习 Logistic 回归分类器中的参数 $\boldsymbol{w}$ 和 b，需要借助最大似然法。给定 n 个独立样本的数据集 $\boldsymbol{X}=\{\boldsymbol{x}_1,\boldsymbol{x}_2,\cdots,\boldsymbol{x}_n\}$，$n$ 个训练样本同时出现的概率为

$$P(\boldsymbol{X})=\prod_{i=1}^{n}P(y_i,\boldsymbol{x}_i)=\prod_{i=1}^{n}P(y_i|\boldsymbol{x}_i)\,p(\boldsymbol{x}_i) \tag{4-86}$$

由于 $p(\boldsymbol{x}_i)$ 和待学习的参数 $\boldsymbol{w}$、b 无关，可以去掉，因此上述概率最大化也就等价于求最优的 $\boldsymbol{w}$、b，使下述对数似然函数有极大值，即

$$l(\boldsymbol{w},b)=\sum_{i=1}^{n}\ln P(y_i|\boldsymbol{x}_i) \tag{4-87}$$

为了便于讨论，令 $\boldsymbol{\beta}=(\boldsymbol{w};b)$，$\hat{\boldsymbol{x}}=(\boldsymbol{x};1)$，则当 $y_i=1$ 时，$\ln P(y_i|\boldsymbol{x}_i)=\boldsymbol{\beta}^{\mathrm{T}}\hat{\boldsymbol{x}}-\ln\left(1+\mathrm{e}^{\boldsymbol{\beta}^{\mathrm{T}}\hat{\boldsymbol{x}}}\right)$；当 $y_i=0$ 时，$\ln P(y_i|\boldsymbol{x}_i)=-\ln\left(1+\mathrm{e}^{\boldsymbol{\beta}^{\mathrm{T}}\hat{\boldsymbol{x}}}\right)$，所以可以合写为

$$\ln P(y_i \mid \boldsymbol{x}_i) = y_i \boldsymbol{\beta}^{\mathrm{T}} \hat{\boldsymbol{x}} - \ln\left(1 + \mathrm{e}^{\boldsymbol{\beta}^{\mathrm{T}} \hat{\boldsymbol{x}}}\right) \tag{4-88}$$

式（4-88）的最大化等价于取反后的最小化，即

$$l(\boldsymbol{\beta}) = \sum_{i=1}^{n} - y_i \boldsymbol{\beta}^{\mathrm{T}} \hat{\boldsymbol{x}} + \ln\left(1 + \mathrm{e}^{\boldsymbol{\beta}^{\mathrm{T}} \hat{\boldsymbol{x}}}\right) \tag{4-89}$$

式（4-89）是关于 $\boldsymbol{\beta}$ 的高阶可导连续凸函数，根据凸优化理论，通过迭代策略，利用经典的梯度下降法、牛顿法等都可以求得其最优解。关于 Logistic 回归更多的理论和应用参见统计学的专著和教材。

本章小结

由于客观世界的复杂性和难以预判性，很多问题实际上不属于线性可分问题，因此非线性模型具有更为普遍的适用性。但是由于观测的局限性，一般情况下，人们难以清晰认识事物的本质规律，也无法预判问题适合哪种非线性模型，因此针对具体问题选择何种非线性模型不是一个容易判断的问题。另外，在对问题缺乏准确把握的情况下，盲目选用非线性模型不一定可以获得好的结果，有时采用简单的线性模型反而可能获得更好的结果。

本章主要介绍了几种经典的非线性模型，包括分段线性模型、二次判别函数、神经网络、支持向量机、核方法、近邻法、决策树和 Logistic 回归等。其中近邻法和决策树是基于数据的模式识别方法，它不需要预设模型的类型，也不需要学习模型参数，只需通过直接对样本数据的分析，即可获得解决分类问题的分类原则或分类规则。而且决策树模型还具有可解释性强、适用于非数值型变量的特点。总的来说，各种非线性模型各有其特点和适用范围，也存在各自的局限性，根据没有免费的午餐（no free lunch，NFL）定理，事实上不存在一种适用于所有问题的理想模型。在选用模型时，人们有必要对事物进行分析和观察，充分了解问题的特点和规律，在此基础上才能确定适合问题的模型，从而更好地解决问题。

习　题

T4.1　已知二维空间的 3 类样本：

$$\omega_1\text{: } [10\ \ 0]^{\mathrm{T}},\ [0\ \ -10]^{\mathrm{T}},\ [5\ \ -2]^{\mathrm{T}}$$
$$\omega_2\text{: } [5\ \ 10]^{\mathrm{T}},\ [0\ \ 5]^{\mathrm{T}},\ [5\ \ 5]^{\mathrm{T}}$$
$$\omega_3\text{: } [2\ \ 8]^{\mathrm{T}},\ [-5\ \ 2]^{\mathrm{T}},\ [10\ \ -4]^{\mathrm{T}}$$

画出采用最近邻决策区分 ω_1、ω_2 和 ω_3 的决策边界，并计算样本均值 $\boldsymbol{m}_1$、$\boldsymbol{m}_2$ 和 $\boldsymbol{m}_3$，在同一张图上画出将样本归类为最近的样本均值所属类别的决策边界。

T4.2　编程实现 k-近邻决策算法，要求 k 值可以动态设置，并利用该算法对 Iris 数据集中 3 类鸢尾花进行分类。

T4.3　编程实现剪辑近邻与压缩近邻算法，并利用编写的算法对 Iris 数据集中 3 类

鸢尾花进行分类。

T4.4 自己编程实现 BP 网络，选择两个 UCI 数据集，分别构建并训练得到 BP 网络分类模型。

T4.5 自己编程实现 ID3 和 C4.5 算法，选择两个 UCI 数据集，分别构建决策树。

T4.6 选择两个 UCI 数据集，分别用线性核和高斯核训练支持向量机，并和 BP 网络、C4.5 决策树进行实验比较。

T4.7 基于表 4-3 所示数据集，通过 Logistic 回归分类器判断未知样本[1.01154,11.219223]、[0.402050,1.739489] 的类别。

表 4-3 已知类别样本数据

ID	x_1	x_2	Label
1	0.089392	−0.715300	1
2	1.825662	12.693808	0
3	0.197445	9.744638	0
4	0.126117	0.922311	1
5	−0.679797	1.220530	1
6	0.677983	2.556666	1
7	0.761349	10.693862	0
8	−2.168791	0.143632	1
9	1.388610	9.341997	0
10	0.317029	14.739025	0

T4.8 从网上下载一个经典的卷积神经网络，并在 MINIST 手写数字识别数据集上进行实验测试。

思 考 题

S4.1 基于模型的和基于数据的非线性模式识别方法各有什么优点和缺点？分别适合什么样的模式识别问题？

S4.2 请思考并总结本章介绍的各种非线性模型的特点、局限性以及各自的适用范围。

第 5 章　特征的选择和变换

5.1　引　　言

特征的获取和分类器设计是构建模式识别系统的两个核心问题。本书前面已经介绍了各种分类器模型和设计方法，都是在假设样本数据集的特征已经获得的前提下，围绕如何设计出好的分类器展开的，但是对于实际问题，首先需要解决的是如何找到有利于分类决策的特征，这是一个不可回避的甚至比分类器设计更为重要的问题，无关的、不好的特征会导致问题求解困难甚至失败。

在对待解决的分类问题缺乏明确认知的情况下，通常人们习惯对对象进行全面观察，从不同视角，采取直接或间接的各种观察手段尽可能获得关于对象的各种信息，所有这些信息构成了描述对象的原始特征。原始特征的获取依赖于具体问题和专业知识，无法进行一般性的讨论。本章要讨论的是如何从已经获得的原始特征中选择或提取出有利于分类的特征。

通常原始特征空间维数很高，其中存在大量的冗余信息，也可能存在和分类问题无关的特征。另外，过多的特征也会产生计算量大、推广能力差等问题。因此，在工程实现时，人们期望在保证性能符合要求的前提下，用尽可能少的特征完成分类，这就引出了特征降维的问题，为了实现特征降维，具体做法有两种：一是特征选择，二是特征提取。特征选择是从原始特征集合中选取一部分特征子集进行分类；而特征提取也叫作特征变换，则是通过适当的变换将原来的 D 个特征转换成 d（$d<D$）个新的特征。

5.2　特征可分性准则

为了确定有利于分类的特征，必须要有特征选取的原则。尽管利用分类器的错误率来选择特征是最直接的想法，但是，这种做法在很多实际问题中难以实行，困难在于即使概率密度函数已知，利用概率密度函数计算分类器的错误率也是非常复杂的；而且在实际问题中，概率密度函数往往是未知的，因此依据理论方法计算分类器的错误率根本不能实现。即便采用测试样本对错误率进行实验估计，也因为需要事先设计出分类器，然后再采用交叉校验等方式进行错误率估计，计算量也不低。因此，在定义特征选取判据时，可以定义便于计算同时和错误率有一定关系的类别可分性判据 J_{ij}，J_{ij} 表示一组特征对于第 i 类和第 j 类样本的可分性，同时作为类别可分性判据的 J_{ij} 需要满足以下几点。

（1）J_{ij} 和错误率（或错误率上界）有单调关系。

（2）类别可分性判据具有可加性，即当特征相互独立时，需满足

$$J_{ij}(x_1,x_2,\cdots,x_d)=\sum_{k=1}^{d}J_{ij}(x_k) \tag{5-1}$$

（3）类别可分性判据满足以下度量特性，即

$$\begin{cases}J_{ij}=J_{ji}\\J_{ij}>0,\quad i\neq j\\J_{ij}=0,\quad i=j\end{cases} \tag{5-2}$$

（4）判据对于特征具有单调性，即加入新的特征，可分性判据不会减小，即

$$J_{ij}(x_1,x_2,\cdots,x_d)\leqslant J_{ij}(x_1,x_2,\cdots,x_d,x_{d+1}) \tag{5-3}$$

满足上述条件且易于计算的判据就可以作为特征选择的依据。常用的类别可分性判据根据定义的角度不同，可以分为基于类内/类间距离的、基于概率分布的及基于熵的等。

5.2.1 基于类内、类间距离的可分性判据

基于直观认识，在某组特征张成的特征空间中，如果样本呈现类内聚集、类间分散的分布特点，则一般认为该组特征具有较好的可分性，利用该组特征设计分类器有可能获得良好的分类性能。关于空间分布的可分性度量，可以通过定义样本的类内、类间距离来描述。距离度量种类很多，欧氏距离是其中最常用的，所以不妨以欧氏距离来做说明。

1. 类内距离与类内离散度矩阵

假设类 i 的第 k 个样本记作 $\boldsymbol{x}_k^i$，类均值为 $\boldsymbol{m}_i$，n_i 为类 i 的样本数，则其类内平均平方距离定义为

$$D^i=\frac{1}{n_i}\sum_{k=1}^{n_i}(\boldsymbol{x}_k^i-\boldsymbol{m}_i)^{\mathrm{T}}(\boldsymbol{x}_k^i-\boldsymbol{m}_i)=\operatorname{tr}\left(\frac{1}{n_i}\sum_{k=1}^{n_i}(\boldsymbol{x}_k^i-\boldsymbol{m}_i)(\boldsymbol{x}_k^i-\boldsymbol{m}_i)^{\mathrm{T}}\right)=\operatorname{tr}(\boldsymbol{S}_{\mathrm{w}}^i) \tag{5-4}$$

式中：$\operatorname{tr}(\cdot)$ 表示矩阵的迹函数，为矩阵对角线上元素之和；$\boldsymbol{m}_i$ 为类均值，即

$$\boldsymbol{m}_i=\frac{1}{n_i}\sum_{k=1}^{n_i}\boldsymbol{x}_k^i \tag{5-5}$$

$\boldsymbol{S}_{\mathrm{w}}^i$ 为第 i 类的协方差估计矩阵，即

$$\boldsymbol{S}_{\mathrm{w}}^i=\frac{1}{n_i}\sum_{k=1}^{n_i}(\boldsymbol{x}_k^i-\boldsymbol{m}_i)(\boldsymbol{x}_k^i-\boldsymbol{m}_i)^{\mathrm{T}} \tag{5-6}$$

而所有各类样本的总的类内平均平方距离为

$$D=\sum_{i=1}^{c}P(\omega_i)D^i=\sum_{i=1}^{c}P(\omega_i)\operatorname{tr}(\boldsymbol{S}_{\mathrm{w}}^i)=\operatorname{tr}\left(\sum_{i=1}^{c}P(\omega_i)\boldsymbol{S}_{\mathrm{w}}^i\right)=\operatorname{tr}(\boldsymbol{S}_{\mathrm{w}}) \tag{5-7}$$

式中：$\boldsymbol{S}_{\mathrm{w}}$ 为类内离散度矩阵，实际上也是全部样本的协方差估计矩阵，即

$$\boldsymbol{S}_{\mathrm{w}}=\sum_{i=1}^{c}P(\omega_i)\boldsymbol{S}_{\mathrm{w}}^i \tag{5-8}$$

2. 类间距离与类间离散度矩阵

多类模式的类间距离平方定义为类均值向量和总的均值向量之间平方距离的先验概率加权。

$$D_{\mathrm{b}}=\sum_{i=1}^{c}P(\omega_i)(\boldsymbol{m}_i-\boldsymbol{m})^{\mathrm{T}}(\boldsymbol{m}_i-\boldsymbol{m})=\mathrm{tr}\left(\sum_{i=1}^{c}P(\omega_i)(\boldsymbol{m}_i-\boldsymbol{m})(\boldsymbol{m}_i-\boldsymbol{m})^{\mathrm{T}}\right)=\mathrm{tr}(\boldsymbol{S}_{\mathrm{b}}) \tag{5-9}$$

式中：$\boldsymbol{S}_{\mathrm{b}}$ 为类间散度矩阵，有

$$\boldsymbol{S}_{\mathrm{b}}=\sum_{i=1}^{c}P(\omega_i)(\boldsymbol{m}_i-\boldsymbol{m})(\boldsymbol{m}_i-\boldsymbol{m})^{\mathrm{T}} \tag{5-10}$$

$\boldsymbol{m}$ 为总的均值向量，有

$$\boldsymbol{m}=\sum_{i=1}^{c}P(\omega_i)\boldsymbol{m}_i \tag{5-11}$$

3. 总的样本距离与总体离散度矩阵

全部多类模式样本的平均平方距离为

$$J_{\mathrm{d}}=\frac{1}{2}\sum_{i=1}^{c}P(\omega_i)\sum_{j=1}^{c}P(\omega_j)\frac{1}{n_in_j}\sum_{k=1}^{n_i}\sum_{l=1}^{n_j}D\left(\boldsymbol{x}_k^i,\boldsymbol{x}_l^j\right) \tag{5-12}$$

将式（5-6）、式（5-7）、式（5-9）分别代入式（5-12），可得

$$\begin{aligned}J_{\mathrm{d}}&=\sum_{i=1}^{c}P(\omega_i)\left[\frac{1}{n_i}\sum_{k=1}^{n_i}\left(\boldsymbol{x}_k^i-\boldsymbol{m}_i\right)^{\mathrm{T}}\left(\boldsymbol{x}_k^i-\boldsymbol{m}_i\right)+(\boldsymbol{m}_i-\boldsymbol{m})^{\mathrm{T}}(\boldsymbol{m}_i-\boldsymbol{m})\right]\\&=\mathrm{tr}(\boldsymbol{S}_{\mathrm{w}}+\boldsymbol{S}_{\mathrm{b}})=\mathrm{tr}(\boldsymbol{S}_{\mathrm{t}})\end{aligned} \tag{5-13}$$

$$\boldsymbol{S}_{\mathrm{t}}=\boldsymbol{S}_{\mathrm{w}}+\boldsymbol{S}_{\mathrm{b}} \tag{5-14}$$

式中：$\boldsymbol{S}_{\mathrm{t}}$ 为样本总体散度矩阵。

根据类内聚集、类间分散的原则，常见的基于类内、类间距离定义的可分性判据有

$$J_1=J_{\mathrm{d}}=\mathrm{tr}(\boldsymbol{S}_{\mathrm{w}}+\boldsymbol{S}_{\mathrm{b}}) \tag{5-15}$$

$$J_2=\mathrm{tr}\left(\boldsymbol{S}_{\mathrm{w}}^{-1}\boldsymbol{S}_{\mathrm{b}}\right) \tag{5-16}$$

$$J_3=\ln\frac{|\boldsymbol{S}_{\mathrm{b}}|}{|\boldsymbol{S}_{\mathrm{w}}|} \tag{5-17}$$

$$J_4=\frac{\mathrm{tr}(\boldsymbol{S}_{\mathrm{b}})}{\mathrm{tr}(\boldsymbol{S}_{\mathrm{w}})} \tag{5-18}$$

$$J_5=\frac{|\boldsymbol{S}_{\mathrm{b}}-\boldsymbol{S}_{\mathrm{w}}|}{|\boldsymbol{S}_{\mathrm{w}}|} \tag{5-19}$$

上述所有的判据（J_1～J_5）尽管形式上不同，但是并不影响特征的排序，最终采用它们选择特征获得的结果是一致的。

基于类内、类间距离的可分性判据定义直观，易于计算实现，当各类样本分布的协方差差别不大时，采用距离的可分性判据通常能获得较好的效果。但是距离和分类错误率之间没有直接的理论上的联系，特别是当样本分布有重叠时，距离判据难以反映这一情况。

5.2.2 基于概率分布的可分性判据

基于空间分布的类内、类间距离尽管可以在一定程度上反映特征是否有利于样本分类，但是它们和分类器的错误率并没有直接的联系，很难保证依此选取的特征一定能设计出性能优良的分类器。根据前面关于分类器错误率的分析，分类器错误率和类条件概率密度函数密切相关，因此可以依据类条件概率分布来定义样本的可分性。

以两类情况为例，如图 5-1 所示，（a）和（b）分别展示了完全可分和完全不可分的两种概率分布特例。

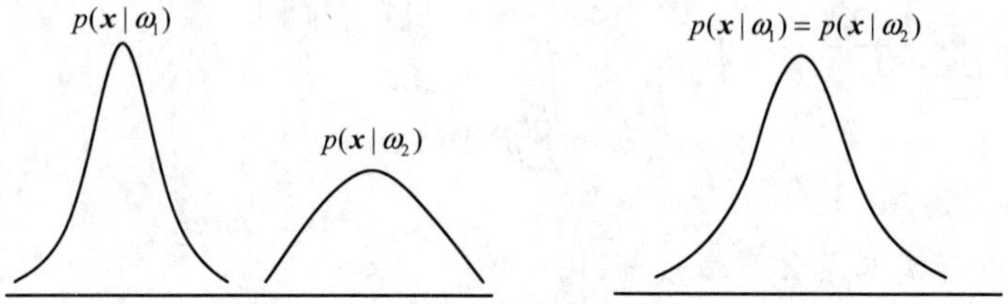

（a）完全可分　　（b）完全不可分

图 5-1　概率分布完全可分和完全不可分

在先验概率相等的情况下，对于任意 $\boldsymbol{x}$，如果 $p(\boldsymbol{x}|\omega_1)\neq 0$ 时均有 $p(\boldsymbol{x}|\omega_2)=0$，则两类是完全可分的。相反，如果对于任意 $\boldsymbol{x}$，总有 $p(\boldsymbol{x}|\omega_1)=p(\boldsymbol{x}|\omega_2)$，则两类的类条件概率密度处处相等，完全不可分。第一种情况表示类条件概率密度函数完全无交叠，此种情况下很容易找到使两类决策完全正确的决策边界，使错误率为 0；而第二种情况表示类条件概率密度函数完全重叠，两类样本在空间分布相同，无法确定将两类分开的决策边界。在其他情况下，随着两类的类条件概率密度交叠越多，样本越难区分，决策造成的错误率也越大。

对于两类问题，可以依据似然比或对数似然比大于某一阈值来进行决策，因此似然比函数本身包含了类别可分性，为了度量概率分布所隐含的类别可分性，可以基于似然比函数引入散度定义。

将第 i 类和第 j 类的类条件概率密度函数分别记作 $p(\boldsymbol{x}|\omega_i)$ 和 $p(\boldsymbol{x}|\omega_j)$，则两类的对数似然比记作

$$l_{ij}=\ln\frac{p(\boldsymbol{x}|\omega_i)}{p(\boldsymbol{x}|\omega_j)} \tag{5-20}$$

$$l_{ji}=\ln\frac{p(\boldsymbol{x}|\omega_j)}{p(\boldsymbol{x}|\omega_i)} \tag{5-21}$$

对数似然比函数中包含的可分性信息对于不同的 $\boldsymbol{x}$ 是不同的，需要关注的是在整个样本空间中的平均可分性，它由对数似然比的期望来表示。

第 i 类的平均可分性为

$$I_{ij}=E(l_{ij})=\int_{\boldsymbol{x}} p(\boldsymbol{x}|\omega_i)\ln\frac{p(\boldsymbol{x}|\omega_i)}{p(\boldsymbol{x}|\omega_j)}\mathrm{d}\boldsymbol{x} \tag{5-22}$$

第 j 类的平均可分性为

$$I_{ji}=E\left(l_{ji}\right)=\int_{\boldsymbol{x}} p\left(\boldsymbol{x}\mid\omega_j\right)\ln\frac{p\left(\boldsymbol{x}\mid\omega_j\right)}{p\left(\boldsymbol{x}\mid\omega_i\right)}\mathrm{d}\boldsymbol{x} \tag{5-23}$$

两类总的平均可分性信息称为散度，为两类的对数似然比期望之和，即

$$J_{ij}=I_{ij}+I_{ji}=\int_{\boldsymbol{x}}\left[p\left(\boldsymbol{x}\mid\omega_i\right)-p\left(\boldsymbol{x}\mid\omega_j\right)\right]\ln\frac{p\left(\boldsymbol{x}\mid\omega_i\right)}{p\left(\boldsymbol{x}\mid\omega_j\right)}\mathrm{d}\boldsymbol{x} \tag{5-24}$$

显然，散度满足以下性质。

（1）$J_{ij}=J_{ji}$。

（2）$J_{ij}\geqslant 0$，即满足非负性。当 $p\left(\boldsymbol{x}\mid\omega_i\right)=p\left(\boldsymbol{x}\mid\omega_j\right)$ 时，$J_{ij}=0$；当 $p\left(\boldsymbol{x}\mid\omega_i\right)\neq p\left(\boldsymbol{x}\mid\omega_j\right)$ 时，$J_{ij}>0$，且 $p\left(\boldsymbol{x}\mid\omega_i\right)$ 和 $p\left(\boldsymbol{x}\mid\omega_j\right)$ 相差越大，J_{ij} 也越大。

（3）散度越大，说明两类的概率密度函数相差越大，两类的概率密度函数曲线交叠越少，分类错误率越小。

（4）散度具有可加性。若 $\boldsymbol{x}=(x_1,x_2,\cdots,x_n)^{\mathrm{T}}$ 各分量相互独立，则

$$J_{ij}\left(\boldsymbol{x}\right)=J_{ij}\left(x_1,x_2,\cdots,x_n\right)=\sum_{k=1}^{n}J_{ij}\left(x_k\right) \tag{5-25}$$

利用该特性，可以判断散度越大的特征对于分类越重要，因此可以优先保留散度大的特征。可加性还表明，引入新的特征，散度值不会减小，即

$$J_{ij}\left(x_1,x_2,\cdots,x_n\right)\leqslant J_{ij}\left(x_1,x_2,\cdots,x_n,x_{n+1}\right) \tag{5-26}$$

此外，常用的基于概率分布的可分性测度还有以下几个。

巴氏（Bhattacharyya）距离，即

$$J_{\mathrm{B}}=-\ln\int\left[p\left(\boldsymbol{x}\mid\omega_1\right)p\left(\boldsymbol{x}\mid\omega_2\right)\right]^{\frac{1}{2}}\mathrm{d}\boldsymbol{x} \tag{5-27}$$

切尔诺夫（Chernoff）界限，即

$$J_{\mathrm{C}}=-\ln\int p\left(\boldsymbol{x}\mid\omega_1\right)^{1-s}p\left(\boldsymbol{x}\mid\omega_2\right)^{s}\mathrm{d}\boldsymbol{x} \tag{5-28}$$

式中：s 为区间 $[0,1]$ 的参数。Chernoff 界限和错误率的上界有关，当 $s=1/2$ 时，$J_{\mathrm{C}}=J_{\mathrm{B}}$。

事实上，任何满足下述条件的函数 $J_P(\cdot)=\int g\left[p(\boldsymbol{x}\mid\omega_1),p(\boldsymbol{x}\mid\omega_2),P(\omega_1),P(\omega_2)\right]\mathrm{d}\boldsymbol{x}$ 都可以作为类别可分性的概率距离测度。

（1）J_P 非负，即 $J_P\geqslant 0$。

（2）若对所有的 $\boldsymbol{x}$，$p\left(\boldsymbol{x}\mid\omega_1\right)\neq 0$ 时有 $p\left(\boldsymbol{x}\mid\omega_2\right)=0$，则 $J_P=\max$。

（3）若对所有的 $\boldsymbol{x}$，$p\left(\boldsymbol{x}\mid\omega_1\right)=p\left(\boldsymbol{x}\mid\omega_2\right)=0$，则 $J_P=0$。

5.2.3　基于熵的可分性判据

特征对于分类的有效性也体现在后验概率中。极端情况下，假设有 c 个类别，如果对于某一 $\boldsymbol{x}$，样本属于每一类的概率相等，即

$$P(\omega_i\mid\boldsymbol{x})=\frac{1}{c} \tag{5-29}$$

则利用该特征无法判断样本属于哪一类，错误概率为$(c-1)/c$。相反，若只有一类的后验概率为1，其他都为0，即

$$P(\omega_i \mid \boldsymbol{x})=1，且 P(\omega_j \mid \boldsymbol{x})=0，\ \forall j \neq i \tag{5-30}$$

则利用该特征可以判断样本肯定属于ω_i，分类错误率为0。

因此，如果样本属于每一类的后验概率越平均，则该特征越不利于分类；相反，如果后验概率越集中在某一类，则该特征越有利于分类。由此可以借用信息熵的定义来描述后验概率的分布均匀情况，以便衡量特征的类别可分性。常用的熵度量有以下几个。

香农熵，即

$$H=-\sum_{i=1}^{c} P(\omega_i \mid \boldsymbol{x}) \log_2 P(\omega_i \mid \boldsymbol{x}) \tag{5-31}$$

平方熵，即

$$H=2\left[1-\sum_{i=1}^{c} P^2(\omega_i \mid \boldsymbol{x})\right] \tag{5-32}$$

在上述熵的基础上，基于熵的可分性判据，有

$$J_{\mathrm{E}}=\int H(\boldsymbol{x}) p(\boldsymbol{x}) \mathrm{d}\boldsymbol{x} \tag{5-33}$$

J_{E}越小，可分性越好。

5.3 特征选择算法

在定义的类别可分性准则基础上，特征选择也就是要从所有可能的组合中找到可分性最好的一组特征子集。假设从D维的原始特征中，找到其中的d（$d<D$）维特征用于分类器的设计，则为了找到最优解，需要评判所有的d维特征组合的类别可分性，最终找到可分性最好的d维特征，其可能的组合数为$C_D^d=\dfrac{D!}{(D-d)!d!}$，这是一个典型的搜索寻优问题。当特征维数很高时，搜索空间是极为巨大的。例如，当D=100时，如果选择d=5，则可能的搜索组合有75287520种；如果d=10，组合数达到1.73×10^{13}；如果d=50，则组合数达到1.01×10^{29}。由此可见，在高维空间中寻找最优的特征子集，通常计算量是令人难以承受的。

5.3.1 特征选择的最优算法

找到最优的特征子集组合，最直接的做法是穷举法，在特征维数不高，或者d或$D-d$很小的情况下可以实现，但在其他情况下，则由于搜索空间过于巨大，在有限时间内无法利用穷举法找到最优解。目前来说，唯一能够找到最优解，同时又不需要穷尽所有候选空间的最优搜索算法是分支定界算法。

分支定界算法有效的前提是，需要将所有可能的特征选择组合构建成树状结构，并按照一定的规律对树进行搜索，从而能够在避免遍历整棵树的同时提前找到最优解

（图 5-2）。为了构建搜索树，需要假定可分性测度对特征具有单调性，即随着特征增加，可分性判据值不会减小。

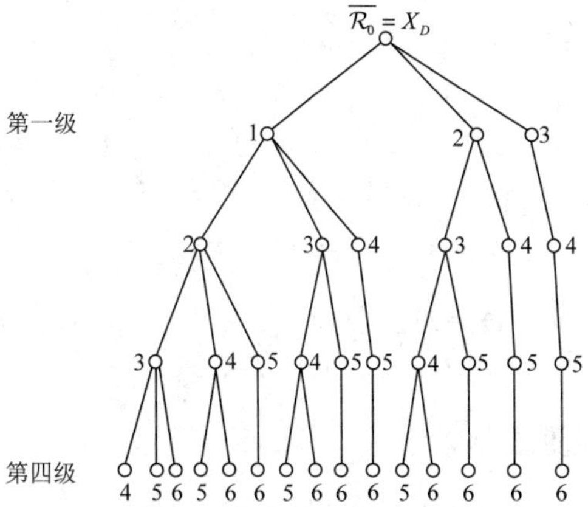

图 5-2　特征选择的分支定界算法构建搜索树的示意图

也就是满足当有特征集合

$$\boldsymbol{X}_1 \subseteq \boldsymbol{X}_2 \subseteq \cdots \subseteq \boldsymbol{X}_n \tag{5-34}$$

则

$$J(\boldsymbol{X}_1) \leqslant J(\boldsymbol{X}_2) \leqslant \cdots \leqslant J(\boldsymbol{X}_n) \tag{5-35}$$

前面介绍的基于类内/类间距离、基于概率分布和基于熵的可分性判据都满足单调性。

为了尽可能加快搜索过程，有必要依据一定的原则来构建搜索树。构建搜索树的一般过程如下：根节点包含全部原始特征，从根节点开始每层去掉一个特征，如果是从 D 维的原始特征中选出 d 个特征，则经过 $D-d$ 层的处理后，最终的叶节点只保留其中的 d 个特征，全部的叶节点表示所有可能的 d 维特征组合，共有 C_D^d 种情况。在每层去除单个特征时，按照去除单个特征后的可分性判据值减小情况进行排序，最左边节点去掉的是具有最大可分性判据减小值的特征，也表示最不可能去掉的特征，右边相邻的节点则去除有第二大减小值的特征。依此类推，共生出 $D_i - d + 1$ 个子节点，其中 D_i 是当前节点包含的候选特征数。

对于第 l 层的展开，从最右侧开始，同层中已经被左侧节点舍弃的特征不再在本节点进行舍弃，因此第 l 层的某节点 i 的候选特征，对应上一层的 D_i 个特征减去本节点的舍弃特征以及同层中左侧节点已经舍弃的特征。整个搜索树从最右侧开始向下生长，达到叶节点时计算当前可分性判据值，记作界限值 B。

达到叶节点后算法向上回溯，在达到某分支节点时，如果该节点的可分性判据值 $J\left(\boldsymbol{X}^k\right) < B$，则说明该分支节点之下的分支树中不可能存在需要的最优解，沿该节点继续向上回溯搜索。在搜索过程中，如果达到一个新的叶节点，且该叶节点的 $J\left(\boldsymbol{X}^*\right) = B^* > B$，则需要更新当前界限值 B 为 B^*，然后回溯，如果回溯到根节点，且根据界限值 B 不能再向下搜索，则算法终止。最后一次最新的界限值对应的特征组合即为特征选择的结果，如图 5-3 所示。

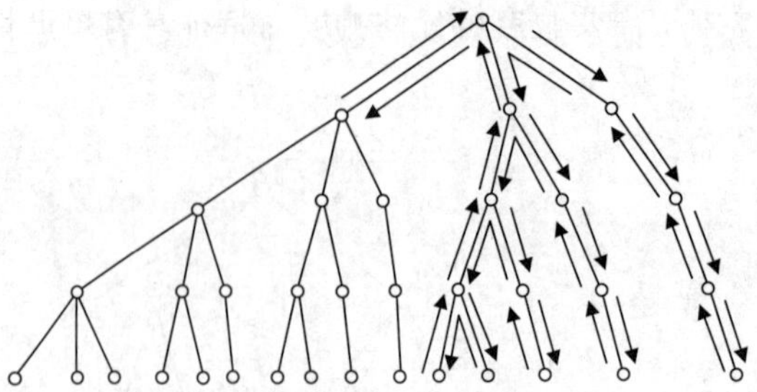

图 5-3 分支定界搜索过程示例

通过提前预判并减少不必要的搜索，分支定界算法相对穷举法可以大大节省搜索代价。一般当 d 大约为 D 的一半时，节省的计算量最大。

5.3.2 特征选择的次优算法

尽管分支定界算法相对穷举法可以大大节省计算代价，但在有些问题中，其计算代价仍然不小，导致实时搜索求解仍然难以实现；而通常在很多实际问题中，不一定非要寻求最优解，在有限的时间和代价基础上，找到一个次优解也是可以接受的。因此，人们针对实际问题，有时会采用计算量较小的次优搜索算法。常用的次优搜索算法有单独最优特征组合、顺序前进法（sequential forward selection，SFS）、顺序后退法（sequential backward selection，SBS）及增 l 减 r 法等。

1. 单独最优特征组合

单独最优特征组合就是选出单个特征的可分性判据值最好的前 d 个特征作为特征选择的结果。单独最优特征组合属于贪心算法，找到最优解的前提是可分性判据对于特征维度呈单调性，即如果全部特征的可分性等于单个特征的可分性之和或之积，则采用单独最优特征组合才能找到最优解；否则不一定能找到最优特征组合。单独最优特征组合没有考虑到特征之间的关联性，单个最优不能保证组合最优，因此在不满足特征维度单调性的前提下，单独最优特征组合不一定是最优特征组合。

2. SFS

SFS 属于一种自底向上的搜索算法。首先从任选的某一特征开始，依次增加一个特征，直至达到想要的维度 d 为止。每次增加的特征应该是和已选特征组合后具有最优可分性判据值的特征。

SFS 方法可以推广到每次增加 l 个新特征而不是一个特征，称之为广义顺序前进法（generalized SFS，GSFS）。

SFS 优于单独最优特征组合的地方是它考虑了组合特征之间的关联性，但其不足是一旦特征选入后，即使后入选的特征使其变得多余也无法再删除它。

3. SBS

SBS 则属于一种自顶向下的搜索算法。首先从全部特征开始，依次移除一个特征，直至减少到想要的维度 d 为止。每次减除特征时，应保证留下的特征组合有最优可分性判据值。

同理，也可以推广 SBS 方法为广义顺序后退法（generalized SBS，GSBS），即每次移除 r 个特征。

SBS 的计算量通常大于 SFS，因为它更多地在高维特征空间进行计算。SBS 同样考虑了组合特征的关联性，而一旦某一特征被删除后，则不能再入选。

4. 增 l 减 r 法（l-r 法）

不管是 SFS 还是 SBS，都只能在局部特征空间进行寻优，而且都不能克服特征一旦入选则不能删除的缺点。因此，为了在更大的特征空间寻优且能对前面选择的特征再筛选，可以结合 SFS 和 SBS，得到增 l 减 r 法。具体做法可以基于自底向上或自顶向下的策略。如果基于自底向上的策略，则要求 $l>r$，首先逐步增加 l 个特征，然后再逐步剔除 r 个与其他特征组合起来可分性最差的特征，依此类推，直到选择得到所需的 d 个特征；相反，如果按照自顶向下的策略，则要求 $l<r$，从全部特征开始，首先逐步剔除 r 个特征，然后再逐步从剔除的特征中增加 l 个与其他特征组合起来可分性最优的特征，直到剩余特征数为 d 。

类似地，也有广义的增 l 减 r 法，即每次增加和剔除的不是一个特征，而是一组特征 Z_l 和 Z_r，称为 (Z_l, Z_r) 法，与单纯的 l-r 法相比，既考虑了特征组合的关联性，又保持了适当的计算量。

特征选择本质上是一个组合优化问题，其他用于搜索寻优问题的方法都可以用于特征选择的优化搜索。除了前面介绍的寻优算法外，遗传算法、模拟退火算法及 Tabu 搜索算法等都可以用于解决特征选择问题。

5.4 特 征 提 取

尽管有的文献把原始特征获取的过程也称为特征提取，为避免混淆，本书所介绍的特征提取属于特征变换技术，所以也称为特征变换，它是通过线性或非线性变换将原来的 D 维特征转换成 d（$d<D$）维新特征。这么做的好处除了降低特征维度外，还可以消除特征之间的相关性，获得更有利于分类的独立特征。其一般原理为

$$\boldsymbol{y}=\boldsymbol{W}^{\mathrm{T}}\boldsymbol{x} \tag{5-36}$$

式中：$\boldsymbol{W}$ 为 $D\times d$ 的矩阵，称为变换矩阵。特征变换矩阵求解的一般做法是，需要先确定某种变换准则，然后找到使准则函数最优的变换矩阵。

对特征变换降维的准则和方法有很多，可以基于前面介绍的各种类别可分性判据，也可以基于主成分分析（principal component analysis，PCA）、K-L 变换（Karhumen-Loeve transform）、多维缩放（multiple dimensional scaling，MDS）、流形学习及度量学习等。下面将重点介绍基于空间分布类别可分性判据、K-L 变换及 PCA 的特征提取方法。

5.4.1 基于空间分布类别可分性判据的特征提取

从样本空间分布角度，在 5.2.1 节介绍了多种衡量类内/类间距离的类别可分性判据 $J_1 \sim J_5$，其中的类内离散度矩阵 $\boldsymbol{S}_{\mathrm{w}}$ 和类间离散度矩阵 $\boldsymbol{S}_{\mathrm{b}}$，在经过变换矩阵 $\boldsymbol{W}$ 变换后的 $\boldsymbol{y}$ 空间中的离散度矩阵分别变为 $\boldsymbol{W}^{\mathrm{T}}\boldsymbol{S}_{\mathrm{w}}\boldsymbol{W}$ 和 $\boldsymbol{W}^{\mathrm{T}}\boldsymbol{S}_{\mathrm{b}}\boldsymbol{W}$，因此在新的变换空间中的类别可分性判据为

$$J_1(\boldsymbol{W}) = \mathrm{tr}\left(\boldsymbol{W}^{\mathrm{T}}(\boldsymbol{S}_{\mathrm{w}} + \boldsymbol{S}_{\mathrm{b}})\boldsymbol{W}\right) \tag{5-37}$$

$$J_2(\boldsymbol{W}) = \mathrm{tr}\left[\left(\boldsymbol{W}^{\mathrm{T}}\boldsymbol{S}_{\mathrm{w}}\boldsymbol{W}\right)^{-1}\left(\boldsymbol{W}^{\mathrm{T}}\boldsymbol{S}_{\mathrm{b}}\boldsymbol{W}\right)\right] \tag{5-38}$$

$$J_3(\boldsymbol{W}) = \ln\frac{\left|\boldsymbol{W}^{\mathrm{T}}\boldsymbol{S}_{\mathrm{b}}\boldsymbol{W}\right|}{\left|\boldsymbol{W}^{\mathrm{T}}\boldsymbol{S}_{\mathrm{w}}\boldsymbol{W}\right|} \tag{5-39}$$

$$J_4(\boldsymbol{W}) = \frac{\mathrm{tr}\left(\boldsymbol{W}^{\mathrm{T}}\boldsymbol{S}_{\mathrm{b}}\boldsymbol{W}\right)}{\mathrm{tr}\left(\boldsymbol{W}^{\mathrm{T}}\boldsymbol{S}_{\mathrm{w}}\boldsymbol{W}\right)} \tag{5-40}$$

$$J_5(\boldsymbol{W}) = \frac{\left|\boldsymbol{W}^{\mathrm{T}}(\boldsymbol{S}_{\mathrm{w}} + \boldsymbol{S}_{\mathrm{b}})\boldsymbol{W}\right|}{\left|\boldsymbol{W}^{\mathrm{T}}\boldsymbol{S}_{\mathrm{w}}\boldsymbol{W}\right|} \tag{5-41}$$

根据上述判据准则找到的最优变换矩阵 $\boldsymbol{W}$ 都是相同的。它们都是由 $\boldsymbol{S}_{\mathrm{w}}^{-1}\boldsymbol{S}_{\mathrm{b}}$ 的最大的 d 个本征值对应的本征向量构成的变换矩阵。

假设矩阵 $\boldsymbol{S}_{\mathrm{w}}^{-1}\boldsymbol{S}_{\mathrm{b}}$ 的本征值为 $\lambda_1, \lambda_2, \cdots, \lambda_D$，且按照从大到小排列，即

$$\lambda_1 \geqslant \lambda_2 \geqslant \cdots \geqslant \lambda_D \tag{5-42}$$

则选取前面 d 个最大的本征值对应的本征向量构成变换矩阵 $\boldsymbol{W}$，即

$$\boldsymbol{W} = [\boldsymbol{u}_1, \boldsymbol{u}_2, \cdots, \boldsymbol{u}_d] \tag{5-43}$$

就可以满足使上述类别可分性判据 $J_1 \sim J_5$ 最大化。

下面以 J_1 判据为例，证明上述结论。

为了消除变换矩阵尺度缩放对于判据值大小的影响，不妨先固定尺度因子，使 $\mathrm{tr}\left(\boldsymbol{W}^{\mathrm{T}}\boldsymbol{S}_{\mathrm{w}}\boldsymbol{W}\right) = c$ 为一确定值，且对角线元素相等，如果 $c = 1$，则矩阵 $\boldsymbol{W}^{\mathrm{T}}\boldsymbol{S}_{\mathrm{w}}\boldsymbol{W}$ 对角线上的元素均为 $1/d$，通过分别调节 $\boldsymbol{u}_1, \boldsymbol{u}_2, \cdots, \boldsymbol{u}_d$ 的尺度缩放系数，满足上述约束条件是没有问题的。因此，上述判据值最大化的问题，就转化成约束条件下的极值问题：

$$\begin{cases} \max\limits_{\boldsymbol{W}} J_1(\boldsymbol{W}) = \max\limits_{\boldsymbol{W}} \mathrm{tr}\left(\boldsymbol{W}^{\mathrm{T}}(\boldsymbol{S}_{\mathrm{w}} + \boldsymbol{S}_{\mathrm{b}})\boldsymbol{W}\right) \\ \text{s.t.} \quad \mathrm{tr}\left(\boldsymbol{W}^{\mathrm{T}}\boldsymbol{S}_{\mathrm{w}}\boldsymbol{W}\right) = 1 \end{cases} \tag{5-44}$$

利用拉格朗日乘子法，上述优化问题转化为

$$g(\boldsymbol{W}) = J_1(\boldsymbol{W}) - \mathrm{tr}\left[\boldsymbol{\Lambda}\left(\boldsymbol{W}^{\mathrm{T}}\boldsymbol{S}_{\mathrm{w}}\boldsymbol{W} - \boldsymbol{I}\right)\right] \tag{5-45}$$

式中：$\boldsymbol{I}$ 为单位矩阵；$\boldsymbol{\Lambda}$ 为拉格朗日系数构成的对角矩阵。上述函数对 $\boldsymbol{W}$ 求一阶偏导数，令其为 0，即可求得

$$\boldsymbol{S}_{\mathrm{w}}^{-1}(\boldsymbol{S}_{\mathrm{w}} + \boldsymbol{S}_{\mathrm{b}})\boldsymbol{W} = \boldsymbol{W}\boldsymbol{\Lambda} \tag{5-46}$$

整理可得

$$\boldsymbol{S}_{\mathrm{w}}^{-1}\boldsymbol{S}_{\mathrm{b}}\boldsymbol{W}=\boldsymbol{W}(\boldsymbol{\Lambda}-\boldsymbol{I}) \tag{5-47}$$

可知 $\boldsymbol{W}$ 由 $\boldsymbol{S}_{\mathrm{w}}^{-1}\boldsymbol{S}_{\mathrm{b}}$ 的本征向量组成，其本征值 λ_i 为 $\boldsymbol{\Lambda}-\boldsymbol{I}$ 的对角元素，因此由拉格朗日系数构成的对角矩阵 $\boldsymbol{\Lambda}$ 满足

$$\boldsymbol{\Lambda}=\boldsymbol{I}+\begin{bmatrix}\lambda_1 & & \\ & \ddots & \\ & & \lambda_D\end{bmatrix}=\begin{bmatrix}1+\lambda_1 & & \\ & \ddots & \\ & & 1+\lambda_D\end{bmatrix} \tag{5-48}$$

$$J_1(\boldsymbol{W})=\mathrm{tr}\left(\boldsymbol{W}^{\mathrm{T}}(\boldsymbol{S}_{\mathrm{w}}+\boldsymbol{S}_{\mathrm{b}})\boldsymbol{W}\right)=\mathrm{tr}\left(\boldsymbol{W}^{\mathrm{T}}\boldsymbol{S}_{\mathrm{w}}\boldsymbol{W}\boldsymbol{\Lambda}\right)=\mathrm{tr}(\boldsymbol{\Lambda}) \tag{5-49}$$

也就是

$$J_1(\boldsymbol{W})=\sum_{i=1}^{d}(1+\lambda_i) \tag{5-50}$$

在 d 给定的情况下，式（5-50）要取得最大值，必然需要取矩阵 $\boldsymbol{S}_{\mathrm{w}}^{-1}\boldsymbol{S}_{\mathrm{b}}$ 前面 d 个最大的本征值。因此，构成最优变换矩阵 $\boldsymbol{W}$ 的应该是由前面 d 个最大的本征值 λ_i（$i=1,2,\cdots,d$）对应的本征向量 $\boldsymbol{u}_i$ 构成的变换矩阵。

其他判据的证明与此类似，在此不再赘述，读者可以自行推导或参考其他文献。

5.4.2　K-L 变换

K-L 变换是模式识别领域一种常用的特征提取方法，不仅可以实现降维，而且可以保留类别间的鉴别信息，突出类别间的可分性，是最小均方误差意义下的最优正交变换。特征空间中的任一模式向量 $\boldsymbol{x}\in R^D$ 都可以看作 D 维空间的随机向量，可以用一个完备正交归一向量系 $\boldsymbol{u}_j$（$j=1,2,\cdots,\infty$）展开，有

$$\boldsymbol{x}=\sum_{j=1}^{\infty}a_j\boldsymbol{u}_j \tag{5-51}$$

式中：a_j 为展开系数。作为正交归一向量系，其中 $\boldsymbol{u}_j$ 满足

$$\boldsymbol{u}_i^{\mathrm{T}}\boldsymbol{u}_j=\begin{cases}1, & i=j\\ 0, & i\neq j\end{cases} \tag{5-52}$$

式（5-51）左右两边同时左乘或右乘 $\boldsymbol{u}_j^{\mathrm{T}}$，则不难得到

$$a_j=\boldsymbol{u}_j^{\mathrm{T}}\boldsymbol{x}=\boldsymbol{x}^{\mathrm{T}}\boldsymbol{u}_j \tag{5-53}$$

所以，a_j 实际上也可以看作模式向量 $\boldsymbol{x}$ 在向量系 $\boldsymbol{u}_j$ 上的投影坐标值。

如果只用式（5-51）中有限的项组合得到的 $\hat{\boldsymbol{x}}$ 来作为 $\boldsymbol{x}$ 的估计值，即

$$\hat{\boldsymbol{x}}=\sum_{j=1}^{d}a_j\boldsymbol{u}_j \tag{5-54}$$

则产生的估计误差为

$$\begin{aligned}e&=E\left[(\boldsymbol{x}-\hat{\boldsymbol{x}})^{\mathrm{T}}(\boldsymbol{x}-\hat{\boldsymbol{x}})\right]=E\left[\left(\sum_{j=d+1}^{\infty}a_j\boldsymbol{u}_j\right)^{\mathrm{T}}\left(\sum_{j=d+1}^{\infty}a_j\boldsymbol{u}_j\right)\right]\\&=E\left[\sum_{j=d+1}^{\infty}a_j^2\right]=E\left[\sum_{j=d+1}^{\infty}\boldsymbol{u}_j^{\mathrm{T}}\boldsymbol{x}\boldsymbol{x}^{\mathrm{T}}\boldsymbol{u}_j\right]=\sum_{j=d+1}^{\infty}\boldsymbol{u}_j^{\mathrm{T}}E\left(\boldsymbol{x}\boldsymbol{x}^{\mathrm{T}}\right)\boldsymbol{u}_j\end{aligned} \tag{5-55}$$

式中：$E\left(\boldsymbol{x}\boldsymbol{x}^{\mathrm{T}}\right)$ 为 $\boldsymbol{x}$ 的自相关矩阵，不妨记作 $\boldsymbol{R}$，则式（5-55）可以记作

$$e=\sum_{j=d+1}^{\infty}\boldsymbol{u}_j^{\mathrm{T}}\boldsymbol{R}\boldsymbol{u}_j \tag{5-56}$$

显然，选择不同的正交归一向量系 $\boldsymbol{u}_j$，则得到的误差 e 是不同的。为了在满足正交向量系约束条件下得到最小均方误差，即

$$\begin{cases}\min e=\sum\limits_{j=d+1}^{\infty}\boldsymbol{u}_j^{\mathrm{T}}\boldsymbol{R}\boldsymbol{u}_j \\ \text{s.t. } \boldsymbol{u}_j^{\mathrm{T}}\boldsymbol{u}_j=1,\ \forall j\end{cases} \tag{5-57}$$

可以将上述问题转化为拉格朗日条件下的极小值问题，即

$$g\left(\boldsymbol{u}_j\right)=\sum_{j=d+1}^{\infty}\boldsymbol{u}_j^{\mathrm{T}}\boldsymbol{R}\boldsymbol{u}_j+\sum_{j=d+1}^{\infty}\lambda_j\left(\boldsymbol{u}_j^{\mathrm{T}}\boldsymbol{u}_j-1\right) \tag{5-58}$$

式中：λ_j 为拉格朗日系数。让函数 $g\left(\boldsymbol{u}_j\right)$ 分别对 $\boldsymbol{u}_j$ 求导，并令其为 0，根据二次型梯度求导公式可得

$$\left(\boldsymbol{R}-\lambda_j\boldsymbol{I}\right)\boldsymbol{u}_j=0,\ j=d+1,2,\cdots,\infty \tag{5-59}$$

式（5-59）表明，$\boldsymbol{u}_j$ 是自相关矩阵 $\boldsymbol{R}$ 的本征向量，而 λ_j 则为对应的本征值，即有

$$\boldsymbol{R}\boldsymbol{u}_j=\lambda_j\boldsymbol{u}_j \tag{5-60}$$

说明当用自相关矩阵 $\boldsymbol{R}$ 的本征值对应的本征向量展开 $\boldsymbol{x}$，其可能的截断误差最小。如果选用前面 d 个本征向量展开来估计 $\boldsymbol{x}$，则此时的截断误差为

$$e=\sum_{j=d+1}^{\infty}\boldsymbol{u}_j^{\mathrm{T}}\boldsymbol{R}\boldsymbol{u}_j=\sum_{j=d+1}^{\infty}\boldsymbol{u}_j^{\mathrm{T}}\lambda_j\boldsymbol{u}_j=\sum_{j=d+1}^{\infty}\lambda_j \tag{5-61}$$

式（5-61）要有最小值，则前面 d 个本征值 $\lambda_j(j=1,2,\cdots,d)$ 应该是最大的，这样剩下的 $d+1$ 之后的 λ_j 之和才会有最小值。

实现 K-L 变换的过程如下。

步骤 1：首先利用样本估计得到自相关矩阵 $\boldsymbol{R}$，即

$$\boldsymbol{R}=E\left(\boldsymbol{x}\boldsymbol{x}^{\mathrm{T}}\right)\approx\frac{1}{N}\sum_{i=1}^{N}\boldsymbol{x}_i\boldsymbol{x}_i^{\mathrm{T}} \tag{5-62}$$

步骤 2：求得 $\boldsymbol{R}$ 的本征值 λ_j，并按照从大到小进行排序：

$$\lambda_1\geqslant\lambda_2\geqslant\cdots\geqslant\lambda_D \tag{5-63}$$

步骤 3：选取前面 d 个本征值 $\lambda_j(j=1,2,\cdots,d)$，并计算其对应的本征向量 $\boldsymbol{u}_j'$，归一化后记作 $\boldsymbol{u}_j$，利用 $\boldsymbol{u}_j$ 构成变换矩阵 $\boldsymbol{U}$，即

$$\boldsymbol{U}=\left(\boldsymbol{u}_1,\boldsymbol{u}_2,\cdots,\boldsymbol{u}_d\right) \tag{5-64}$$

步骤 4：对每一个模式样本向量 $\boldsymbol{x}$ 进行 K-L 变换，得到变换后的新的样本模式向量 $\boldsymbol{y}$，即

$$\boldsymbol{y}=\boldsymbol{U}^{\mathrm{T}}\boldsymbol{x}=\left(\boldsymbol{u}_1^{\mathrm{T}},\boldsymbol{u}_2^{\mathrm{T}},\cdots,\boldsymbol{u}_d^{\mathrm{T}}\right)\boldsymbol{x} \tag{5-65}$$

例 5-1　两个模式类的样本分别为

$$\omega_1:\ \boldsymbol{x}_1=[2\ \ 2]^{\mathrm{T}},\ \boldsymbol{x}_2=[2\ \ 3]^{\mathrm{T}},\ \boldsymbol{x}_3=[3\ \ 3]^{\mathrm{T}}$$

$$\omega_2:\ \boldsymbol{x}_4=[-2\ \ -2]^{\mathrm{T}},\ \boldsymbol{x}_5=[-2\ \ -3]^{\mathrm{T}},\ \boldsymbol{x}_6=[-3\ \ -3]^{\mathrm{T}}$$

利用自相关矩阵 $\boldsymbol{R}$ 做 K-L 变换，将原样本集压缩为一维样本集。

解　第一步，计算两类样本的总体自相关矩阵 $\boldsymbol{R}$，即

$$\boldsymbol{R}=E\{\boldsymbol{x}\boldsymbol{x}^{\mathrm{T}}\}=\frac{1}{6}\sum_{j=1}^{6}\boldsymbol{x}_j\boldsymbol{x}_j^{\mathrm{T}}=\begin{bmatrix}5.7 & 6.3\\ 6.3 & 7.3\end{bmatrix}$$

第二步，计算 $\boldsymbol{R}$ 的特征值，并选择较大者。根据 $|\boldsymbol{R}-\lambda\boldsymbol{I}|=0$ 得 $\lambda_1=12.85$、$\lambda_2=0.15$，选择 λ_1。

第三步，根据 $(\boldsymbol{R}-\lambda_1\boldsymbol{I})\boldsymbol{u}_1'=0$，计算 λ_1 对应的特征向量 $\boldsymbol{u}_1'$，归一化后为

$$\boldsymbol{u}_1=\frac{1}{\sqrt{2.3}}[1\ \ 1.14]^{\mathrm{T}}=[0.66\ \ 0.75]^{\mathrm{T}}$$

则变换矩阵为

$$\boldsymbol{U}=(\boldsymbol{u}_1)=\begin{bmatrix}0.66\\ 0.75\end{bmatrix}$$

第四步，利用 $\boldsymbol{U}$ 对样本集中每个样本进行 K-L 变换。

$$\boldsymbol{x}_1^*=\boldsymbol{U}^{\mathrm{T}}\boldsymbol{x}_1=[0.66\ \ 0.75]\begin{bmatrix}2\\ 2\end{bmatrix}=2.82$$

$$\vdots$$

变换结果为

$$\omega_1:\ \boldsymbol{x}_1^*=2.82,\ \boldsymbol{x}_2^*=3.57,\ \boldsymbol{x}_3^*=4.23$$

$$\omega_2:\ \boldsymbol{x}_4^*=-2.82,\ \boldsymbol{x}_5^*=-3.57,\ \boldsymbol{x}_6^*=-4.23$$

变换前后模式分布如图 5-4 所示。

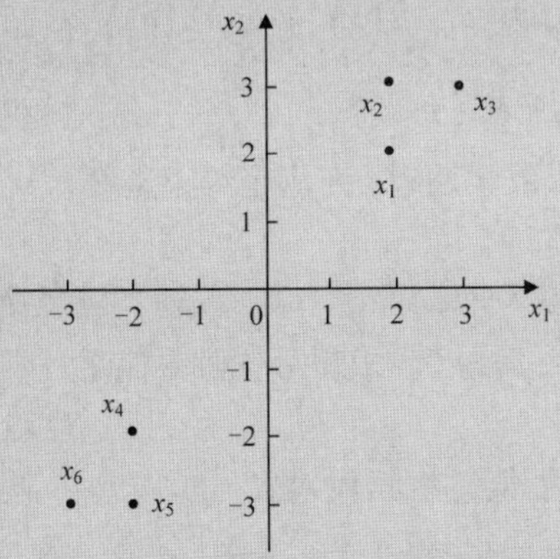

（a）变换前

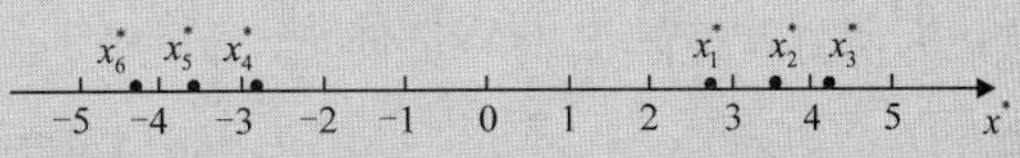

（b）变换后

图 5-4　变换前后模式分布

5.4.3 PCA 分析

PCA 也是模式识别领域一种常用的数据降维方法，其出发点是在正交属性空间找到一组按重要性程度从大到小排列的新特征。它们是原有特征的线性组合，且互不相关。在模式识别问题中，特征的重要性程度需要从是否有利于分类的角度来衡量。如果样本在某特征维上分布得很散，对应的方差大，则该维特征上包含的可分性信息越多，对于模式识别来说，该特征越重要。

假设原有特征为 $\boldsymbol{x}_1,\boldsymbol{x}_2,\cdots,\boldsymbol{x}_D$，变换后特征为 $y_1,y_2,\cdots,y_d$，则有

$$y_i=\sum_{j=1}^{D}u_{ij}\boldsymbol{x}_j=\boldsymbol{u}_i^{\mathrm{T}}\boldsymbol{x} \tag{5-66}$$

为了找到使 y_i 方差最大化的 $\boldsymbol{u}_i$（$i=1,2,\cdots,d$），需要统一 y_i 的尺度，不妨要求 $\boldsymbol{u}_i$ 为正交归一化向量系，即

$$\boldsymbol{u}_i^{\mathrm{T}}\boldsymbol{u}_i=1$$

$$\boldsymbol{u}_i^{\mathrm{T}}\boldsymbol{u}_j=0,\ \forall i\neq j$$

式（5-66）写成矩阵形式为

$$\boldsymbol{y}=\boldsymbol{U}^{\mathrm{T}}\boldsymbol{x} \tag{5-67}$$

式中：$\boldsymbol{U}$ 为正交变换矩阵。要求解的是找到最优正交变换矩阵 $\boldsymbol{U}$ 使特征 y_i 的方差最大化。正交变换保证了新特征的不相关，而方差越大则样本在该维特征上差异越大，说明该特征越重要。

首先确定第一个最重要特征，即

$$y_1=\sum_{j=1}^{D}u_{1j}\boldsymbol{x}_j=\boldsymbol{u}_1^{\mathrm{T}}\boldsymbol{x} \tag{5-68}$$

其方差

$$\begin{aligned}\operatorname{var}(y_1)&=E\left[y_1^2\right]-E\left[y_1\right]^2=E\left[\boldsymbol{u}_1^{\mathrm{T}}\boldsymbol{x}\boldsymbol{x}^{\mathrm{T}}\boldsymbol{u}_1\right]-E\left[\boldsymbol{u}_1^{\mathrm{T}}\boldsymbol{x}\right]E\left[\boldsymbol{x}^{\mathrm{T}}\boldsymbol{u}_1\right]\\&=\boldsymbol{u}_1^{\mathrm{T}}\left[E\left(\boldsymbol{x}\boldsymbol{x}^{\mathrm{T}}\right)-E(\boldsymbol{x})E\left(\boldsymbol{x}^{\mathrm{T}}\right)\right]\boldsymbol{u}_1=\boldsymbol{u}_1^{\mathrm{T}}\left[E\left(\boldsymbol{x}\boldsymbol{x}^{\mathrm{T}}\right)-\boldsymbol{\mu}\boldsymbol{\mu}^{\mathrm{T}}\right]\boldsymbol{u}_1\\&=\boldsymbol{u}_1^{\mathrm{T}}\left[E\left[(\boldsymbol{x}-\boldsymbol{\mu})(\boldsymbol{x}-\boldsymbol{\mu})^{\mathrm{T}}\right]\right]\boldsymbol{u}_1=\boldsymbol{u}_1^{\mathrm{T}}\boldsymbol{\Sigma}\boldsymbol{u}_1\end{aligned} \tag{5-69}$$

式中：$\boldsymbol{\Sigma}$ 为协方差矩阵，由样本估计可得；$E[\,]$ 表示数学期望。在满足约束条件 $\boldsymbol{u}_1^{\mathrm{T}}\boldsymbol{u}_1=1$ 下最大化 y_1 的方差，即优化以下拉格朗日极值函数，有

$$f(y_1)=\boldsymbol{u}_1^{\mathrm{T}}\boldsymbol{\Sigma}\boldsymbol{u}_1-v\left(\boldsymbol{u}_1^{\mathrm{T}}\boldsymbol{u}_1-1\right) \tag{5-70}$$

式中：v 为拉格朗日系数。式（5-70）对 $\boldsymbol{u}_1$ 求导并令其为 0，求得最优解 $\boldsymbol{u}_1$ 满足

$$\boldsymbol{\Sigma}\boldsymbol{u}_1=v\boldsymbol{u}_1 \tag{5-71}$$

表明 $\boldsymbol{u}_1$ 为协方差矩阵 $\boldsymbol{\Sigma}$ 的特征向量，v 为对应的特征值。将其代入式（5-67）中，有

$$\operatorname{var}(y_1)=\boldsymbol{u}_1^{\mathrm{T}}\boldsymbol{\Sigma}\boldsymbol{u}_1=v \tag{5-72}$$

要使 $\operatorname{var}(y_1)$ 有最大值，则 v 应该是 $\boldsymbol{\Sigma}$ 的最大特征值，而 $\boldsymbol{u}_1$ 为最大特征值对应的特征向量，也称为第一主成分，它是原始特征的所有线性组合中方差最大的。

类似地，对于第二个新特征，在与第一个特征不相关的前提下，也需要满足方差最

大且模为 1。

$$E[y_1y_2]=E[y_1]E[y_2] \tag{5-73}$$

代入式（5-67），可得

$$\boldsymbol{u}_2^{\mathrm{T}}\boldsymbol{\Sigma}\boldsymbol{u}_1=0 \tag{5-74}$$

再考虑到 $\boldsymbol{u}_2$ 和 $\boldsymbol{u}_1$ 不相关，即

$$\boldsymbol{u}_2^{\mathrm{T}}\boldsymbol{u}_1=0 \tag{5-75}$$

在 $\boldsymbol{u}_2^{\mathrm{T}}\boldsymbol{u}_1=0$ 和 $\boldsymbol{u}_2^{\mathrm{T}}\boldsymbol{u}_2=1$ 的约束下最大化 $\mathrm{var}(y_2)$，即可得到 $\boldsymbol{u}_2$ 是 $\boldsymbol{\Sigma}$ 的第二大特征值对应的特征向量，称为第二主成分。依次类推，可以确定 $\boldsymbol{\Sigma}$ 的其他特征值对应的特征向量来构成其他主成分，且所有主成分的方差之和等于 $\boldsymbol{\Sigma}$ 的特征值之和，即

$$\sum_{i=1}^{p}\mathrm{var}(y_i)=\sum_{i=1}^{p}\lambda_i \tag{5-76}$$

作为一种特征提取方法，如果需要用较少的主成分来表示数据，则可以只取前面 k 个主成分，然后将样本投影到这 k 个主成分方向上，得到新的特征以便分类或聚类。此时前面 k 个主成分对应的方差占全部方差的比例，可以衡量由 k 个主成分表示的数据所包含的信息量。

具体应用时，通常会先利用样本估计协方差矩阵，然后计算其特征值和特征向量，并将特征值按照从大到小的顺序排列，即 $\lambda_1>\lambda_2>\cdots>\lambda_p$，然后预先给定一个占比阈值 t，如 80%或 90%，以便确定合适的 k。

$$\frac{\sum_{i=1}^{k}\lambda_i}{\sum_{i=1}^{p}\lambda_i}>t \tag{5-77}$$

需要说明的是，实际上人们通常会将样本进行零均值化处理后再进行 PCA 变换，有

$$\boldsymbol{y}=\boldsymbol{U}^{\mathrm{T}}(\boldsymbol{x}-\boldsymbol{\mu}) \tag{5-78}$$

由于零均值化处理只是一种平移变换，因此并不影响主成分的方向。

在模式识别问题中，采用 PCA 分析，不仅可以降维，而且可以去噪。因为很多情况下，排在后面的较小的特征值所代表的是数据中的次要信息，往往代表数据中的随机噪声，因此如果将 $\boldsymbol{y}$ 空间中特征值较小的成分直接置为 0，再利用式（5-79）或式（5-80）将其变换回原 $\boldsymbol{x}$ 空间，则可以实现原始数据降噪。由于 $\boldsymbol{U}$ 为正交变换矩阵，因此 $\boldsymbol{U}^{\mathrm{T}}=\boldsymbol{U}^{-1}$，所以

$$\boldsymbol{x}=\boldsymbol{U}\boldsymbol{y} \tag{5-79}$$

或

$$\boldsymbol{x}=\boldsymbol{U}\boldsymbol{y}+\boldsymbol{\mu} \tag{5-80}$$

例 5-2　已知样本矩阵 $\boldsymbol{X}$ 如下，请用 PCA 方法将特征降到一维，即

$$\boldsymbol{X}=\begin{bmatrix}-1 & -1 & 0 & 2 & 0\\ -2 & 0 & 0 & 1 & 1\end{bmatrix}$$

解 步骤 1: 去平均值(即去中心化),即每一维特征减去各自的平均值: 因为 $\boldsymbol{X}$ 矩阵的每行已经是零均值,所以不需要去平均值。

步骤 2: 计算协方差矩阵 $\boldsymbol{\Sigma}$,即

$$\boldsymbol{\Sigma}=\frac{1}{n}\boldsymbol{X}\boldsymbol{X}^{\mathrm{T}}=\frac{1}{5}\begin{bmatrix}-1 & -1 & 0 & 2 & 0\\ -2 & 0 & 0 & 1 & 1\end{bmatrix}\begin{bmatrix}-1 & -2\\ -1 & 0\\ 0 & 0\\ 2 & 1\\ 0 & 1\end{bmatrix}=\begin{bmatrix}\frac{6}{5} & \frac{4}{5}\\ \frac{4}{5} & \frac{6}{5}\end{bmatrix}$$

步骤 3: 用特征值分解方法求协方差矩阵 $\boldsymbol{C}$ 的特征值与特征向量。

求解得特征值为: $\lambda_1=2$, $\lambda_2=2/5$ 。

对应的特征向量为 $\boldsymbol{u}_1=\begin{bmatrix}1\\ 1\end{bmatrix}$ 和 $\boldsymbol{u}_2=\begin{bmatrix}-1\\ 1\end{bmatrix}$, 标准化后的特征向量为 $\begin{bmatrix}\frac{1}{\sqrt{2}}\\ \frac{1}{\sqrt{2}}\end{bmatrix}$, $\begin{bmatrix}-\frac{1}{\sqrt{2}}\\ \frac{1}{\sqrt{2}}\end{bmatrix}$

步骤 4: 对特征值从大到小排序,并将对应的特征向量分别作为行向量组成特征向量矩阵 $\boldsymbol{U}$,即

$$\boldsymbol{U}=\begin{bmatrix}\frac{1}{\sqrt{2}} & \frac{1}{\sqrt{2}}\\ -\frac{1}{\sqrt{2}} & \frac{1}{\sqrt{2}}\end{bmatrix}$$

步骤 5: 由于是将特征降到一维,所以选择第一行对应的特征向量进行数据变换,就得到降维后的表示,即

$$\boldsymbol{Y}=\begin{bmatrix}\frac{1}{\sqrt{2}} & \frac{1}{\sqrt{2}}\end{bmatrix}\begin{bmatrix}-1 & -1 & 0 & 2 & 0\\ -2 & 0 & 0 & 1 & 1\end{bmatrix}=\begin{bmatrix}-\frac{3}{\sqrt{2}} & -\frac{1}{\sqrt{2}} & 0 & \frac{3}{\sqrt{2}} & \frac{1}{\sqrt{2}}\end{bmatrix}$$

PCA 变换前后样本分布如图 5-5 所示。

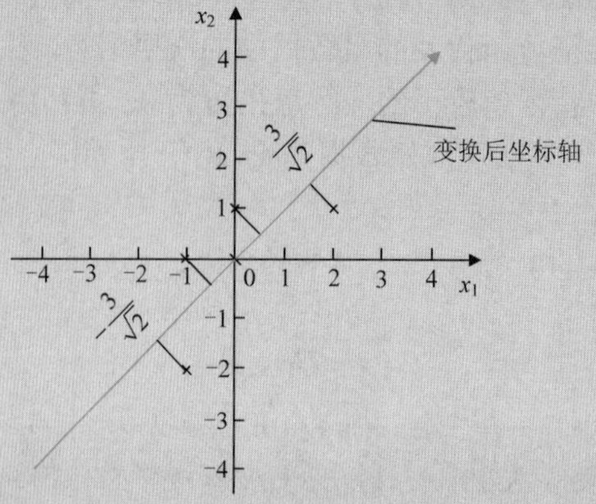

图 5-5 PCA 变换前后样本分布

5.4.4* MDS 分析

在很多实际问题中，人们希望直观地观察样本的分布情况，但是由于人们只能直观感受三维以下的空间，因此希望将样本映射到二维或三维空间，从而便于分析和判断。这同样属于特征变换降维的问题，但是对于特征变换的要求是，期望保持样本在低维空间的分布特性或关系不变，如距离不变或相对关系不变。假设原始样本矩阵为 $\boldsymbol{X} \in \mathbf{R}^{d \times n}$，变换的样本矩阵为 $\boldsymbol{Z} \in \mathbf{R}^{d' \times n}$，如果采用的是欧氏距离，即

$$\left\| \boldsymbol{z}_i - \boldsymbol{z}_j \right\|^2 = \left\| \boldsymbol{x}_i - \boldsymbol{x}_j \right\|^2 \tag{5-81}$$

或

$$若\ \delta_{ij}^{\boldsymbol{X}} > \delta_{il}^{\boldsymbol{X}}；\ 则\ \delta_{ij}^{\boldsymbol{Z}} > \delta_{il}^{\boldsymbol{Z}} \tag{5-82}$$

式中：$\delta_{ij}^{\boldsymbol{X}}$ 为样本 i 和样本 j 在 $\boldsymbol{X}$ 空间的相似性测度；$\delta_{ij}^{\boldsymbol{Z}}$ 为样本 i 和样本 j 在 $\boldsymbol{Z}$ 空间的相似性测度；$\delta_{ij}^{\boldsymbol{X}}$ 和 $\delta_{ij}^{\boldsymbol{Z}}$ 则分别为样本 i 和样本 l 在 $\boldsymbol{X}$ 空间和 $\boldsymbol{Z}$ 空间的相似性测度。式（5-82）表示样本在特征空间变换后相对关系不变，这种关系可以是距离关系、相似性关系等。如果要求在低维空间中的欧氏距离保持不变，下面基于此对 MDS 算法做简单介绍。

对于 MDS 算法来说，也就是要找到变换矩阵 $\boldsymbol{W}$，使得 $\boldsymbol{X}$ 空间和 $\boldsymbol{Z}$ 空间任意两个模式样本之间的距离不变。不妨将 n 个样本在原 $\boldsymbol{X}$ 空间的内积矩阵记作 $\boldsymbol{D} = \boldsymbol{X}^{\mathrm{T}} \boldsymbol{X} \in \mathbf{R}^{n \times n}$，其 i 行 j 列的元素对应的是样本 i 和样本 j 之间的距离。降维变换后的 n 个样本在 $\boldsymbol{Z}$ 空间的内积矩阵为 $\boldsymbol{B} = \boldsymbol{Z}^{\mathrm{T}} \boldsymbol{Z}$，对于 MDS 来说，也就是需要找到变换矩阵 $\boldsymbol{W}$，使通过 $\boldsymbol{z} = \boldsymbol{W}^{\mathrm{T}} \boldsymbol{x}$ 变换后，满足 $\boldsymbol{B} = \boldsymbol{D}$。由于在实际问题中，人们关注的最终是降维样本的表示，也就是样本在 $\boldsymbol{Z}$ 空间的坐标，如果可以直接求得 $\boldsymbol{Z}$ 坐标，也可以不用寻找变换矩阵 $\boldsymbol{W}$。

令 $\boldsymbol{B} = \boldsymbol{Z}^{\mathrm{T}} \boldsymbol{Z} \in \mathbf{R}^{n \times n}$，$\boldsymbol{B}$ 为降维样本的内积矩阵，其中元素 $b_{ij} = \boldsymbol{z}_i^{\mathrm{T}} \boldsymbol{z}_j$，如果将欧氏距离记作 $\mathrm{dist}_{ij}^2 = \left\| \boldsymbol{z}_i - \boldsymbol{z}_j \right\|^2$，则有

$$\begin{aligned} \mathrm{dist}_{ij}^2 &= \left\| \boldsymbol{z}_i - \boldsymbol{z}_j \right\|^2 = \left(\boldsymbol{z}_i - \boldsymbol{z}_j \right)^{\mathrm{T}} \left(\boldsymbol{z}_i - \boldsymbol{z}_j \right) \\ &= \left\| \boldsymbol{z}_i \right\|^2 + \left\| \boldsymbol{z}_j \right\|^2 - 2 \boldsymbol{z}_i^{\mathrm{T}} \boldsymbol{z}_j = b_{ii} + b_{jj} - 2 b_{ij} \end{aligned} \tag{5-83}$$

考虑到样本平移并不影响距离，为便于讨论，不妨将降维样本做零中心化处理，即 $\sum_{i=1}^{n} \boldsymbol{z}_i = 0$，此时矩阵 $\boldsymbol{B}$ 的行和列之和均为零，即 $\sum_{i=1}^{n} b_{ij} = \sum_{j=1}^{n} b_{ij} = 0$。不难得知

$$\sum_{i=1}^{n} \mathrm{dist}_{ij}^2 = \mathrm{tr}(\boldsymbol{B}) + n b_{jj} \tag{5-84}$$

$$\sum_{j=1}^{n} \mathrm{dist}_{ij}^2 = \mathrm{tr}(\boldsymbol{B}) + n b_{ii} \tag{5-85}$$

$$\sum_{i=1}^{n} \sum_{j=1}^{n} \mathrm{dist}_{ij}^2 = 2n\,\mathrm{tr}(\boldsymbol{B}) \tag{5-86}$$

其中矩阵的迹 $\mathrm{tr}(\boldsymbol{B}) = \sum_{i=1}^{n} \left\| \boldsymbol{z}_i \right\|^2$，令

$$\mathrm{dist}_{i.}^2=\frac{1}{n}\sum_{j=1}^{n}\mathrm{dist}_{ij}^2 \tag{5-87}$$

$$\mathrm{dist}_{.j}^2=\frac{1}{n}\sum_{i=1}^{n}\mathrm{dist}_{ij}^2 \tag{5-88}$$

$$\mathrm{dist}_{..}^2=\frac{1}{n^2}\sum_{i=1}^{n}\sum_{j=1}^{n}\mathrm{dist}_{ij}^2 \tag{5-89}$$

根据式（5-83）～式（5-89）可得

$$b_{ij}=-\frac{1}{2}\left(\mathrm{dist}_{ij}^2-\mathrm{dist}_{i.}^2-\mathrm{dist}_{.j}^2+\mathrm{dist}_{..}^2\right) \tag{5-90}$$

所以，根据距离矩阵 $\boldsymbol{D}$ 即可求得内积矩阵 $\boldsymbol{B}$ 。

由于距离矩阵为对称矩阵，对矩阵 $\boldsymbol{B}$ 做奇异值分解，$\boldsymbol{B}=\boldsymbol{V\Lambda V}^{\mathrm{T}}$，其中 $\boldsymbol{\Lambda}=\mathrm{diag}(\lambda_1,\lambda_2,\cdots,\lambda_d)$ 为 $\boldsymbol{B}$ 的特征值构成的对角阵，且 $\lambda_1\geqslant\lambda_2\geqslant\cdots\geqslant\lambda_d$，$\boldsymbol{V}$ 为特征向量构成的矩阵，根据 $\boldsymbol{B}=\boldsymbol{Z}^{\mathrm{T}}\boldsymbol{Z}$，则可以表示为

$$\boldsymbol{Z}=\boldsymbol{\Lambda}^{\frac{1}{2}}\boldsymbol{V}^{\mathrm{T}} \tag{5-91}$$

$\boldsymbol{Z}$ 的行即对应样本在变换后的低维空间的坐标表示。

为了利用 MDS 算法实现降维，如将样本特征降到 $k<d$ 维，则根据从大到小排列，有

$$\lambda_1\geqslant\lambda_2\geqslant\cdots\geqslant\lambda_k\geqslant\cdots\geqslant\lambda_d \tag{5-92}$$

利用前面 k 个 $\lambda_i(i=1,2,\cdots,k)$ 组成对角阵 $\boldsymbol{\Lambda}$，并用这些特征值对应的特征向量组成 $\boldsymbol{V}$，再利用式（5-91）即可得到降维后的样本表示 $\boldsymbol{Z}$。

上述介绍的是古典尺度 MDS 方法，实际上 MDS 分为度量型和非度量型，古典尺度 MDS 是度量型 MDS 的一种特殊形式，更多关于 MDS 算法的问题可以参考其他文献进行了解。

例 5-3 假设有 5 种水果：苹果（A）、香蕉（B）、橙子（C）、葡萄（D）和菠萝（E）。假设已经对这些水果的甜度、酸度和多汁程度进行了评分。评分数据如下：

$$A=(6,4,5)，B=(8,1,3)，C=(5,7,6)，D=(7,3,4)，E=(4,6,8)$$

希望通过 MDS 算法将这些三维评分数据降到二维空间，以便更直观地分析水果之间的口味关系。

解 第一步：计算距离。

使用欧氏距离（也可以用其他距离计算方法）来计算水果之间的距离。计算结果如下：

$$d_{AB}=4.69，d_{AC}=4.69，d_{AD}=2.45，d_{AE}=3.32，d_{CE}=2.45$$
$$d_{BC}=6.56，d_{BD}=3.32，d_{BE}=6.56，d_{CD}=5.29，d_{DE}=5.29$$

第二步：构建距离矩阵。

利用计算得到的距离构建距离矩阵 $\boldsymbol{M}$，即

$$M = \begin{bmatrix} & A & B & C & D & E \\ A & 0 & 4.69 & 3.74 & 2.45 & 3.32 \\ B & 4.69 & 0 & 6.56 & 3.32 & 6.56 \\ C & 3.74 & 6.56 & 0 & 5.29 & 2.45 \\ D & 2.45 & 3.32 & 5.29 & 0 & 5.29 \\ E & 3.32 & 6.56 & 2.45 & 5.29 & 0 \end{bmatrix}$$

第三步：计算中心化距离矩阵 $\boldsymbol{H}$。

由于样本数量 $n=5$。因此，可以得到

$$\boldsymbol{I} = \begin{bmatrix} 1 & 0 & 0 & 0 & 0 \\ 0 & 1 & 0 & 0 & 0 \\ 0 & 0 & 1 & 0 & 0 \\ 0 & 0 & 0 & 1 & 0 \\ 0 & 0 & 0 & 0 & 1 \end{bmatrix}, \ \mathbf{1} = \begin{bmatrix} 1 \\ 1 \\ 1 \\ 1 \\ 1 \end{bmatrix}$$

$$\mathbf{1} * \mathbf{1}^{\mathrm{T}} = \begin{bmatrix} 1 & 1 & 1 & 1 & 1 \\ 1 & 1 & 1 & 1 & 1 \\ 1 & 1 & 1 & 1 & 1 \\ 1 & 1 & 1 & 1 & 1 \\ 1 & 1 & 1 & 1 & 1 \end{bmatrix}$$

$$\begin{aligned} \boldsymbol{H} &= \boldsymbol{I} - (1/5) * \mathbf{1} * \mathbf{1}^{\mathrm{T}} \\ &= \begin{bmatrix} 0.8 & -0.2 & -0.2 & -0.2 & -0.2 \\ -0.2 & 0.8 & -0.2 & -0.2 & -0.2 \\ -0.2 & -0.2 & 0.8 & -0.2 & -0.2 \\ -0.2 & -0.2 & -0.2 & 0.8 & -0.2 \\ -0.2 & -0.2 & -0.2 & -0.2 & 0.8 \end{bmatrix} \end{aligned}$$

第四步：计算内积矩阵 $\boldsymbol{J}$。

首先，计算距离矩阵 $\boldsymbol{M}$ 的平方，即

$$\boldsymbol{M}^2 = \begin{bmatrix} 0.00 & 21.98 & 13.99 & 6.00 & 11.02 \\ 21.98 & 0.00 & 43.03 & 11.02 & 43.03 \\ 13.99 & 43.03 & 0.00 & 28.00 & 6.00 \\ 6.00 & 11.02 & 28.00 & 0.00 & 28.00 \\ 11.02 & 43.03 & 6.00 & 28.00 & 0.00 \end{bmatrix}$$

然后，用中心化矩阵 $\boldsymbol{H}$ 和距离矩阵 $\boldsymbol{M}$ 的平方计算内积矩阵 $\boldsymbol{J}$，即

$$\boldsymbol{J} = -\frac{1}{2} * \boldsymbol{H} * \boldsymbol{M}^2 * \boldsymbol{H} \approx \begin{bmatrix} 2.12 & -2.27 & -1.07 & 1.12 & 0.11 \\ -2.27 & 15.33 & -8.99 & 5.21 & -9.29 \\ -1.07 & -8.99 & 9.72 & -6.07 & 6.42 \\ 1.12 & 5.21 & -6.07 & 6.12 & -6.37 \\ 0.11 & -9.29 & 6.42 & -6.37 & 9.13 \end{bmatrix}$$

第五步：计算内积矩阵的特征值和特征向量。

经过计算得到最大的两个特征值和对应的特征向量。

特征值：$\lambda_1 \approx 32.32$，$\lambda_2 \approx 6.39$。

特征向量（对应λ_1）：$\boldsymbol{v}_1 \approx (-0.02 \quad 0.63 \quad -0.48 \quad 0.36 \quad -0.49)$

特征向量（对应λ_2）：$\boldsymbol{v}_2 \approx (-0.53 \quad 0.59 \quad 0.33 \quad -0.50 \quad -0.10)$

选取特征向量$\boldsymbol{v}_1$和$\boldsymbol{v}_2$，作为降维后的二维空间的基。

第六步：计算降维后的坐标。

将原始数据投影到选定的二维基上，计算新的坐标。首先，构建特征向量矩阵$\boldsymbol{V}$和特征矩阵$\boldsymbol{\Lambda}$的平方根，即

$$\boldsymbol{V} = \begin{bmatrix} -0.02 & -0.53 \\ 0.63 & 0.59 \\ -0.48 & 0.33 \\ 0.36 & -0.50 \\ -0.49 & 0.10 \end{bmatrix}$$

$$\boldsymbol{\Lambda}\hat{}(1/2) = \begin{bmatrix} \sqrt{32.32} & 0 \\ 0 & \sqrt{6.39} \end{bmatrix}$$

然后，计算降维后的坐标：$\boldsymbol{Y} = \boldsymbol{\Lambda}\hat{}(1/2) * \boldsymbol{V}^{\mathrm{T}}$

新坐标$\boldsymbol{Y} \approx \begin{bmatrix} -0.11 & 3.60 & -2.76 & 2.02 & -2.76 \\ -1.33 & 1.50 & 0.84 & -1.26 & 0.25 \end{bmatrix}$

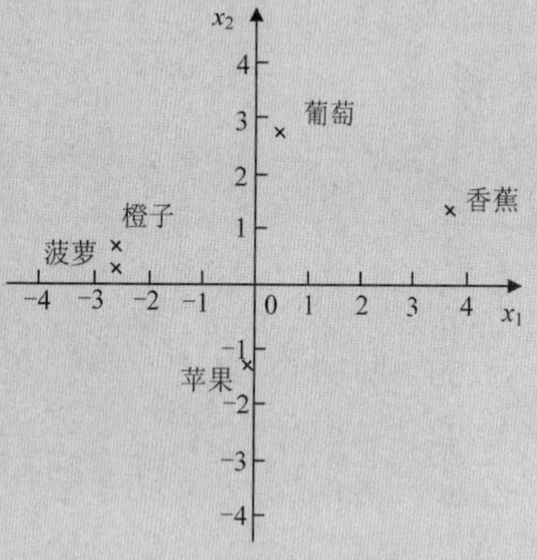

图 5-6 MDS 分析后水果口味差异示例

最后，得到降维后的 5 种水果的二维坐标：

苹果（A）：$(-0.11,-1.33)$

香蕉（B）：$(3.60,1.50)$

橙子（C）：$(-2.76,0.84)$

葡萄（D）：$(2.02,-1.26)$

菠萝（E）：$(-2.76,0.25)$

至此，已经将原始高维空间中的水果口味距离通过 MDS 算法映射到了二维空间，如图 5-6 所示。在这个二维空间中，可以观察到水果之间的相对距离关系，从而更容易地分析和理解它们之间的口味差异。

本章小结

模式识别领域的特征选择和特征提取问题本质上都属于特征降维问题，即如何从大量的原始特征中，通过选择搜索或特征变换的策略确定有利于分类的低维特征。

对于特征选择来说，其方法原理取决于两个方面：一是特征的可分性评价，二是如何通过搜索策略找寻所需的特征子集。利用穷举法和分支定界算法可以找到最优特征子集，但是在高维空间中，由于搜索空间过于庞大，超出计算机的处理能力，因此退而求其次，引出了很多启发式的搜索策略，以便降低搜索空间，使计算机可以在有限的时间内找到满足性能要求的次优特征组合。

特征变换则通过线性或非线性变换，借由对原始特征的线性或非线性组合来生成新的特征，生成的特征不仅有利于分类，而且往往还具有优良的数学特性，如正交性、独立不相关、测度不变性等。

需要说明的是，尽管特征选择和特征提取的研究很多，但仍属于相对不成熟的领域，很多方法具有经验性。

习　题

T5.1　尝试采用 PCA 分析对 Yale 人脸数据集进行降维，并观察前 10 个特征向量对应的图像。Yale 数据集见 http://vision.ucsd.edu/content/yale-face-database。

T5.2　假定 ω_i 类的样本集为 $\{\boldsymbol{x}_1,\boldsymbol{x}_2,\boldsymbol{x}_3,\boldsymbol{x}_4\}$，它们分别为

$$\boldsymbol{x}_1=[2\ \ 2]^{\mathrm{T}},\ \boldsymbol{x}_2=[3\ \ 2]^{\mathrm{T}},\ \boldsymbol{x}_3=[3\ \ 3]^{\mathrm{T}},\ \boldsymbol{x}_4=[4\ \ 2]^{\mathrm{T}}$$

（1）求类内散布矩阵。

（2）求类内散布矩阵的特征值和对应的特征向量。

（3）求变换矩阵 $\boldsymbol{W}$，将二维模式变换为一维模式。

T5.3　给定两类样本，分别为

$$\begin{aligned}\omega_1:\ &\boldsymbol{x}_1=[-5\ \ -5]^{\mathrm{T}},\ \boldsymbol{x}_2=[-5\ \ -4]^{\mathrm{T}}\\ &\boldsymbol{x}_3=[-4\ \ -5]^{\mathrm{T}},\ \boldsymbol{x}_4=[-5\ \ -6]^{\mathrm{T}}\\ &\boldsymbol{x}_5=[-6\ \ -5]^{\mathrm{T}}\\ \omega_2:\ &\boldsymbol{x}_6=[5\ \ 5]^{\mathrm{T}},\ \boldsymbol{x}_7=[5\ \ 6]^{\mathrm{T}}\\ &\boldsymbol{x}_8=[5\ \ 4]^{\mathrm{T}},\ \boldsymbol{x}_9=[4\ \ 5]^{\mathrm{T}}\end{aligned}$$

利用自相关矩阵 $\boldsymbol{R}$ 做 K-L 变换，进行一维特征提取。

T5.4　设有 8 个三维模式，分别属于两类，$P(\omega_1)=P(\omega_2)=0.5$。各类的样本为

$$\begin{aligned}\omega_1:\ &\boldsymbol{x}_1=[0\ \ 0\ \ 1]^{\mathrm{T}},\ \boldsymbol{x}_2=[0\ \ 1\ \ 1]^{\mathrm{T}}\\ &\boldsymbol{x}_3=[0\ \ 1\ \ 0]^{\mathrm{T}},\ \boldsymbol{x}_4=[1\ \ 1\ \ 1]^{\mathrm{T}}\\ \omega_2:\ &\boldsymbol{x}_5=[0\ \ 0\ \ 0]^{\mathrm{T}},\ \boldsymbol{x}_6=[1\ \ 0\ \ 1]^{\mathrm{T}}\\ &\boldsymbol{x}_7=[1\ \ 0\ \ 0]^{\mathrm{T}},\ \boldsymbol{x}_8=[1\ \ 1\ \ 0]^{\mathrm{T}}\end{aligned}$$

（1）求类内散布矩阵及其特征值、特征向量，以小特征值对应的特征向量构成变换矩阵，对模式向量进行一维特征提取。

（2）利用类间散布矩阵做 K-L 变换，进行一维特征提取。

（3）利用总体散布矩阵做 K-L 变换，进行一维特征提取。

T5.5 请采用 MDS 方法将 Iris 数据集的特征降到二维空间，并通过二维空间的可视化观察三类鸢尾花的样本分布。

思考题

S5.1 类别可分性准则通常是基于先验认知的，除了空间分布、概率分布外，请思考还有哪些可以用于鉴别类别可分性的经验常识。

S5.2 请思考特征选择问题中“退而求其次”的次优算法，对于人们解决实际问题有何现实启发意义。

S5.3 K-L、PCA、MDS 都属于特征变换基础上的特征降维，这三者各自适用于什么问题？其本质区别在哪？

第 6 章　非监督模式识别

6.1　引　　言

在第 1 章已经提过，模式识别领域既存在各种人们已经认识得比较清楚的分类问题，也存在很多缺乏足够认识的归类问题。前者借由监督模式识别方法来处理，前面介绍的都是针对监督模式识别问题的解决方法，本章将重点介绍基于非监督学习的模式识别方法，即非监督聚类方法。

显然，对于确定的任务或目标来说，表现出相同或相近特性的对象或事物应该归为一类，其通常聚集为簇状分布，也就是人们常说的“物以类聚”现象。物以类聚需遵循相似性原则，也就是相似的归为一类。尽管如此，由于缺乏充分的先验认知，非监督聚类问题往往比较复杂，解决起来有一定困难。造成困难的原因有很多，其中既有任务或目的不明确造成的困难，也有语义界定不确定造成的困难，还有对象描述视角多样造成的困难。

例如，垃圾分类就不是一个简单的问题。垃圾如何分类取决于分类的目的：如果是从环保处置的目的出发，则日常生活垃圾可以分为厨余垃圾、有害垃圾、其余垃圾、可回收物四类；而对于清洁机器人来说，基于机器人本身的作业能力和模式，它希望将家居场景的地面垃圾分为可清扫的、可擦除的、不能处理的（大尺寸的、吸纳盒和管道容纳不了的垃圾，超出机器人处理能力的垃圾）、需回避的（如宠物粪便）等。因此，同样是垃圾分类，任务和目的不同，则分类方案就不同。

即便任务和目的明确，如何分类、分多少类也不是容易确定的问题。例如，商场为了商品推销，希望对客户进行分类以便确定营销目标人群以及引入不同系列的产品。那么，对于营销策划人员来说，如果要考虑年龄、性别、职业、消费习惯、地域、收入水平等多种因素来分类，则在此基础上客户到底应该分多少类、每一类客户有没有明确对应的语义概念等，其中都存在难以准确界定的困难。

图 6-1（a）所示的一些图案，如果按照形状可以将它们划分为三角形、圆形、五角形、矩形，如图 6-1（b）所示；如果按照颜色则分为白色和黑色，如图 6-1（c）所示；按照尺寸则可以分为小型、中型、大型，如图 6-1（d）所示。因此，对于这样的一些图

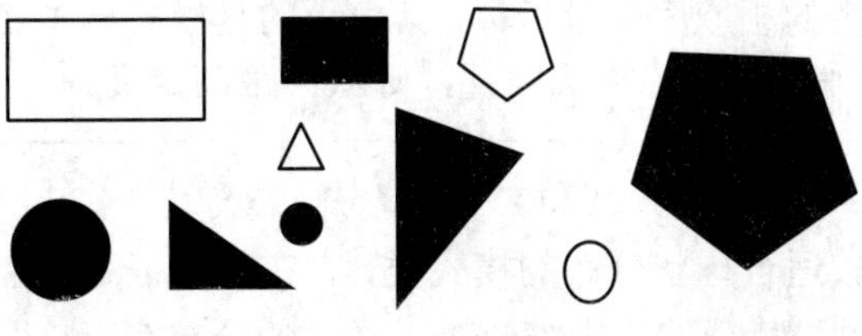

（a）示例图案

图 6-1　不同形状、颜色和尺寸的示例图案

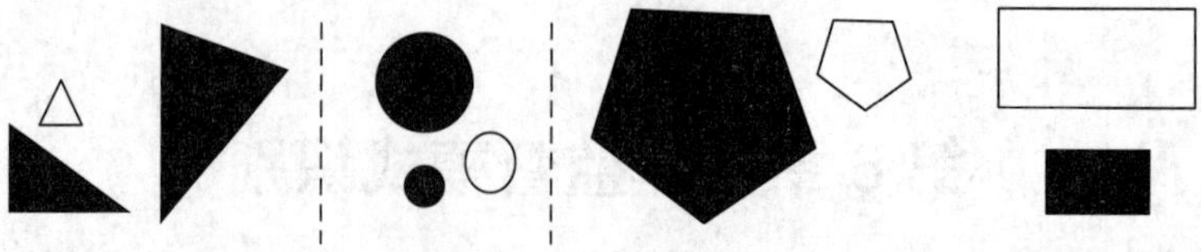

（b）按形状分类

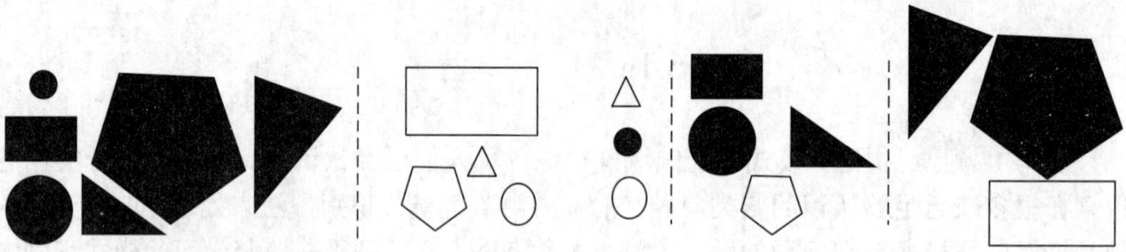

（c）按颜色分类　　　　（d）按尺寸分类

图 6-1（续）

案，到底如何划分，观察描述的视角不一样，则分类方式就不一样，并不存在唯一确定的划分方案。

与监督模式识别相比，非监督模式识别具有更大的不确定性。一方面，这种不确定性容易造成解释和理解上的分歧，造成对未知世界准确刻画的困难；另一方面，这种不确定性也提供了对客观世界解释的多种可能性，有助于人们充分探索和认识未知世界。

6.2 相似度度量与聚类准则

对于解决非监督模式识别问题来说，基本原则是相似的应该归为一类。两个样本是否属于同一类，取决于如何判断两个样本是否足够相似。为此首先须确定相似度度量依据，其次要明确聚类的准则。

6.2.1 相似度度量

衡量两个样本的相似度度量有很多，通常距离是一个非常重要的度量视角，距离越远，表示两者在样本特征空间中的差异越大，相似度越弱。比较常用的相似度度量有欧氏距离、马氏距离、明氏（Minkowaki）距离、汉明（Hamming）距离及余弦相似性等。

1. 欧氏距离

欧氏距离是最常用的相似度度量指标，其表示的是模式样本在欧氏几何空间的直线距离。假设 $\boldsymbol{x}_i$、$\boldsymbol{x}_j$ 分别是 n 维的模式向量，则欧氏距离定义为

$$D(\boldsymbol{x}_i,\boldsymbol{x}_j)=\|\boldsymbol{x}_i-\boldsymbol{x}_j\|=\sqrt{(\boldsymbol{x}_{i1}-\boldsymbol{x}_{j1})^2+(\boldsymbol{x}_{i2}-\boldsymbol{x}_{j2})^2+\cdots+(\boldsymbol{x}_{in}-\boldsymbol{x}_{jn})^2} \tag{6-1}$$

欧氏距离度量比较适合球状分布的模式类，它在各特征维度上的散布方差相同或相近。这里值得注意的是，特征的尺度缩放对于样本的分布有直接影响，由于不同特征代表的含义不同，如果采用的尺度因子不同，可能导致同样的样本集出现不同的聚类结果。

对于有特定物理含义的特征，如长度，是选择 cm、m 还是 km 作为单位，会使长度数值产生百倍、万倍的差别，从而导致样本分布呈现完全不同的情形。以图 6-2 为例，如果 x_1 单位变为 cm，则 a、b 归为一类，c、d 归为另一类；相应地，如果将 x_2 单位变为 cm，同样是分两类的话，则 a、c 归为一类，b、d 归为另一类。

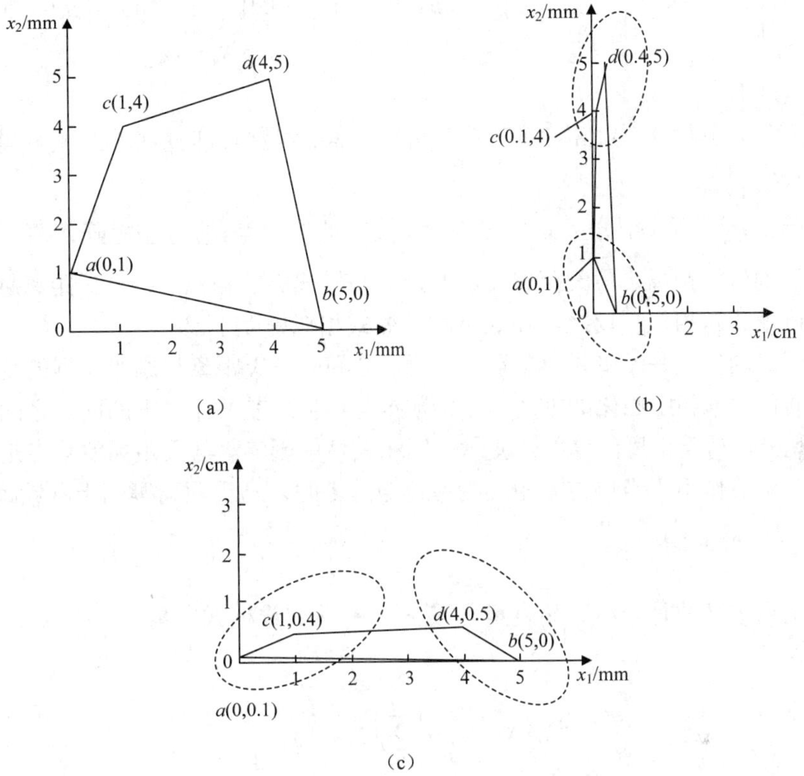

图 6-2　长度单位对于样本聚类结果的影响

为了消除尺度差异对聚类结果造成的影响，通常需要预先对数据模式进行标准化处理，使特征与度量单位或尺度因子无关。常用的标准化处理有归一化，经过标准化处理后的样本点的空间相对位置关系保持不变，因此不影响分类或聚类结果。

2. 马氏距离

欧氏距离虽然很常用，但有明显的缺点。它将样本的不同属性（即各指标或各变量）之间的差别等同看待，这有时不能符合实际要求。例如，教育研究在对人进行分析和判别时，其中个体的不同属性对于区分个体有着不同的重要性，因此，不能简单地采用欧氏距离来衡量。

马氏距离是由印度统计学家马哈拉诺比斯（P. C. Mahalanobis）提出的，它用于表示点与某一分布之间的距离。与欧氏距离不同的是，它考虑到各种特性之间的联系（例如，一条关于身高的信息会带来一条关于体重的信息，因为两者是有关联的），并且是尺度无关的，即独立于测量尺度。对于一个均值为 $\boldsymbol{\mu}$、协方差矩阵为 $\boldsymbol{\Sigma}$ 的多变量模式向量，

其马氏距离为

$$D_{\text{Mah}}^2 = (\boldsymbol{x}-\boldsymbol{\mu})^{\mathrm{T}} \boldsymbol{\Sigma}^{-1} (\boldsymbol{x}-\boldsymbol{\mu}) \tag{6-2}$$

如式（6-2）所示，为了表示方便，马氏距离一般采用平方的形式。对于 n 维模式向量，其中 $\boldsymbol{x}=\begin{bmatrix} x_1 \\ \vdots \\ x_n \end{bmatrix}$，$\boldsymbol{\mu}=\begin{bmatrix} \mu_1 \\ \vdots \\ \mu_n \end{bmatrix}$，$\boldsymbol{\Sigma}=E\left\{(\boldsymbol{x}-\boldsymbol{\mu})(\boldsymbol{x}-\boldsymbol{\mu})^{\mathrm{T}}\right\}=E\left\{\begin{bmatrix} x_1-\mu_1 \\ \vdots \\ x_n-\mu_n \end{bmatrix}[x_1-\mu_1,\cdots,x_n-\mu_n]\right\}=$ $\begin{bmatrix} \sigma_{11}^2 & \cdots & \sigma_{1n}^2 \\ \vdots & & \vdots \\ \sigma_{n1}^2 & \cdots & \sigma_{nn}^2 \end{bmatrix}$，其中 $\boldsymbol{\Sigma}$ 为对称矩阵，其对角线元素 σ_{ii}^2 是模式向量在第 i 个分量的方差，非对角线元素 σ_{ij}^2 是第 i 个分量 x_i 和第 j 个分量 x_j 的协方差。协方差矩阵 $\boldsymbol{\Sigma}$ 表示各分量上模式样本到均值的距离，马氏距离表示的是 $\boldsymbol{x}$ 与模式类的相似性，马氏距离越小，说明模式与该模式越相似；反之，模式 $\boldsymbol{x}$ 与该模式相似程度小。

马氏距离的优点是不受量纲的影响，两点之间的马氏距离与原始数据的度量单位无关，由标准化数据和中心化数据（即原始数据与均值之差）计算出的两点之间的马氏距离相同。此外，马氏距离计算不受变量之间相关性的影响。马氏距离的缺点是夸大了变化微小的变量的作用。当协方差矩阵为单位矩阵 $\boldsymbol{I}$ 时，马氏距离等同于欧氏距离。

3. 明氏距离

明氏距离定义的是一组距离度量，设 $\boldsymbol{x}_i$、$\boldsymbol{x}_j$ 为 n 维模式向量，$\boldsymbol{x}_i$ 与 $\boldsymbol{x}_j$ 之间的明氏距离表示为

$$D_m(\boldsymbol{x}_i,\boldsymbol{x}_j)=\left[\sum_{k=1}^{n}\left|x_{ik}-x_{jk}\right|^m\right]^{\frac{1}{m}} \tag{6-3}$$

当 $m=2$ 时，其等价为欧氏距离。当 $m=1$ 时，有

$$D_1(\boldsymbol{x}_i,\boldsymbol{x}_j)=\sum_{k=1}^{n}\left|x_{ik}-x_{jk}\right| \tag{6-4}$$

D_1 也称为街区距离，在二维平面空间，其可以形象地表示为图 6-3 所示的实线距离，此时

$$D_1(\boldsymbol{x}_i,\boldsymbol{x}_j)=\left|x_{i1}-x_{j1}\right|+\left|x_{i2}-x_{j2}\right| \tag{6-5}$$

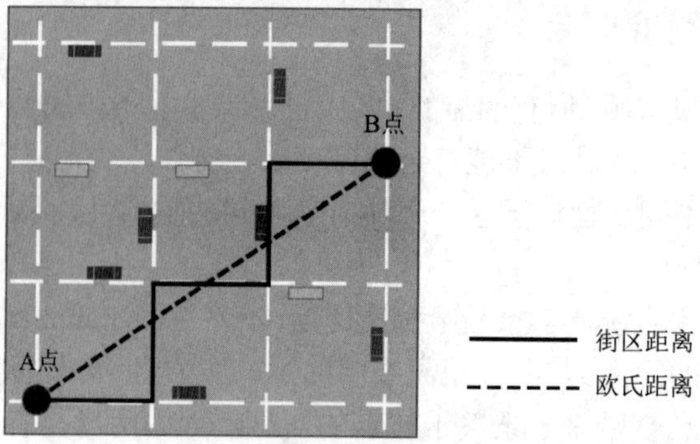

图 6-3 街区距离和欧氏距离

4. 汉明距离

如果模式向量各分量取值为二元模式，可以用汉明距离来衡量模式之间的相似性，当各分量取值为-1、1 时，则

$$D_h\left(\boldsymbol{x}_i,\boldsymbol{x}_j\right)=\frac{1}{2}\left(n-\sum_{k=1}^{n}x_{ik}x_{jk}\right) \tag{6-6}$$

或当各分量取值为 0、1 时，则

$$D_h\left(\boldsymbol{x}_i,\boldsymbol{x}_j\right)=\sum_{k=1}^{n}x_{ik}\oplus x_{jk} \tag{6-7}$$

式中：$\oplus$ 表示异或运算。由定义可知，若两个模式向量各分量取值均不同，则汉明距离有最大值 n；若各分量取值均相同，则汉明距离有最小值 0 。

汉明距离在信息论中可以表示两个等长字符串对应位置取值不同的个数，也可以用来表示两个二进制向量有多少位取值不同，其值越大，表示两个二值模式向量差别越大。

5. 余弦相似性

余弦相似性是通过计算两个向量的夹角 α 的余弦值来评估它们的相似度，即

$$S_{\cos}\left(\boldsymbol{x}_i,\boldsymbol{x}_j\right)=\cos(\alpha)=\frac{\boldsymbol{x}_i^{\mathrm{T}}\boldsymbol{x}_j}{\|\boldsymbol{x}_i\|\cdot\|\boldsymbol{x}_j\|} \tag{6-8}$$

根据常识，0° 角的余弦值为 1，180° 角的余弦值为-1，而其他任何角度的余弦值在-1～+1 之间。特征向量空间中两个模式向量之间夹角的余弦值可以表示两个向量是否大致指向相同的方向。如果它们有相同的指向，则余弦相似度值为 1；而当两个向量夹角为 90° 时，余弦相似度值为 0；如果两个向量指向完全相反的方向，则余弦相似度值为-1。该结果与向量的长度无关，只与向量的方向有关。

当样本呈线状分布时，余弦相似性是一个比较合适的相似性度量指标。在具体应用领域，最常见的应用就是文本的相似度计算。将两个文本根据它们的词语，建立两个向量，计算这两个向量的余弦值，就可以知道两个文本在统计学方法中的相似度情况，这个在文本匹配、文本检索领域有广泛的用途。

相似度度量的指标还有很多，采用何种相似性测度需针对具体问题适当选择，并没有普遍适用的相似性测度指标。

6.2.2　聚类准则

确定了相似度度量后，可以知道谁跟谁更相似，但是究竟相似到什么程度就可以判定样本属于一类，这需要借助聚类准则才能决定。聚类准则是将不同模式聚为一类还是应该归于不同类别的判断原则。聚类准则有基于阈值的和基于准则函数的两种方式。

1. 阈值准则

阈值准则就是根据预先确定的相似度阈值参数，按照最近邻原则确定未知模式样本的归属类别。后续算法中有很多基于阈值设计的聚类算法，比较经典的有近邻聚类、最大/最小距离聚类等。由于阈值的选择需要较多的经验，或需要反复试探，因此这类方法在实际应用中有较大的局限性。

2. 函数准则

函数准则就是将模式类之间的相似性或差异性用一个聚类准则函数来表示。聚类本质上是进行组合分类，类别是由具体的模式样本组成的，类别的可分性和样本的差异性直接相关，因此聚类准则函数通常是样本集和模式类（模式类数目，模式类表示）的函数。通过定义聚类准则函数，可以将聚类问题转化为准则函数的最优化问题来求解。

常用的平方误差聚类准则函数为

$$J=\sum_{i=1}^{c}\sum_{x\in C_i}\left\|\boldsymbol{x}-\boldsymbol{m}_i\right\|^2 \tag{6-9}$$

式中：c 为类别数；$\boldsymbol{m}_i=\dfrac{1}{N_i}\sum_{x\in C_i}\boldsymbol{x}$ 为模式类 C_i 的均值向量；N_i 为类 i 的模式样本数。

平方误差准则函数表示全部模式样本和相应类别模式均值之间的误差平方和。不难判断，当类别数 c 确定时，只要按照最近邻距离原则进行归类，则上述准则函数可以达到极小值，如果某个模式样本被划入不是距离最近的 $\boldsymbol{m}_i$ 属于的类，则函数准则值 J 一定会增加。

聚类准则函数有很多形式，不同的准则函数适用于不同的问题，需要根据样本的分布、不同类别样本数等因素去选择或设计合适的聚类准则函数。对于类内紧凑、类间距离较远的球状分布的模式样本，平方误差距离准则函数可以获得良好的聚类结果。但是如果类内样本呈现椭球状或线状分布，则平方误差距离准则函数就不容易获得满意的聚类结果。当不同类别样本数不均衡时，也容易将样本数多的类别拆分为两类或多类，尽管拆分后函数准则值 J 会更小，但是会造成聚类出错，如图 6-4 所示。

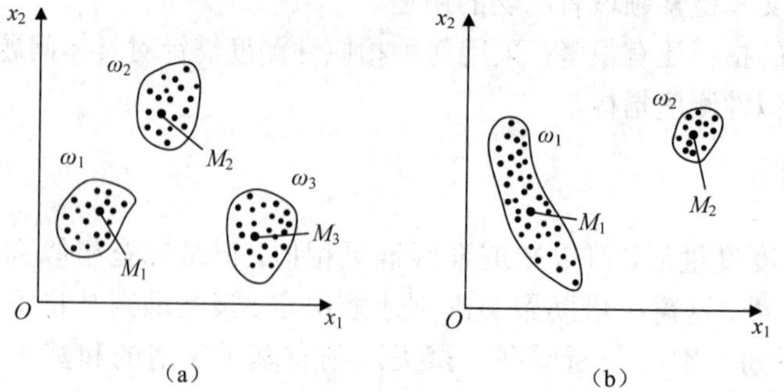

图 6-4 聚类出错或不理想的示例图

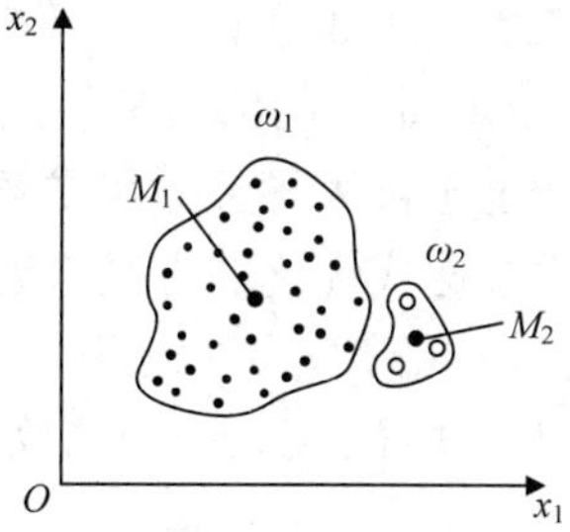

(c)

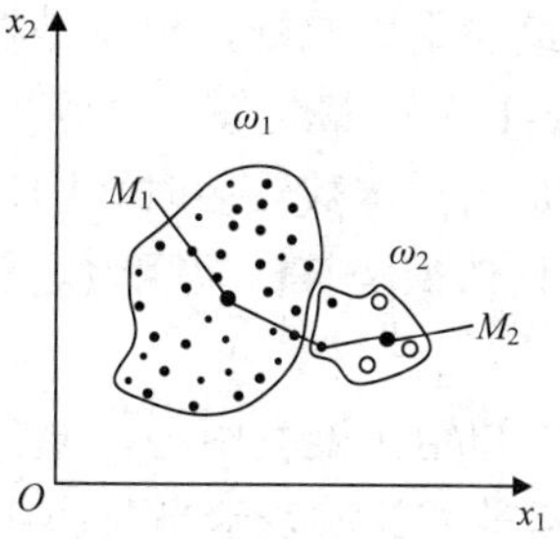

(d)

图 6-4（续）

在定义了相似性测度和聚类准则后，如何实现聚类，仍有不同的思路和算法，设计或选用何种聚类方法，取决于如何理解和看待聚类问题以及问题本身的特点。

6.3　基于原型的聚类

基于原型的聚类方法认为，聚类结构可以用一组原型来刻画，在确定原型的表示之后，首先对原型进行初始化，然后根据样本的划分对原型进行迭代更新。不同的原型表示和更新求解方式产生不同的算法。下面将介绍最常用的经典的基于原型的聚类算法，即 *k*-均值聚类算法、迭代自组织聚类算法和高斯混合聚类算法。

6.3.1　*k*-均值聚类算法

k-均值聚类也称为 C 均值聚类，其采用每类样本的均值作为聚类原型，利用样本到原型的距离误差平方和最小作为聚类准则函数。对于第 i 个聚类，其准则函数为

$$J_i = \sum_{k=1}^{N_i} \|\boldsymbol{x}_{ik} - \boldsymbol{m}_i\|^2 \tag{6-10}$$

式中：$\boldsymbol{x}_{ik}$ 为第 i 个聚类的第 k 个样本；N_i 为聚类 i 的样本数；$\boldsymbol{m}_i$ 为聚类 i 的均值。对于所有聚类模式，有

$$J = \sum_{i=1}^{c} J_i = \sum_{i=1}^{c}\sum_{k=1}^{N_i} \|\boldsymbol{x}_{ik} - \boldsymbol{m}_i\|^2 \tag{6-11}$$

聚类的目的是使全部样本到聚类中心（类均值）的距离平方误差和最小。在聚类数 c 预先确定的前提下，聚类的过程就是不断调整聚类中心 $\boldsymbol{m}_i (i=1,2,\cdots,c)$，使式（6-11）取极小值。对于上述极小值优化问题，不难推导应满足

$$\frac{\partial J}{\partial \boldsymbol{m}_i} = \sum_{i=1}^{c} \frac{\partial J_i}{\partial \boldsymbol{m}_i} = \frac{\partial}{\partial \boldsymbol{m}_i} \sum_{k=1}^{N_i} (\boldsymbol{x}_{ik} - \boldsymbol{m}_i)^{\mathrm{T}} (\boldsymbol{x}_{ik} - \boldsymbol{m}_i) = 0, \quad i=1,2,\cdots,c \tag{6-12}$$

可解得

$$\boldsymbol{m}_i = \frac{1}{N_i} \sum_{k=1}^{N_i} \boldsymbol{x}_{ik}, \quad i=1,2,\cdots,c \tag{6-13}$$

因此，选择每类样本的均值作为聚类中心，即可使准则函数达到极小值。此时，划

分样本的规则为最小距离原则，也就是将样本归类到距离聚类中心最近的那一类。

要求得式（6-11）的最优解，理论上需要考虑样本集的所有可能划分，通过穷举搜索可以实现，但是当样本数较多时，因搜索空间过于巨大导致最优求解变成NP困难问题，因此通常k-均值聚类算法采用贪心策略，通过迭代优化的方式求近似解。具体算法如下。

步骤1：首先初始化聚类中心。通常采用启发式经验确定c个初始聚类中心$\boldsymbol{m}_i(0)$（$i=1,2,\cdots,c$），括号内数值表示当前迭代次数。

步骤2：根据最小距离原则，将样本$\boldsymbol{x}$划分到聚类中心所代表的类。

若

$$\left\|\boldsymbol{x}-\boldsymbol{m}_j(t)\right\|^2=\min_i\left\{\left\|\boldsymbol{x}-\boldsymbol{m}_i(t)\right\|^2,\ i=1,2,\cdots,c\right\} \tag{6-14}$$

则$\boldsymbol{x}\in C_j$。其中，t为迭代次数。对于样本集中全部样本按照上述方式进行一次划分。

步骤3：根据步骤2的划分结果重新计算并更新所有聚类中心$\boldsymbol{m}_i(t+1)$（$i=1,2,\cdots,c$），有

$$\boldsymbol{m}_i(t+1)=\frac{1}{N_i}\sum_{k=1}^{N_i}\boldsymbol{x}_{ik},\ i=1,2,\cdots,c \tag{6-15}$$

随后用新的类均值向量作为新的聚类中心。

步骤4：如果$\boldsymbol{m}_i(t+1)\neq\boldsymbol{m}_i(t)$（$\forall i,\ i=1,2,\cdots,c$），则返回到步骤2，对模式样本重新进行划分，继续迭代；否则认为算法已收敛，输出聚类结果。

上述k-均值聚类算法属于局部搜索算法，并不保证收敛到全局最优解，其最终结果还受初始化聚类中心和样本读入顺序的影响。

上述算法对初始化比较敏感，而初始化聚类中心的做法有很多，通常都是基于启发式经验的做法。举例如下。

（1）凭经验选择代表点。由专家根据分析或观察经验从数据集中找到合适的代表点作为每类的初始聚类中心。

（2）将样本随机划分为类，然后计算每类的中心，将其作为每类的初始化原型。

（3）用“密度”选择初始聚类中心。以每个样本为中心，按照某个半径参数r划定球形邻域，统计落在邻域内的样本数作为该点的密度。计算出全部样本的密度后，首先按照密度最大原则选择第一个聚类中心，然后在超出半径r的距离外，再选择第二个密度最大的点作为第二个聚类中心，依次进行直到确定全部c个聚类中心。

（4）对样本随机排序后选择前面c个样本作为聚类中心。

（5）从$c-1$个聚类产生c个聚类中心。一种做法是，先将全部样本看作一个聚类，全部样本的均值作为第1个聚类中心，然后寻找距离该中心最远的点作为第2个聚类中心，依此类推，c个聚类划分的初始中心则为前面$c-1$个聚类划分得到的均值，再加上距离最近的均值中心最远的点。

上述选取初始聚类中心的做法都是启发式的，在实际问题中都可能获得好的聚类结果，理论上并无一般性的优劣之分。通常情况下，如果对样本缺乏特别的了解，即使随机选择初始聚类中心，也往往可以得到较为满意的聚类结果。必要时，不妨采用不同的初始聚类中心选择方法分别进行多次聚类，再选择或融合多次聚类的结果也是一种可取

的做法。

k-均值聚类算法在实际应用中还有一个较大的问题，就是聚类数 c 需要预先确定。理论上并没有好的办法解决最佳聚类数的确定问题，但在实际应用中，可以借助经验来选择合适的聚类数。显然，聚类准则函数 $J(c)$ 是随着聚类数 c 的增加而单调减小的，极端情况下，如果每一个样本单独为一类，即 n 个样本，n 个聚类，则聚类准则 $J(c=n)=0$。一般情况下，如果样本集存在 c^* 个集中的聚类，则随着 c 从 1 开始增加，当 $c<c^*$ 时，$J(c)$ 会快速下降，而当 $c>c^*$ 后，虽然随着 c 的增大，$J(c)$ 仍会下降，但是 $J(c)$ 的下降速度会明显变慢，直到 $c=n$ 时，$J(c=n)=0$。如果作一条 $J(c)$-c 曲线，会观察到曲线有一个明显的拐点，在 $c>c^*$ 以后，曲线下降的幅度开始变得平缓。图 6-5 给出了一个采用不同聚类数得到的一条 $J(c)$-c 曲线的示例，不难观察，当 $c=3$ 时，曲线出现明显的拐点，因此该拐点对应的类别数反映了该数据集实际存在的较密集的聚类个数。

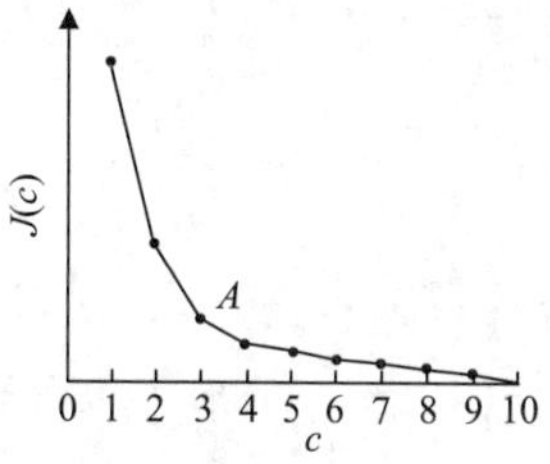

图 6-5　$J(c)$-c 曲线示例

尽管如此，也不是所有的情况下都能找到图 6-5 中这样明显的拐点，其原因可能是样本本身并不存在紧密的聚类，类与类之间没有明显的边界，或者不同类样本分布的紧密程度差别较大。此时没有更好的做法，通常只能根据领域知识人为指定先验类别数，或者尝试不同聚类数，再比较不同的聚类结果，最终选择合理的聚类数目。

例 6-1　已知 20 个模式样本如下，试用 k-均值聚类算法分类。

$$\boldsymbol{x}_1=[0\quad 0]^{\mathrm{T}},\ \boldsymbol{x}_2=[1\quad 0]^{\mathrm{T}},\ \boldsymbol{x}_3=[0\quad 1]^{\mathrm{T}},\ \boldsymbol{x}_4=[1\quad 1]^{\mathrm{T}},$$
$$\boldsymbol{x}_5=[2\quad 1]^{\mathrm{T}},\ \boldsymbol{x}_6=[1\quad 2]^{\mathrm{T}},\ \boldsymbol{x}_7=[2\quad 2]^{\mathrm{T}},\ \boldsymbol{x}_8=[3\quad 2]^{\mathrm{T}},$$
$$\boldsymbol{x}_9=[6\quad 6]^{\mathrm{T}},\ \boldsymbol{x}_{10}=[7\quad 6]^{\mathrm{T}},\ \boldsymbol{x}_{11}=[8\quad 6]^{\mathrm{T}},\ \boldsymbol{x}_{12}=[6\quad 7]^{\mathrm{T}},$$
$$\boldsymbol{x}_{13}=[7\quad 7]^{\mathrm{T}},\ \boldsymbol{x}_{14}=[8\quad 7]^{\mathrm{T}},\ \boldsymbol{x}_{15}=[9\quad 7]^{\mathrm{T}},\ \boldsymbol{x}_{16}=[7\quad 8]^{\mathrm{T}},$$
$$\boldsymbol{x}_{17}=[8\quad 8]^{\mathrm{T}},\ \boldsymbol{x}_{18}=[9\quad 8]^{\mathrm{T}},\ \boldsymbol{x}_{19}=[8\quad 9]^{\mathrm{T}},\ \boldsymbol{x}_{20}=[9\quad 9]^{\mathrm{T}}$$

解　（1）取 $K=2$，并选 $\boldsymbol{Z}_1(1)=\boldsymbol{x}_1=[0\quad 0]^{\mathrm{T}}$ 和 $\boldsymbol{Z}_2(1)=\boldsymbol{x}_2=[1\quad 0]^{\mathrm{T}}$。$S_1$ 和 S_2 是聚类划分集合。

（2）计算距离，聚类：

$$\boldsymbol{x}_1:\ \left.\begin{aligned} D_1&=\|\boldsymbol{x}_1-\boldsymbol{Z}_1(1)\|=0\\ D_2&=\|\boldsymbol{x}_1-\boldsymbol{Z}_2(1)\|\\ &=\sqrt{(0-1)^2+(0-0)^2}=\sqrt{1}\end{aligned}\right\}\Rightarrow D_1<D_2\Rightarrow \boldsymbol{x}_1\in S_1(1)$$

$$\boldsymbol{x}_2:\left.\begin{aligned}D_1&=\|\boldsymbol{x}_2-\boldsymbol{Z}_1(1)\|=\sqrt{1}\\D_2&=\|\boldsymbol{x}_2-\boldsymbol{Z}_2(1)\|=0\end{aligned}\right\}\Rightarrow D_2<D_1\Rightarrow \boldsymbol{x}_2\in S_2(1)$$

$$\boldsymbol{x}_3:\left.\begin{aligned}D_1&=\|\boldsymbol{x}_3-\boldsymbol{Z}_1(1)\|\\&=\sqrt{(0-0)^2+(1-0)^2}=\sqrt{1}\\D_2&=\|\boldsymbol{x}_3-\boldsymbol{Z}_2(1)\|\\&=\sqrt{(0-1)^2+(1-0)^2}=\sqrt{2}\end{aligned}\right\}\Rightarrow D_1<D_2\Rightarrow \boldsymbol{x}_3\in S_1(1)$$

$$\boldsymbol{x}_4:\left.\begin{aligned}D_1&=\|\boldsymbol{x}_4-\boldsymbol{Z}_2(1)\|\\&=\sqrt{(0-1)^2+(1-0)^2}=\sqrt{2}\\D_2&=\|\boldsymbol{x}_4-\boldsymbol{Z}_2(1)\|\\&=\sqrt{(1-1)^2+(1-0)^2}=\sqrt{1}\end{aligned}\right\}\Rightarrow D_2<D_1\Rightarrow \boldsymbol{x}_4\in S_2(1)$$

$$\vdots$$

可得到

$$S_1(1)=\{\boldsymbol{x}_1,\boldsymbol{x}_3\},\ N_1=2$$
$$S_2(1)=\{\boldsymbol{x}_2,\boldsymbol{x}_4,\ \cdots,\boldsymbol{x}_{20}\},\ N_2=18$$

（3）计算新的聚类中心：

$$\boldsymbol{Z}_1(2)=\frac{1}{N_1}\sum_{x\in S_1(1)}\boldsymbol{x}=\frac{1}{2}(\boldsymbol{x}_1+\boldsymbol{x}_3)=\frac{1}{2}\begin{bmatrix}0\\0\end{bmatrix}+\begin{bmatrix}0\\1\end{bmatrix}=\begin{bmatrix}0\\0.5\end{bmatrix}$$

$$\boldsymbol{Z}_2(2)=\frac{1}{N_2}\sum_{x\in S_2(1)}\boldsymbol{x}=\frac{1}{18}(\boldsymbol{x}_2+\boldsymbol{x}_4+\cdots+\boldsymbol{x}_{20})=\begin{bmatrix}5.67\\5.33\end{bmatrix}$$

（4）判断：因为 $\boldsymbol{Z}_j(2)\neq\boldsymbol{Z}_j(1)$（$j=1$、2），故返回第（2）步。

（5）由新的聚类中心得

$$\boldsymbol{x}_1:\left.\begin{aligned}D_1&=\|\boldsymbol{x}_1-\boldsymbol{Z}_1(2)\|=\cdots\\D_2&=\|\boldsymbol{x}_1-\boldsymbol{Z}_2(2)\|=\cdots\end{aligned}\right\}\Rightarrow \boldsymbol{x}_1\in S_1(2)$$

$$\boldsymbol{x}_2:\left.\begin{aligned}D_1&=\|\boldsymbol{x}_2-\boldsymbol{Z}_1(2)\|=\cdots\\D_2&=\|\boldsymbol{x}_2-\boldsymbol{Z}_2(2)\|=\cdots\end{aligned}\right\}\Rightarrow \boldsymbol{x}_2\in S_2(2)$$

$$\vdots$$

$$\boldsymbol{x}_{20}:\left.\begin{aligned}D_1&=\|\boldsymbol{x}_{20}-\boldsymbol{Z}_1(2)\|=\cdots\\D_2&=\|\boldsymbol{x}_{20}-\boldsymbol{Z}_2(2)\|=\cdots\end{aligned}\right\}\Rightarrow \boldsymbol{x}_{20}\in S_2(2)$$

有

$$S_1(2)=\{\boldsymbol{x}_1,\boldsymbol{x}_2,\cdots,\boldsymbol{x}_8\},\ N_1=8$$
$$S_2(2)=\{\boldsymbol{x}_9,\boldsymbol{x}_{10},\cdots,\boldsymbol{x}_{20}\},\ N_2=12$$

（6）计算聚类中心

$$\boldsymbol{Z}_1(3)=\frac{1}{N_1}\sum_{x\in S_1(2)}\boldsymbol{x}=\frac{1}{8}(\boldsymbol{x}_1+\boldsymbol{x}_2+\cdots+\boldsymbol{x}_8)=\begin{bmatrix}1.25\\1.13\end{bmatrix}$$

$$Z_2(3)=\frac{1}{N_2}\sum_{x\in S_2(2)}x=\frac{1}{12}(x_9+x_{10}+\cdots+x_{20})=\begin{bmatrix}7.67\\7.33\end{bmatrix}$$

（7）因为 $Z_j(3)\neq Z_j(2)(j=1、2)$，故返回第（2）步，以 $Z_1(3)$、$Z_2(3)$ 为中心进行聚类。

（8）以新的聚类中心分类，求得的分类结果与前一次迭代结果相同，即

$$S_1(3)=S_1(2),\ S_2(3)=S_2(2)$$

（9）计算新聚类中心向量值，聚类中心与前一次结果相同，即

$$Z_1(4)=Z_1(3)=[1.25\quad 1.13]^{\mathrm T},\ Z_2(4)=Z_2(3)=[7.67\quad 7.33]^{\mathrm T}$$

算法收敛，输出聚类中心 $Z_1=[1.25\quad 1.13]^{\mathrm T}$，$Z_2=[7.67\quad 7.33]^{\mathrm T}$。$k$-均值聚类结果如图 6-6 所示。

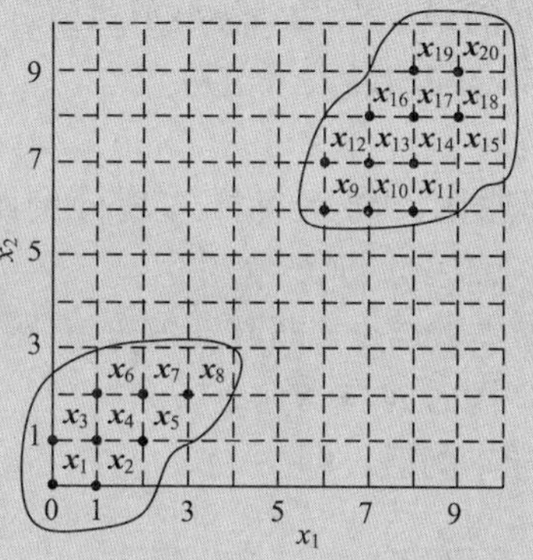

图 6-6　k-均值聚类结果

6.3.2　迭代自组织聚类算法

k-均值聚类算法在实际应用中存在的困难是需要预先确定聚类数，而且一旦聚类数确定，算法就只能按照误差平方和最小的原则划分到指定的类中，如果类别数设置不当，往往不能获得理想的聚类结果。恰当的类别数通常是无法准确预判的，这就造成在实际应用时，k-均值聚类算法需要反复尝试不同的聚类数，并比较聚类结果，以便找到解决具体聚类问题的方案。为此，有一种改进的 k-均值聚类算法，称为迭代自组织聚类算法（iterative self-organizing data analysis techniques，ISODATA）。ISODATA 聚类算法可以在运行过程中，通过对类别的评判准则，自动地对有关类别进行合并或分裂，从而自适应地调整聚类数，以便得到更为合理的聚类结果，这在一定程度上突破了 k-均值聚类算法需要预先确定聚类数的限制。

ISODATA 算法的基本步骤和思路如下。

（1）选择初始参数。可以事先选取不同的参数指标，也可以在迭代过程中人为修改参数指标，以便将 N 个模式样本划分到各个聚类中心中去。

（2）计算各类中各样本的距离指标函数。

（3）～（5）按给定的要求，将前一次获得的聚类集进行分裂和合并处理[（4）为分裂处理，（5）为合并处理]，从而获得新的聚类中心。

（6）重新进行迭代运算，计算各项指标，判断聚类结果是否符合要求。经过多次迭代后，若结果收敛，则算法结束。

下面是 ISODATA 算法的具体步骤。

第一步：输入 N 个模式样本 $\{\boldsymbol{x}_i,\ i=1,2,\cdots,N\}$，并预先设置下列参数：

预选 N_c 个初始聚类中心 $\{z_1, z_2, \cdots, z_{N_c}\}$，不要求 N_c 等于所要求的聚类数目，且初始位置可以从样本中任意选取。事先设置以下参数：

K——期望聚类数；

θ_N——每一聚类中最少的样本数目；

θ_s——聚类中样本分布的标准差；

θ_c——两个聚类中心间的最小距离，若小于此值，则两个聚类需进行合并；

L——一次迭代中可以合并的最大聚类对数；

I——允许迭代的次数。

第二步：根据最近邻原则，将所有样本划分到距离它最近的聚类 C_j 中，即若 $D_j = \min\{\|\boldsymbol{x}-z_i\|,\ i=1,2,\cdots,N_c\}$，则 $\boldsymbol{x}\in C_j$。

第三步：如果某类的样本数过少，即 $N_j < \theta_N$，应删除该类。将该类的样本按照距离最小原则分到其他聚类中，同时 $N_c = N_c - 1$。

第四步：修正各类的样本均值，即

$$\boldsymbol{m}_i = \frac{1}{N_i}\sum_{k=1}^{N_i}\boldsymbol{x}_{ik},\ i=1,2,\cdots,N_c \tag{6-16}$$

第五步：计算每类样本与其中心的平均距离和总体平均距离，即

$$\bar{D}_i = \frac{1}{N_i}\sum_{k=1}^{N_i}\|\boldsymbol{x}_{ik}-\boldsymbol{m}_i\|,\ i=1,2,\cdots,N_c \tag{6-17}$$

$$\bar{D} = \frac{N_j}{N}\sum_{i=1}^{N_c}\bar{D}_i \tag{6-18}$$

第六步：若达到最大迭代次数，则算法终止；否则，

若 $N_c \leqslant K/2$，则转到第七步（分裂）；

若 $N_c > 2K$，或为偶数次迭代，则转到第八步（合并）。

第七步：分裂。

① 计算各维标准偏差 $\boldsymbol{\sigma}_i = [\sigma_{i1}, \sigma_{i2}, \cdots, \sigma_{id}]^{\mathrm{T}}$

$$\sigma_{ij} = \sqrt{\frac{1}{N_i}\sum_{i=1}^{N_i}\left(\boldsymbol{x}_{ij}-m_{ij}\right)^2},\ i=1,2,\cdots,N_c;\ j=1,2,\cdots,d \tag{6-19}$$

式中：$\boldsymbol{x}_{ij}$ 为样本 i 的第 j 维分量；m_{ij} 为第 i 个聚类中心的第 j 维分量；$\boldsymbol{\sigma}_{ij}$ 为第 i 个聚类的第 j 维标准差；d 为样本维数。

② 求取每类的标准偏差最大的分量 $\boldsymbol{\sigma}_{i\max}$（$i=1,2,\cdots,N_c$）。

③ 若存在 $\boldsymbol{\sigma}_{i\max} > \theta_s$，且 $\bar{D}_i > \bar{D}$、$N_i > 2(\theta_N + 1)$，或 $N_c \leqslant K/2$，则将 C_i 分裂为两类，

分裂后的中心分别记作 $\boldsymbol{m}_i^+$ 和 $\boldsymbol{m}_i^-$，同时置 $N_c = N_c + 1$，有

$$\boldsymbol{m}_i^+ = \boldsymbol{m}_i + \boldsymbol{\gamma}_i,\quad \boldsymbol{m}_i^- = \boldsymbol{m}_i - \boldsymbol{\gamma}_i \tag{6-20}$$

其中，分裂项 $\boldsymbol{\gamma}_i$ 可以取为 $\boldsymbol{\gamma}_i = k\boldsymbol{\sigma}_i$（$0 \leqslant k \leqslant 1$），为常数，$\boldsymbol{\gamma}_i$ 也可以设置为 $\boldsymbol{\gamma}_i = [0,\cdots,0,\sigma_{i\max},0,\cdots,0]^{\mathrm{T}}$，即只在最大分量上对该类进行分裂。

第八步：合并。

① 计算各类两两之间的距离，即

$$d_{ij} = \left\| \boldsymbol{m}_i - \boldsymbol{m}_j \right\|,\ i、j = 1,2,\cdots,N_c;\ i \neq j \tag{6-21}$$

② 对小于合并参数 θ_c 的 d_{ij} 按从小到大进行排序，即

$$d_{i_1 j_1} < d_{i_2 j_2} < \cdots < d_{i_l j_l} \tag{6-22}$$

③ 从 $d_{i_1 j_1}$ 开始，把每一个 $d_{i_l j_l}$ 对应的 $\boldsymbol{m}_{i_l}$ 和 $\boldsymbol{m}_{j_l}$ 进行合并得到新的聚类，新的类中心为

$$\boldsymbol{m}_l = \frac{1}{N_{i_l} + N_{j_l}}\left[N_{i_l}\boldsymbol{m}_{i_l} + N_{j_l}\boldsymbol{m}_{j_l} \right] \tag{6-23}$$

置 $N_c = N_c - 1$。注意每次迭代中，同一类只能被合并一次。

第九步：若达到最大迭代次数，则算法终止；否则迭代次数加 1，转到第二步。

例 6-2　设有 8 个模式样本，分别为

$$\boldsymbol{x}_1 = [0\ \ 0]^{\mathrm{T}},\ \boldsymbol{x}_2 = [1\ \ 1]^{\mathrm{T}},\ \boldsymbol{x}_3 = [2\ \ 2]^{\mathrm{T}},\ \boldsymbol{x}_4 = [4\ \ 3]^{\mathrm{T}},$$
$$\boldsymbol{x}_5 = [5\ \ 3]^{\mathrm{T}},\ \boldsymbol{x}_6 = [4\ \ 4]^{\mathrm{T}},\ \boldsymbol{x}_7 = [5\ \ 4]^{\mathrm{T}},\ \boldsymbol{x}_8 = [6\ \ 5]^{\mathrm{T}}$$

用 ISODATA 算法对这些样本进行分类。

解　第一步：选 $N_c = 1$，$\boldsymbol{Z}_1 = \boldsymbol{x}_1 = [0\ \ 0]^{\mathrm{T}}$。各参数预选为 $K = 1$，$\theta_N = 1$，$\theta_S = 1$，$\theta_C = 4$，$L = 0$，$I = 4$。这些参数在假定无先验知识可利用的情况下任意取定，目的是希望通过本算法的迭代运算使之修正过来。

第二步：只有一个聚类中心 $\boldsymbol{Z}_1$，故 $S_1 = \{\boldsymbol{x}_1, \boldsymbol{x}_2, \cdots, \boldsymbol{x}_8\}$，$N_1 = 8$。

第三步：因 $N_1 > \theta_N$，故无聚类可删除。

第四步：修改聚类中心

$$\boldsymbol{Z}_1 = \frac{1}{N_1}\sum_{x \in S_1} \boldsymbol{x} = [3.38\ \ 2.75]^{\mathrm{T}}$$

第五步：计算 $\overline{D_1}$

$$\overline{D_1} = \frac{1}{N_1}\sum_{x \in S_1} \left\| \boldsymbol{x} - \boldsymbol{Z}_1 \right\| = 2.26$$

第六步：计算 $\bar{D}$。因只有一类，故 $\bar{D} = \bar{D}_1 = 2.26$。

第七步：因不是最后一次迭代，且 $N_c = K/2$，故进入第八步进行分裂运算。

第八步：求 S_1 的标准差向量 $\boldsymbol{\sigma}_1$，得 $\boldsymbol{\sigma}_1 = [1.99\ \ 1.56]^{\mathrm{T}}$。

第九步：$\boldsymbol{\sigma}_1$ 的最大分量是 1.99，因此 $\sigma_{1\max} = 1.99$。

第十步：因 $\sigma_{1\max} > \theta_S$ 且 $N_c = K/2$，故可将 $\boldsymbol{Z}_1$ 分裂为两个新的聚类中心。因 $\sigma_{1\max}$ 是 $\boldsymbol{\sigma}_1$ 的第一个分量，即 S_1 中的样本在第一个分量方向上分布较分散，故分裂应在 $\boldsymbol{Z}_1$

的第一个分量方向上进行，分裂系数 k 选为 0.5，得

$$\boldsymbol{Z}_1^+ = [3.38 + 0.5\boldsymbol{\sigma}_{1\max} \quad 2.75]^{\mathrm{T}} = [4.38 \quad 2.75]^{\mathrm{T}}$$

$$\boldsymbol{Z}_1^- = [3.38 - 0.5\boldsymbol{\sigma}_{1\max} \quad 2.75]^{\mathrm{T}} = [2.38 \quad 2.75]^{\mathrm{T}}$$

为了方便，令 $\boldsymbol{Z}_1 = \boldsymbol{Z}_1^+$，$\boldsymbol{Z}_2 = \boldsymbol{Z}_1^-$，$N_c = N_c + 1$。之后，迭代次数加 1，跳回到第二步，进行第 2 次迭代运算。

第二步：按最近邻规则对所有样本聚类，得到两个聚类分别为

$$S_1 = \{\boldsymbol{x}_4, \boldsymbol{x}_5, \boldsymbol{x}_6, \boldsymbol{x}_7, \boldsymbol{x}_8\}，N_1 = 5$$

$$S_2 = \{\boldsymbol{x}_1, \boldsymbol{x}_2, \boldsymbol{x}_3\}，N_2 = 3$$

第三步：因 N_1 和 N_2 都大于 θ_N，故无聚类可删除。

第四步：修改聚类中心，得

$$\boldsymbol{Z}_1 = \frac{1}{N_1}\sum_{x\in S_1}\boldsymbol{x} = [4.80 \quad 3.80]^{\mathrm{T}}，\boldsymbol{Z}_2 = \frac{1}{N_2}\sum_{x\in S_2}\boldsymbol{x} = [1.06 \quad 1.00]^{\mathrm{T}}$$

第五步：计算 $\overline{D_1}$ 和 $\overline{D_2}$，得

$$\overline{D_1} = \frac{1}{N_1}\sum_{x\in S_1}\|\boldsymbol{x} - \boldsymbol{Z}_1\| = 0.8，\overline{D_2} = \frac{1}{N_2}\sum_{x\in S_2}\|\boldsymbol{x} - \boldsymbol{Z}_2\| = 0.94$$

第六步：计算 $\bar{D}$，得

$$\bar{D} = \frac{1}{8}\sum_{j=1}^{2} N_j \overline{D_j} = 0.95$$

第七步：因这是偶数次迭代，符合基本步骤第七步的第③条，故进入第十一步。

第十一步：计算聚类之间的距离，得 $D_{12} = \|\boldsymbol{Z}_1 - \boldsymbol{Z}_2\| = 4.72$。

第十二步：比较 D_{12} 与 θ_C，这里 $D_{12} > \theta_C$。

第十三步：根据第十二步的结果，聚类中心不能发生合并。

第十四步：因为不是最后一次迭代，所以要判断是否需要修改给定的参数。从前面的迭代计算结果已经得到：希望的聚类数目；聚类之间分散程度大于类内样本分离的标准差；每一聚类中样本数目都具有样本总数的足够大的百分比，且两类样本数相差不大。因此，可不必修改参数。

迭代次数加 1，回到第二步。

第二步到第六步：与前一次迭代计算的结果相同。

第七步：没有一种情况被满足，继续执行第八步，进入分裂程序。

第八步：计算 S_1 和 S_2 的标准差向量 $\boldsymbol{\sigma}_1$ 和 $\boldsymbol{\sigma}_2$，这时 S_1 和 S_2 仍为

$$S_1 = \{\boldsymbol{x}_4, \boldsymbol{x}_5, \boldsymbol{x}_6, \boldsymbol{x}_7, \boldsymbol{x}_8\}，S_2 = \{\boldsymbol{x}_1, \boldsymbol{x}_2, \boldsymbol{x}_3\}$$

计算结果为

$$\boldsymbol{\sigma}_1 = (0.75 \quad 0.75)^{\mathrm{T}}，\boldsymbol{\sigma}_2 = (0.82 \quad 0.82)^{\mathrm{T}}$$

第九步：$\boldsymbol{\sigma}_{1\max} = 0.75$，$\boldsymbol{\sigma}_{2\max} = 0.82$。

第十步：分裂条件不满足，故继续执行第十一步。

第十一步：计算聚类中心之间的距离，结果与前次迭代的结果相同。

$$D_{12} = \|\boldsymbol{Z}_1 - \boldsymbol{Z}_2\| = 4.72$$

第十二、十三步：与前一次迭代结果相同。

第十四步：因为不是最后一次迭代，且不需要修改参数，故迭代次数加 1，返回第二步。

第二步到第六步：与前一次迭代结果相同。

第七步：由于是最后一次迭代，故置$\theta_C = 0$，跳到第十一步。

第十一步：$D_{12} = \|\boldsymbol{Z}_1 - \boldsymbol{Z}_2\| = 4.72$。

第十二步：与前一次迭代结果相同。

第十三步：没有合并发生。

第十四步：因为是最后一次迭代，故算法结束。

ISODATA 算法聚类结果如图 6-7 所示。

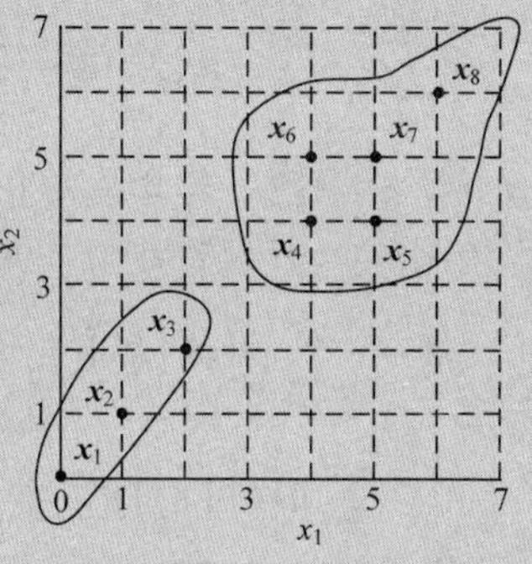

图 6-7　ISODATA 算法聚类结果

6.3.3* 高斯混合聚类算法

不同于 k-均值聚类和 ISODATA 算法以均值向量来刻画聚类结构，高斯混合聚类算法用概率密度函数模型来表示聚类原型。很多文献中将高斯混合模型记作 GMM（Gaussian mixture model）。实际问题的样本分布通常并不符合单峰的高斯分布，但是任一分布总可以用多峰的高斯混合分布模型来任意逼近。定义高斯混合分布为

$$p_{\mathcal{M}}(\boldsymbol{x}) = \sum_{i=1}^{k} \alpha_i p(\boldsymbol{x} \mid \boldsymbol{\mu}_i, \boldsymbol{\Sigma}_i) \tag{6-24}$$

该分布由 k 个高斯分布混合组成，$\boldsymbol{\mu}_i$、$\boldsymbol{\Sigma}_i$ 是第 i 个高斯分布的均值向量和协方差矩阵，$\alpha_i > 0$ 称为混合系数，满足 $\sum_{i=1}^{k} \alpha_i = 1$。可以认为样本是从上述 k 个高斯分布中独立抽取出来的，先按照 α_i 定义的先验分布选中某个高斯分布，然后再按照该高斯分布定义的概率密度函数抽取样本。为此，有的文献中直接利用类先验概率表示 α_i，即 $\alpha_i = P(\omega_i)$。

根据贝叶斯定理，样本后验概率为

$$p_{\mathcal{M}}(\omega_i|\boldsymbol{x})=\frac{\alpha_i p(\boldsymbol{x}|\omega_i)}{\sum_{j=1}^{k}\alpha_j p(\boldsymbol{x}|\omega_j)}=\frac{\alpha_i p(\boldsymbol{x}|\boldsymbol{\mu}_i,\boldsymbol{\Sigma}_i)}{\sum_{j=1}^{k}\alpha_j p(\boldsymbol{x}|\boldsymbol{\mu}_j,\boldsymbol{\Sigma}_j)} \tag{6-25}$$

如果高斯混合分布已经确定，则样本 $\boldsymbol{x}$ 按照后验概率最大的原则划分到不同的聚类中，即若 $p(\omega_i|\boldsymbol{x})=\max\{p(\omega_j|\boldsymbol{x}),\ j=1,2,\cdots,k\}$，则 $\boldsymbol{x}\in\omega_i$。

对基于高斯混合模型的聚类划分，只要确定了该模型中的参数 α_i、$\boldsymbol{\mu}_i$、$\boldsymbol{\Sigma}_i$（$i=1,2,\cdots,k$），即解决了该聚类问题。对于该问题的求解，实际上属于非监督的概率密度函数估计问题，利用前面介绍的最大似然估计即可求解。即：最大化 $\sum_{i=1}^{k}\alpha_i=1$ 条件约束下的对数似然函数，在抽取的样本集 $\mathcal{D}=\{\boldsymbol{x}_1,\boldsymbol{x}_2,\cdots,\boldsymbol{x}_n\}$ 时，有

$$\begin{aligned}\ell(\mathcal{D})&=\ln\left(\prod_{j=1}^{n}p_{\mathcal{M}}(\boldsymbol{x}_j)\right)+\lambda\left(\sum_{i=1}^{k}\alpha_i-1\right)\\&=\sum_{j=1}^{n}\ln\left(\sum_{i=1}^{k}\alpha_i p(\boldsymbol{x}_j|\boldsymbol{\mu}_i,\boldsymbol{\Sigma}_i)\right)+\lambda\left(\sum_{i=1}^{k}\alpha_i-1\right)\end{aligned} \tag{6-26}$$

利用似然函数分别对 α_i、$\boldsymbol{\mu}_i$、$\boldsymbol{\Sigma}_i$ 求偏导，并令其为 0，即可求得上述参数的迭代优化公式，具体推导过程可参考相关文献。下面给出 α_i、$\boldsymbol{\mu}_i$、$\boldsymbol{\Sigma}_i$ 的迭代优化计算式，即

$$\alpha_i=\frac{1}{n}\sum_{j=1}^{n}p(\omega_i|\boldsymbol{x}_j) \tag{6-27}$$

$$\boldsymbol{\mu}_i=\frac{\sum_{j=1}^{n}p(\omega_i|\boldsymbol{x}_j)\boldsymbol{x}_j}{\sum_{j=1}^{n}p(\omega_i|\boldsymbol{x}_j)} \tag{6-28}$$

$$\boldsymbol{\Sigma}_i=\frac{\sum_{j=1}^{n}p(\omega_i|\boldsymbol{x}_j)(\boldsymbol{x}_j-\boldsymbol{\mu}_i)(\boldsymbol{x}_j-\boldsymbol{\mu}_i)^{\mathrm{T}}}{\sum_{j=1}^{n}p(\omega_i|\boldsymbol{x}_j)} \tag{6-29}$$

上述参数的求解需要采取迭代优化的方式，标准计算流程由 E 步（expectation-step）和 M 步（maximization-step）交替组成，也称为期望最大化 EM（expectation maximization）算法。算法的 E 步首先根据当前参数利用式（6-25）估计后验概率 $p(\omega_i|\boldsymbol{x}_j)$，然后再在 M 步利用式（6-27）～式（6-29）更新模型参数 α_i、$\boldsymbol{\mu}_i$、$\boldsymbol{\Sigma}_i$。估计算法的收敛性可以确保迭代至少逼近局部极大值。EM 参考算法如下。

步骤 1：输入样本集 $\mathcal{D}=\{\boldsymbol{x}_1,\boldsymbol{x}_2,\cdots,\boldsymbol{x}_n\}$，确定高斯混合成分数 k，初始化高斯混合分布模型参数 $\{(\alpha_i,\boldsymbol{\mu}_i,\boldsymbol{\Sigma}_i)|,\ i=1,2,\cdots,k\}$。

步骤 2：根据式（6-25）计算每一个样本 $\boldsymbol{x}_j(j=1,2,\cdots,n)$ 的后验概率 $p(\omega_i|\boldsymbol{x}_j)$（$i=1,2,\cdots,k$）。

步骤 3：根据式（6-27）更新混合系数 α_i。

步骤 4：根据式（6-28）更新均值向量 $\boldsymbol{\mu}_i$。

步骤 5：根据式（6-29）更新协方差矩阵 $\boldsymbol{\Sigma}_i$。

步骤 6：满足终止条件，算法停止，输出$\{(\alpha_i,\boldsymbol{\mu}_i,\boldsymbol{\Sigma}_i)\mid,\ i=1,2,\cdots,k\}$，否则转到步骤 2。最后依据后验概率最大原则将每一个样本划分到适当的聚类中，聚类完成。

例 6-3　以西瓜密度和含糖率的数据集为例（表 6-1），试用高斯混合聚类算法进行分析。

表 6-1　西瓜密度与含糖率数据集

编号	密度	含糖率	编号	密度	含糖率	编号	密度	含糖率
1	0.697	0.460	11	0.245	0.057	21	0.748	0.232
2	0.774	0.376	12	0.343	0.099	22	0.714	0.346
3	0.634	0.264	13	0.639	0.161	23	0.483	0.312
4	0.608	0.318	14	0.657	0.198	24	0.478	0.437
5	0.556	0.215	15	0.360	0.370	25	0.525	0.369
6	0.403	0.237	16	0.593	0.042	26	0.751	0.489
7	0.481	0.149	17	0.719	0.103	27	0.532	0.472
8	0.437	0.211	18	0.359	0.188	28	0.473	0.376
9	0.666	0.091	19	0.339	0.241	29	0.725	0.445
10	0.243	0.267	20	0.282	0.257	30	0.446	0.459

解　令高斯混合成分的个数$k=3$。算法开始时，假定将高斯混合分布的模型参数初始化为：$\alpha_1=\alpha_2=\alpha_3=\dfrac{1}{3}$；$\boldsymbol{\mu}_1=x_6$，$\boldsymbol{\mu}_2=x_{22}$，$\boldsymbol{\mu}_3=x_{27}$；$\boldsymbol{\Sigma}_1=\boldsymbol{\Sigma}_2=\boldsymbol{\Sigma}_3=\begin{bmatrix}0.1 & 0.0\\ 0.0 & 0.1\end{bmatrix}$。

在第一轮迭代中，先计算样本由各混合成分生成的后验概率。以$\boldsymbol{x}_1$为例，由式(6-25)计算出后验概率$p(\omega_1\mid\boldsymbol{x}_1)=0.219$、$p(\omega_2\mid\boldsymbol{x}_1)=0.404$、$p(\omega_3\mid\boldsymbol{x}_1)=0.377$。所有样本的后验概率算完后，得到以下新的模型参数，即

$$\alpha_1'=0.361,\quad \alpha_2'=0.323,\quad \alpha_3'=0.316$$

$$\boldsymbol{\mu}_1'=[0.491;0.251],\quad \boldsymbol{\mu}_2'=[0.571;0.281],\quad \boldsymbol{\mu}_3'=[0.534;0.295]$$

$$\boldsymbol{\Sigma}_1'=\begin{bmatrix}0.025 & 0.004\\ 0.004 & 0.016\end{bmatrix},\quad \boldsymbol{\Sigma}_2'=\begin{bmatrix}0.023 & 0.004\\ 0.004 & 0.017\end{bmatrix},\quad \boldsymbol{\Sigma}_3'=\begin{bmatrix}0.024 & 0.005\\ 0.005 & 0.016\end{bmatrix}$$

模型参数更新后，不断重复上述过程，不同轮数之后的聚类结果如图 6-8 所示。

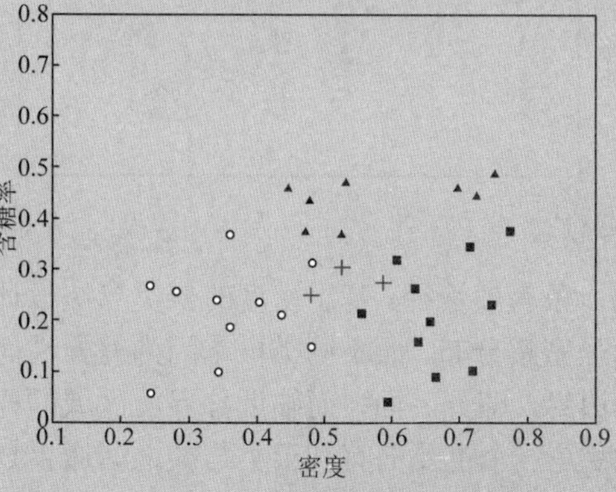

（a）5 轮迭代后

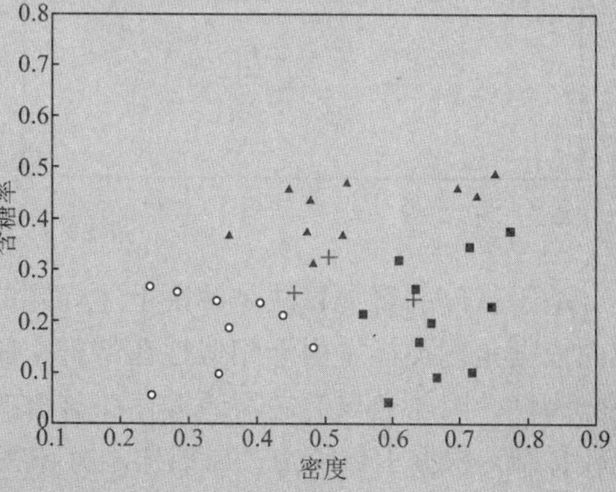

（b）10 轮迭代后

图 6-8　高斯混合聚类结果

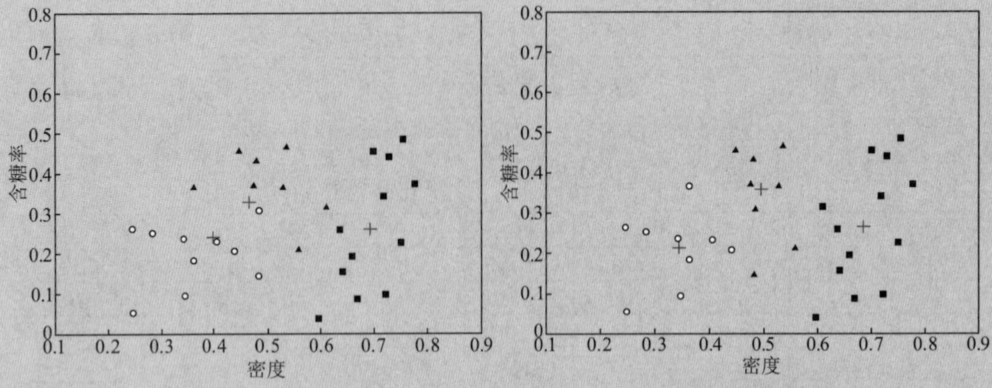

（c）20轮迭代后　　（d）50轮迭代后

○、▲、■ 分别表示3类样本；+表示3类样本的聚类中心。

图 6-8（续）

6.4* 基于密度的聚类

以均值或高斯函数为原型的聚类算法可以产生超球状或超椭球状的紧凑聚类，但是如果样本分布并不符合紧凑性的结构特点（如图 6-9 所示的双螺旋分布），则难以用基于原型的聚类得到合适的描述，为此需要探索其他聚类算法。

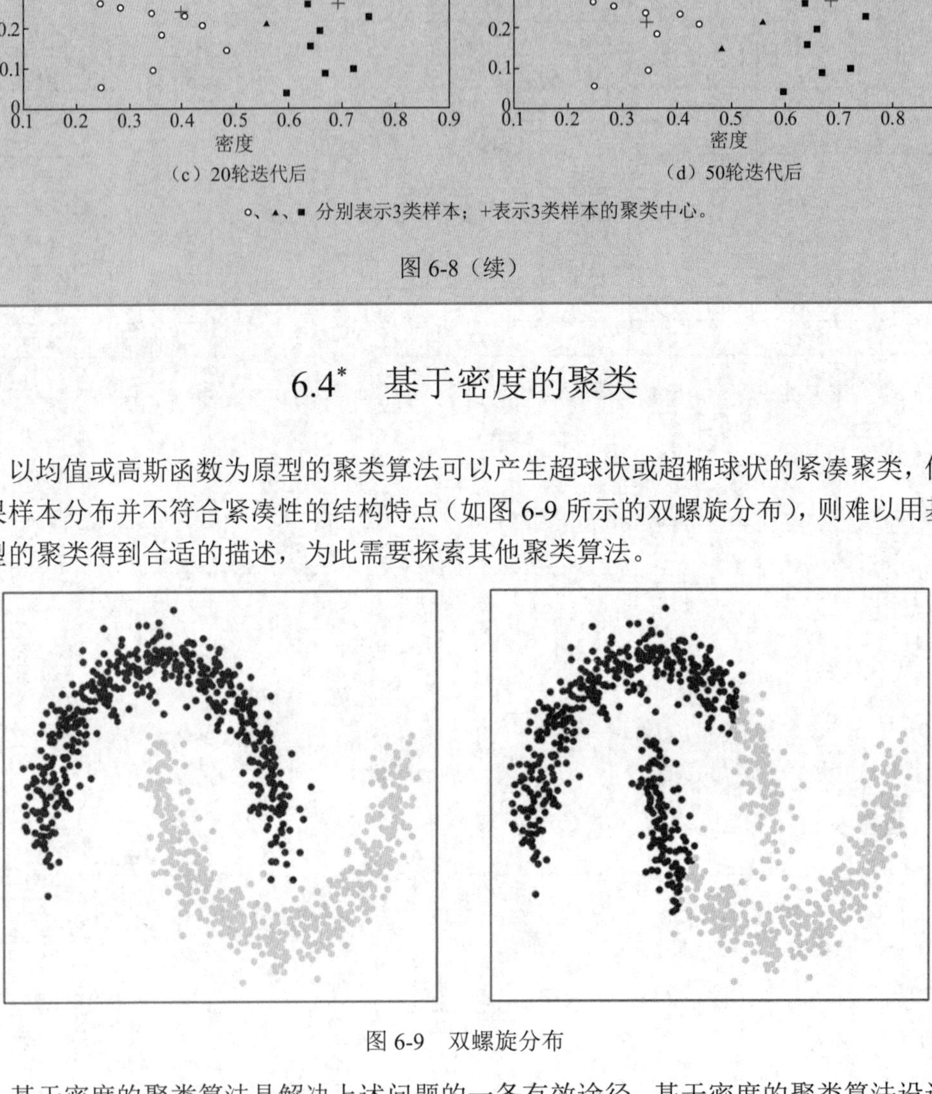

图 6-9　双螺旋分布

基于密度的聚类算法是解决上述问题的一条有效途径。基于密度的聚类算法设计考量的依据是同类样本由于相似性在特征空间呈密集分布，而不同类样本因为差异性而呈现分离性，因此类与类之间通常存在显著的边界，即分界面，而临近分界面区域的样本比较稀疏。根据上述特点，局部样本分布密度是一个重要的有利于类与类之间边界划分的信息，由此引出基于密度的聚类算法。通常情况下，密度聚类通过样本密度来考虑样本之间的连接性，并基于可连接样本不断扩展聚类以获得最终聚类结果。

具有噪声的基于密度的聚类算法（density-based spatial clustering of applications with noise，DBSCAN）是其中非常著名的密度聚类算法，它将聚类簇定义为密度相连的点的最大集合，能够把具有足够高密度的区域划分为聚类簇，并可在含有噪声的空间数据中发现任意形状的聚类，其基本概念示意图如图 6-10 所示。

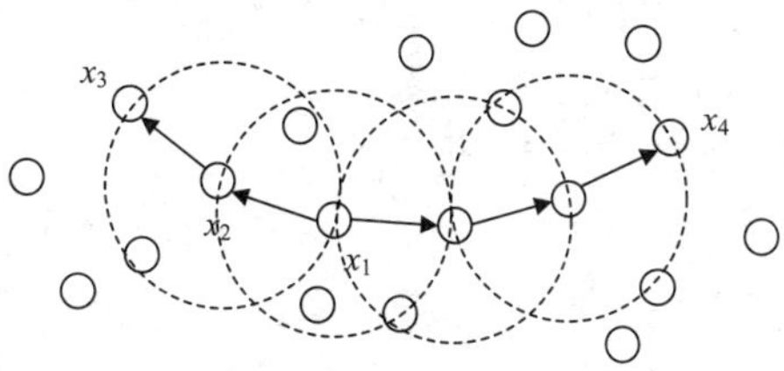

图 6-10　DBSCAN 基本概念示意图

样本密度反映了样本分布的紧密程度，为此 DBSCAN 算法定义邻域参数 $(\epsilon, \text{MinPts})$ 来刻画样本分布的紧密程度。ϵ 为邻域距离阈值参数，MinPts 为邻域内数据点个数的最小值。给定样本集 $\mathcal{D}=\{\boldsymbol{x}_1,\boldsymbol{x}_2,\cdots,\boldsymbol{x}_n\}$，首先定义以下概念。

ϵ-邻域：对于样本 $\boldsymbol{x}_j$，ϵ-邻域包含样本集 $\mathcal{D}$ 中与 $\boldsymbol{x}_j$ 的距离不大于 ϵ 的样本子集，即 $N_\epsilon(\boldsymbol{x}_j)=\{\boldsymbol{x}_i\in\mathcal{D}\mid \text{distance}(\boldsymbol{x}_i,\boldsymbol{x}_j)\leqslant\epsilon\}$。

核心对象：对于任一样本 $\boldsymbol{x}_j$，如果其 ϵ-邻域对应的 $N_\epsilon(\boldsymbol{x}_j)$ 至少包含 MinPts 个样本，即如果 $|N_\epsilon(\boldsymbol{x}_j)|\geqslant \text{MinPts}$，则 $\boldsymbol{x}_j$ 称为核心对象。

密度直达：如果 $\boldsymbol{x}_j$ 位于 $\boldsymbol{x}_i$ 的 ϵ-邻域中，且 $\boldsymbol{x}_j$ 是核心对象，则称 $\boldsymbol{x}_j$ 由 $\boldsymbol{x}_i$ 密度直达。反之不一定成立，即此时不能说 $\boldsymbol{x}_i$ 由 $\boldsymbol{x}_j$ 密度直达，除非 $\boldsymbol{x}_j$ 也是核心对象，即密度直达不满足对称性。

密度可达：对于 $\boldsymbol{x}_i$ 和 $\boldsymbol{x}_j$，如果存在样本序列 $\boldsymbol{p}_1,\boldsymbol{p}_2,\cdots,\boldsymbol{p}_t$ 满足 $\boldsymbol{p}_1=\boldsymbol{x}_i$、$\boldsymbol{p}_t=\boldsymbol{x}_j$ 且 $\boldsymbol{p}_{i+1}$ 由 $\boldsymbol{p}_i$ 密度直达，则称 $\boldsymbol{x}_j$ 由 $\boldsymbol{x}_i$ 密度可达。也就是说，密度可达满足传递性。此时序列中的传递样本 $\boldsymbol{p}_1,\boldsymbol{p}_2,\ldots,\boldsymbol{p}_t$ 均为核心对象，因为只有核心对象才能使其他样本密度直达。密度可达也不满足对称性，这个可以由密度直达的不对称性得出。

密度相连：对于 $\boldsymbol{x}_i$ 和 $\boldsymbol{x}_j$，如果存在核心对象样本 $\boldsymbol{x}_k$，使 $\boldsymbol{x}_i$ 和 $\boldsymbol{x}_j$ 均由 $\boldsymbol{x}_k$ 密度可达，则称 $\boldsymbol{x}_i$ 和 $\boldsymbol{x}_j$ 密度相连。密度相连关系满足对称性。

令 $\text{MinPts}=3$，则图 6-10 中虚线显示出 ϵ-邻域。其中，x_1 是核心对象，x_2 由 x_1 密度直达，x_3 由 x_1 密度可达，x_3 与 x_4 密度相连。

1. DBSCAN 基本思想

DBSCAN 关于聚类的定义：由密度可达关系导出的最大密度相连的样本集合，即为最终聚类的一个类别，或者说一个聚类簇。聚类簇里可包含一个或多个核心对象。如果只有一个核心对象，则簇里其他的非核心对象都在这个核心对象的 ϵ-邻域里；如果有多个核心对象，则簇里的任意一个核心对象的 ϵ-邻域中一定有一个其他的核心对象；否则这两个核心对象无法密度可达。这些核心对象的 ϵ-邻域里的所有样本组成一个 DBSCAN 聚类簇。

为了找到聚类簇，任意选择一个没有类别的核心对象作为种子，然后找到所有这个核心对象能够密度可达的样本集合，这个样本集合即为一个聚类簇。接着继续选择另一个没有类别的核心对象去寻找密度可达的样本集合，这样就得到另一个聚类簇。一直运行到所有核心对象都有类别为止。

DBSCAN 在实际执行中还有以下 3 个问题需要考虑。

（1）异常点问题：一些异常样本点或者说少量游离于簇外的样本点不在任何一个核心对象的周围，在 DBSCAN 中一般将这些样本点标记为噪声点。

（2）距离度量问题：如何计算某样本和核心对象样本的距离。在 DBSCAN 中，一般采用最近邻思想，以某种距离度量来衡量样本距离，如欧氏距离、曼哈顿距离等。

（3）数据点优先级分配问题：例如，某些样本可能到两个核心对象的距离都小于ϵ，但是这两个核心对象由于不是密度直达，又不属于同一个聚类簇，那么如何界定这个样本的类别呢？一般来说，此时 DBSCAN 采用先来后到的原则，即先进行聚类的类别簇会标记这个样本为它的类别。

2. DBSCAN 流程

输入：样本集$\mathcal{D}=\{\boldsymbol{x}_1,\boldsymbol{x}_2,\cdots,\boldsymbol{x}_n\}$，邻域参数$(\epsilon,\text{MinPts})$

步骤 1　初始化核心对象集合$\Omega=\phi$，初始化类别$k=0$。

步骤 2　遍历$\mathcal{D}$的元素，如果是核心对象，则将其加入核心对象集合Ω中。

步骤 3　如果核心对象集合Ω中元素都已经被访问，则算法结束；否则转入步骤 4。

步骤 4　在核心对象集合Ω中，随机选择一个未访问的核心对象o，首先将o标记为已访问，然后将o标记为类别k，最后将o的ϵ-邻域中未访问的数据存放到种子集合 seeds 中。

步骤 5　如果种子集合 seeds$=\phi$，则当前聚类簇C_k生成完毕，且$k=k+1$，跳转到步骤 3；否则，从种子集合 seeds 中挑选一个种子点 seed，首先将其标记为已访问，标记类别k，然后判断 seed 是否为核心对象，如果是，则将 seed 的ϵ-邻域中未被访问的种子点添加到种子集合中，跳转到步骤 5。

与k-means 方法相比，DBSCAN 的优点是可以发现任意形状的簇类，也不需要事先知道要形成的聚类数量，且能够在聚类的同时发现异常点。但其缺点是在样本密度不均匀、聚类间距相差很大时，聚类质量较差。另外，邻域半径参数ϵ和邻域样本阈值参数 MinPts 的选取对最后的聚类效果有较大影响。

例 6-4　仍然以表 6-1 所列的西瓜数据集为例，假定将邻域参数(ϵ,MinPts)设置为$\epsilon=0.11$，$\text{MinPts}=5$，试采用 DBSCAN 做聚类分析。

解　首先根据 DBSCAN 找出各样本的ϵ-邻域并确定核心对象集合：$\Omega=\{\boldsymbol{x}_3,\boldsymbol{x}_5,\boldsymbol{x}_6,\boldsymbol{x}_8,\boldsymbol{x}_9,\boldsymbol{x}_{13},\boldsymbol{x}_{14},\boldsymbol{x}_{18},\boldsymbol{x}_{19},\boldsymbol{x}_{24},\boldsymbol{x}_{25},\boldsymbol{x}_{28},\boldsymbol{x}_{29}\}$。然后，从$\Omega$中随机选取一个核心对象作为种子，找出由它密度可达的所有样本，这样就构成了第一个聚类簇。不失一般性，假定核心对象x_8被选中作为种子，则 DBSCAN 生成的第一个聚类簇为

$$C_1=\{x_6,\boldsymbol{x}_7,\boldsymbol{x}_8,\boldsymbol{x}_{10},\boldsymbol{x}_{12},\boldsymbol{x}_{18},\boldsymbol{x}_{19},\boldsymbol{x}_{20},\boldsymbol{x}_{23}\}$$

然后，DBSCAN 将 C_1 中包含的核心对象从 Ω 中去除：$\Omega=\Omega/C_1=\{\boldsymbol{x}_3,\boldsymbol{x}_5,\boldsymbol{x}_9,\boldsymbol{x}_{13},\boldsymbol{x}_{14},\boldsymbol{x}_{24},\boldsymbol{x}_{25},\boldsymbol{x}_{28},\boldsymbol{x}_{29}\}$。再从更新后的集合 Ω 中随机选取一个核心对象作为种子来生成下一个聚类簇。上述过程不断重复，直至 Ω 为空。图 6-11（a）～（d）显示出 DBSCAN 先后生成下一个聚类簇的情况。C_1 之后生成的聚类簇为

$$C_2=\{\boldsymbol{x}_3,\boldsymbol{x}_4,\boldsymbol{x}_5,\boldsymbol{x}_9,\boldsymbol{x}_{13},\boldsymbol{x}_{14},\boldsymbol{x}_{16},\boldsymbol{x}_{17},\boldsymbol{x}_{21}\}$$

$$C_3=\{\boldsymbol{x}_1,\boldsymbol{x}_2,\boldsymbol{x}_{22},\boldsymbol{x}_{26},\boldsymbol{x}_{29}\}$$

$$C_4=\{\boldsymbol{x}_{24},\boldsymbol{x}_{25},\boldsymbol{x}_{27},\boldsymbol{x}_{28},\boldsymbol{x}_{30}\}$$

本例的 DBSCAN 聚类结果如图 6-11 所示。

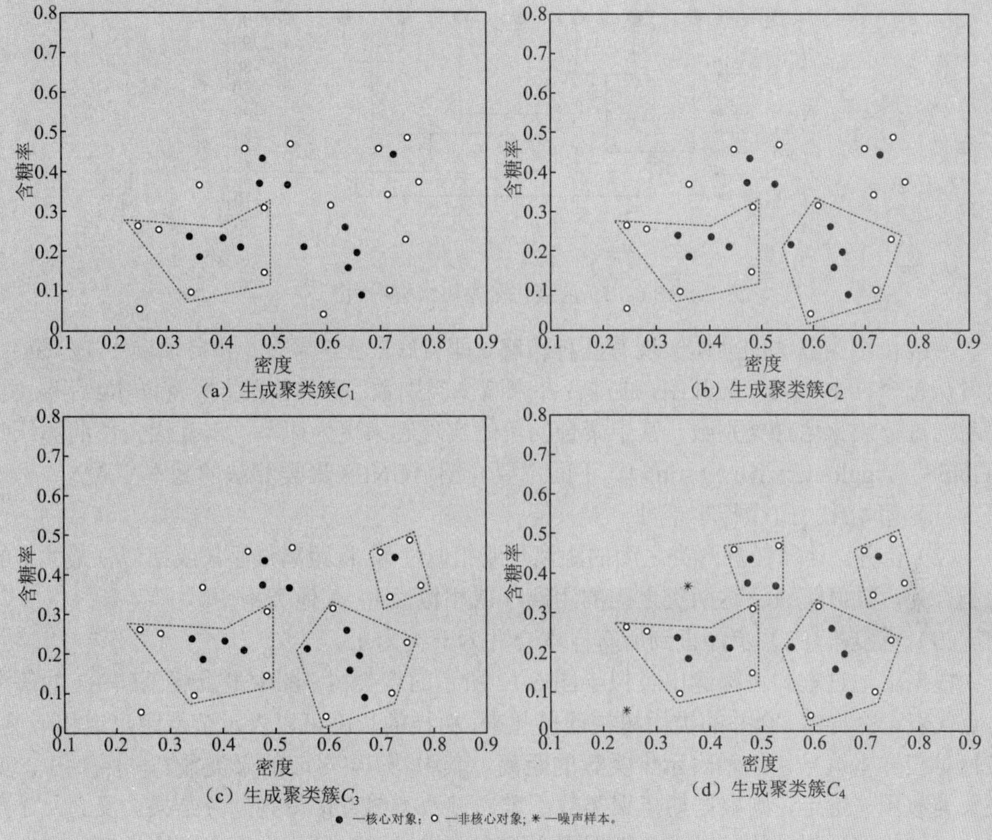

图 6-11　DBSCAN 聚类结果

6.5　层级化聚类

前面的聚类算法将聚类簇中不同子类看作并行的、独立的类。但是在实际应用领域，人们经常会根据不同的层次将样本划分成不同的类别，不同层级的类别之间通常存在隶属关系。最为典型的是关于自然界生物种类的划分。例如，生物学将生物按层级分为五界（原核生物界、原生生物界、真菌界、植物界和动物界），界下分门，门下有纲，纲下

有目，目又由很多科组成等，直到特定的个体生物种类。类似的层级化分类思想在社会学和生物信息学领域中也非常常见。

描述层级化分类的最直观方式为聚类树结构，如图 6-12 所示。对于 N 个没有类别标签的样本，根据需要可以按照层级化树将样本划分为一系列合理的聚类簇。极端情况下，可以将样本划分为 N 类，每个样本一类；也可以只划分为 1 类，即将所有样本归为一类。基于聚类树，也可以设置合适的相似度阈值来进行聚类划分，从而得到一系列类别数从多到少的划分方案，然后根据预期聚类数选取合适的划分方案作为聚类结果。

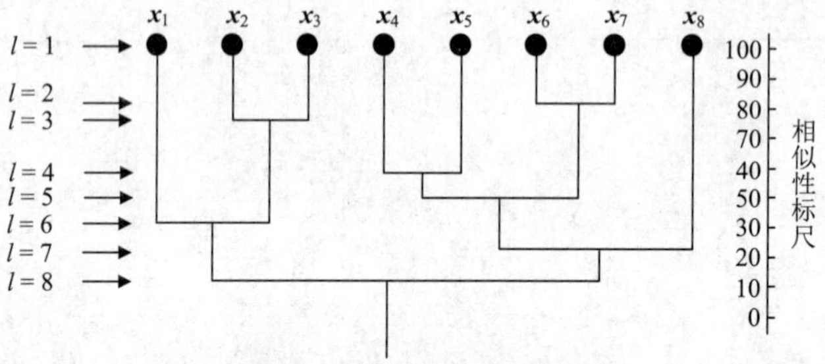

图 6-12 层级化聚类树结构示例图

层级化聚类算法的具体实现有两种策略，即自底向上（聚合）和自顶向下（分裂）。前者从每个样本作为一类开始，通过合并来减少类别数；而后者先将所有样本看作一类，然后通过分裂来增加类别数。其中聚合的策略实现起来更为简单，具有代表性的算法是 AGNES（Agglomerative Nesting）。下面主要介绍 AGNES 聚类算法的基本步骤：

（1）初始化，每个样本单独一类。

（2）合并。计算任意两类之间的距离（或相似性），将距离最小（或相似性最大）的两类合并，同时记录下这两类之间的距离（或相似性），其他类不变。

（3）重复第（2）步，直到所有样本合并为一类为止。

根据上述过程即可构建出类似于图 6-12 所示的聚类树。图中最上层（$l=1$）的每个节点代表一个样本，合并的类用树枝连接起来，树枝的长度可以表示节点距离或相似度，横轴对应样本编号，纵轴表示聚类簇的距离。其中第 l 层对应的聚类数 $k=n-l+1$，如果聚类数预先给定，则根据期望聚类数不难通过聚类树直接得到划分结果。反之，在直观的层级化聚类树结构基础上，根据聚类距离或相似性标尺（体现为树枝长度）也有助于确定合适的聚类数。因此，聚类树是一种非常直观、有效的层级化聚类结构表达方式。

构建聚类树的过程中，比较关键的是如何计算聚类簇之间的距离或相似度。以距离计算为例，常用的距离度量有

$$d_{\min}\left(C_i, C_j\right)=\min_{\substack{\boldsymbol{x}\in C_i\\ \boldsymbol{x}'\in C_j}}\left\|\boldsymbol{x}-\boldsymbol{x}'\right\| \tag{6-30}$$

$$d_{\max}\left(C_i, C_j\right)=\max_{\substack{\boldsymbol{x}\in C_i\\ \boldsymbol{x}'\in C_j}}\left\|\boldsymbol{x}-\boldsymbol{x}'\right\| \tag{6-31}$$

$$d_{\text{avg}}\left(C_i,C_j\right)=\frac{1}{n_i n_j}\sum_{x\in C_i}\sum_{x'\in C_j}\|\boldsymbol{x}-\boldsymbol{x}'\| \tag{6-32}$$

$$d_{\text{mean}}\left(C_i,C_j\right)=\|\boldsymbol{m}_i-\boldsymbol{m}_j\| \tag{6-33}$$

式中：$d_{\min}(\cdot,\cdot)$ 以两类中距离最近的两个样本之间的距离作为两类的距离，也称为单连接；相反，$d_{\max}(\cdot,\cdot)$ 以两类中距离最远的两个样本之间的距离作为两类的距离，也称为全连接；$d_{\text{avg}}(\cdot,\cdot)$ 则以两类样本的平均距离作为两类的距离，即平均连接；而 $d_{\text{mean}}(\cdot,\cdot)$ 以两类均值中心的距离作为两类的距离；$\boldsymbol{m}_i$ 和 $\boldsymbol{m}_j$ 分别为 C_i 和 C_j 的均值向量。选择不同的聚类簇距离度量，会得到不同的聚类结果。

例 6-5　下面有 20 位志愿者的三围（胸围、腰围、臀围）数据，探讨用三围的数据进行聚类分析，看聚类结果能否反映性别的差异。

根据表 6-2 所列的三围数据，得到表 6-3 所示的距离矩阵。图 6-13 给出了在分别采用单连接、全连接和平均连接等聚类簇距离度量时，在设定的分类高度将样本聚为两类后所绘制的带聚类簇群标签的主成分散点图。其中，PC1、PC2 分别表示第一和第二主成分，single、complete、average 分别表示采用单连接、全连接和平均连接距离度量，图 6-13 的上半部分为构建的层级化聚类树。可以观察到，完全连接聚类和平均连接聚类的结果相似，男性（除去 0 号和 4 号个体）和女性（除去 18 号个体）能够大致各自聚为一个簇群。

图 6-13（彩图）

表 6-2　三围数据

ID	胸围	腰围	臀围	性别
0	34	30	32	男
1	37	32	37	男
2	38	30	36	男
3	36	33	39	男
4	38	29	33	男
5	43	32	38	男
6	40	33	42	男
7	38	30	40	男
8	40	30	37	男
9	41	32	39	男
10	36	24	35	女
11	36	25	37	女
12	34	24	37	女
13	33	22	34	女
14	36	26	38	女
15	37	26	37	女
16	34	25	38	女
17	36	26	37	女
18	38	28	40	女
19	35	23	35	女

表 6-3 三围数据生成的距离矩阵

	0	1	2	3	4	5	6	7	8	9	10	11	12	13	14	15	16	17	18	19
0	0.00	6.16	5.66	7.87	4.24	11.00	12.04	8.94	7.81	10.10	7.00	7.35	7.81	8.31	7.48	7.07	7.81	6.71	9.17	7.68
1	6.16	0.00	2.45	2.45	5.10	6.08	5.92	3.74	3.61	4.47	8.31	7.07	8.54	11.18	6.16	6.00	7.68	6.08	5.10	9.43
2	5.66	2.45	0.00	4.69	3.16	5.74	7.00	4.00	2.24	4.69	6.40	5.48	7.28	9.64	4.90	4.24	6.71	4.58	4.47	7.68
3	7.87	2.45	4.69	0.00	7.48	7.14	5.00	3.74	5.39	5.10	9.85	8.25	9.43	12.45	7.07	7.35	8.31	7.28	5.48	10.82
4	4.24	5.10	3.16	7.48	0.00	7.68	10.05	7.07	4.58	7.35	5.74	6.00	7.55	8.66	6.16	5.10	7.55	5.39	7.07	7.00
5	11.00	6.08	5.74	7.14	7.68	0.00	5.10	5.74	3.74	2.24	11.05	9.95	12.08	14.70	9.22	8.54	11.40	9.27	6.71	12.41
6	12.04	5.92	7.00	5.00	10.05	5.10	0.00	4.12	5.83	3.32	12.08	10.25	11.92	15.30	9.00	9.11	10.77	9.49	5.74	13.19
7	8.94	3.74	4.00	3.74	7.07	5.74	4.12	0.00	3.61	3.74	8.06	6.16	7.81	11.18	4.90	5.10	6.71	5.39	2.00	9.11
8	7.81	3.61	2.24	5.39	4.58	3.74	5.83	3.61	0.00	3.00	7.48	6.40	8.49	11.05	5.74	5.00	7.87	5.66	4.12	8.83
9	10.10	4.47	4.69	5.10	7.35	2.24	3.32	3.74	3.00	0.00	10.25	8.83	10.82	13.75	7.87	7.48	9.95	8.06	5.10	11.53
10	7.00	8.31	6.40	9.85	5.74	11.05	12.08	8.06	7.48	10.25	0.00	2.24	2.83	3.74	3.61	3.00	3.74	2.83	6.71	1.41
11	7.35	7.07	5.48	8.25	6.00	9.95	10.25	6.16	6.40	8.83	2.24	0.00	2.24	5.20	1.41	1.41	2.24	1.00	4.69	3.00
12	7.81	8.54	7.28	9.43	7.55	12.08	11.92	7.81	8.49	10.82	2.83	2.24	0.00	3.74	3.00	3.61	1.41	2.83	6.40	2.45
13	8.31	11.18	9.64	12.45	8.66	14.70	15.30	11.18	11.05	13.75	3.74	5.20	3.74	0.00	6.40	6.40	5.10	5.83	9.85	2.45
14	7.48	6.16	4.90	7.07	6.16	9.22	9.00	4.90	5.74	7.87	3.61	1.41	3.00	6.40	0.00	1.41	2.24	1.00	3.46	4.36
15	7.07	6.00	4.24	7.35	5.10	8.54	9.11	5.10	5.00	7.48	3.00	1.41	3.61	6.40	1.41	0.00	3.32	1.00	3.74	4.12
16	7.81	7.68	6.71	8.31	7.55	11.40	10.77	6.71	7.87	9.95	3.74	2.24	1.41	5.10	2.24	3.32	0.00	2.45	5.39	3.74
17	6.71	6.08	4.58	7.28	5.39	9.27	9.49	5.39	5.66	8.06	2.83	1.00	2.83	5.83	1.00	1.00	2.45	0.00	4.12	3.74
18	9.17	5.10	4.47	5.48	7.07	6.71	5.74	2.00	4.12	5.10	6.71	4.69	6.40	9.85	3.46	3.74	5.39	4.12	0.00	7.68
19	7.68	9.43	7.68	10.82	7.00	12.41	13.19	9.11	8.83	11.53	1.41	3.00	2.45	2.45	4.36	4.12	3.74	3.74	7.68	0.00

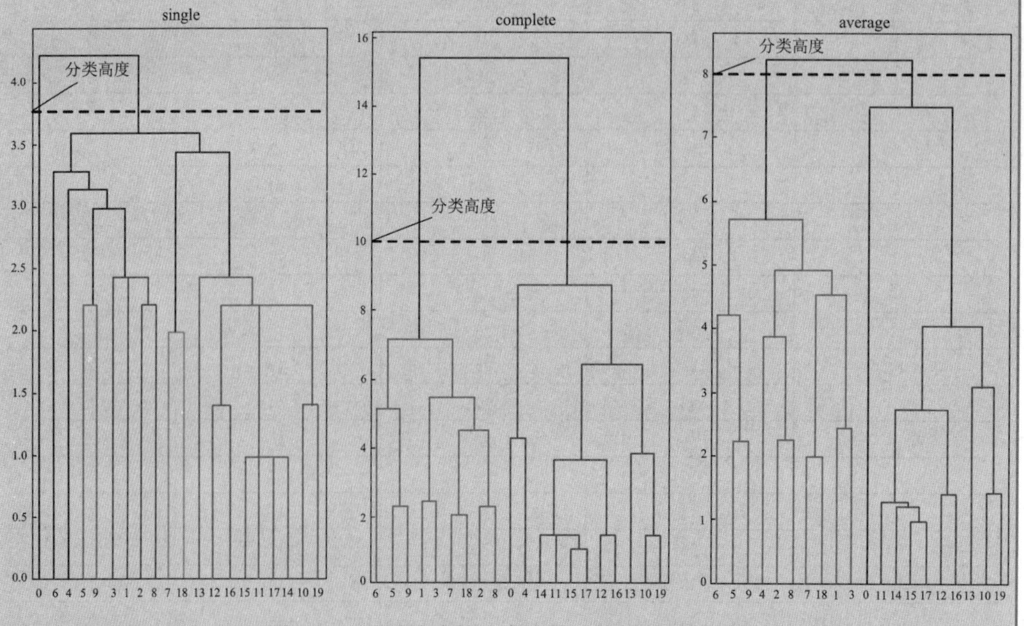

图 6-13 不同聚类簇距离度量下聚类结果示例

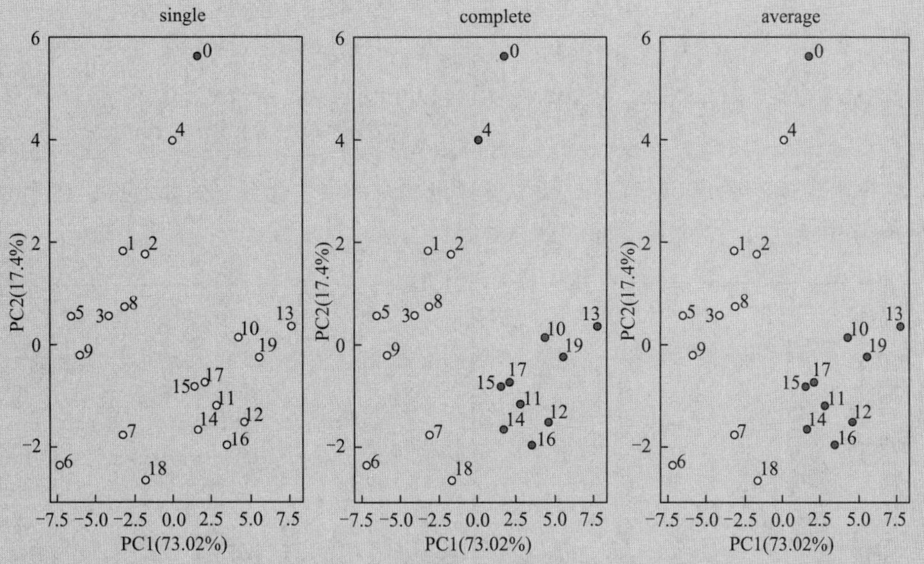

图 6-13（续）

例 6-6 仍然以表 6-1 所列的西瓜数据集为例，试用 AGNES 算法进行聚类分析。

解 令 AGNES 算法一直执行到所有样本出现在同一个簇中，即 $k=1$，则可以得到图 6-14 所示的树状图，其中每层链接一组聚类簇。在树状图的特定层次上进行分割，则可以得到相应的簇划分结果。

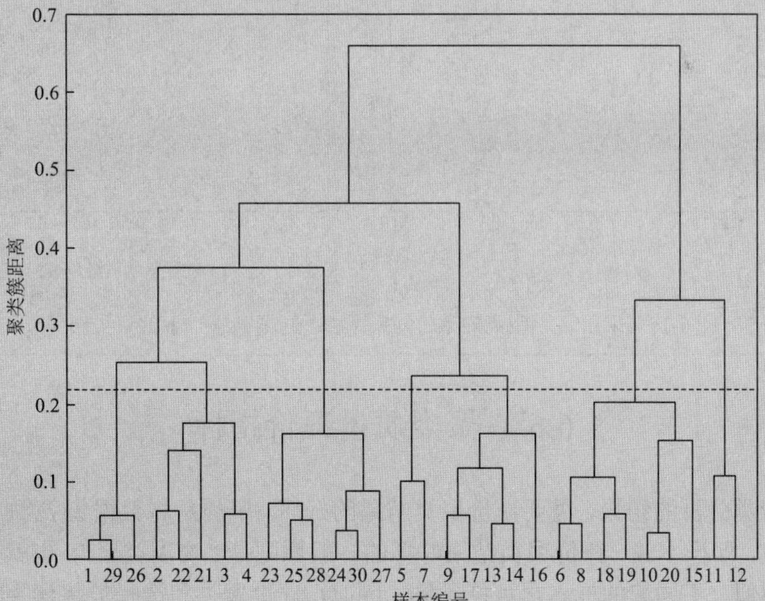

图 6-14 表 6-1 西瓜数据集上 AGNES 算法生成的树状图（采用 d_{max}）

例如，以图 6-14 所示虚线分割树状图，将得到包含 7 个聚类簇的结果，即

$$C_1=\{\boldsymbol{x}_1,\boldsymbol{x}_{26},\boldsymbol{x}_{29}\};\quad C_2=\{\boldsymbol{x}_2,\boldsymbol{x}_3,\boldsymbol{x}_4,\boldsymbol{x}_{21},\boldsymbol{x}_{22}\};$$

$$C_3=\{\boldsymbol{x}_{23},\boldsymbol{x}_{24},\boldsymbol{x}_{25},\boldsymbol{x}_{27},\boldsymbol{x}_{28},\boldsymbol{x}_{30}\};\quad C_4=\{\boldsymbol{x}_5,\boldsymbol{x}_7\};$$

$$C_5=\{\boldsymbol{x}_9,\boldsymbol{x}_{13},\boldsymbol{x}_{14},\boldsymbol{x}_{16},\boldsymbol{x}_{17}\};\quad C_6=\{\boldsymbol{x}_6,\boldsymbol{x}_8,\boldsymbol{x}_{10},\boldsymbol{x}_{15},\boldsymbol{x}_{18},\boldsymbol{x}_{19},\boldsymbol{x}_{20}\};$$

$$C_7=\{\boldsymbol{x}_{11},\boldsymbol{x}_{12}\}$$

将分割层逐步提升，则可得到聚类簇逐渐减少的聚类结果。例如，图 6-15 显示出从图 6-14 中产生 4～7 个聚类簇的划分结果。

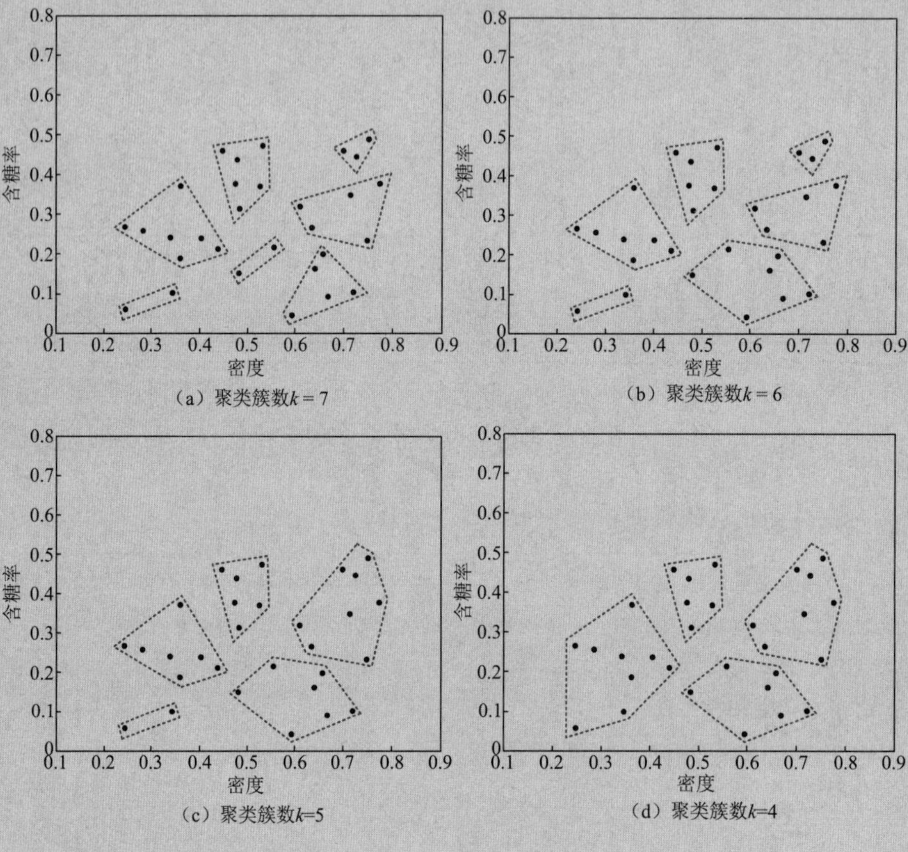

图 6-15 采用 $d_{\max}$ 距离的 AGNES 算法不同聚类簇数下的聚类结果

6.6* 聚类质量评价指标

对于聚类分析的结果，需要评价聚类结果的好坏。聚类是将数据集 D 划分为若干不相交的子集，即样本簇。评价聚类结果好坏的一般原则是“物以类聚”，也就是簇内的样本尽可能相似，不同簇的样本尽可能不同。因此，评价聚类和选择最优聚类模式的原则有两个：①紧密度，即簇中的成员必须尽可能地相互靠近；②分离度，即簇与簇之间的距离尽可能地远。在具体度量方法上，根据实际情况通常分为两类：一类是外部度量，另一类是内部度量。

6.6.1　外部评价指标

外部度量是指将聚类结果和“参考模型”的结果进行比较，其常用的指标称为“外部指标”。外部度量评价指标是基于已知分类标签数据集进行的，其需要将原有标签数据与聚类输出结果进行对比。外部度量评价指标的理想聚类结果是：具有不同类标签的数据聚合到不同的簇中，具有相同类标签的数据聚合到相同的簇中。

对于样本集 $\mathcal{D}=\{\boldsymbol{x}_1,\boldsymbol{x}_2,\cdots,\boldsymbol{x}_n\}$，假设聚类算法划分的结果为 $C=\{C_1,C_2,\cdots,C_k\}$，而参考模型给出的簇划分为 $C^*=\{C_1^*,C_2^*,\cdots,C_l^*\}$，相应簇的类别标签分别记作 λ 和 λ^*，根据样本两两配对，定义

$$\mathrm{SS}=\{(\boldsymbol{x}_i,\boldsymbol{x}_j)\mid\lambda_i=\lambda_j,\lambda_i^*=\lambda_j^*,i<j\} \tag{6-34}$$

$$\mathrm{SD}=\{(\boldsymbol{x}_i,\boldsymbol{x}_j)\mid\lambda_i=\lambda_j,\lambda_i^*\neq\lambda_j^*,i<j\} \tag{6-35}$$

$$\mathrm{DS}=\{(\boldsymbol{x}_i,\boldsymbol{x}_j)\mid\lambda_i\neq\lambda_j,\lambda_i^*=\lambda_j^*,i<j\} \tag{6-36}$$

$$\mathrm{DD}=\{(\boldsymbol{x}_i,\boldsymbol{x}_j)\mid\lambda_i\neq\lambda_j,\lambda_i^*\neq\lambda_j^*,i<j\} \tag{6-37}$$

式中：SS 包含的是聚类划分和参考划分一致的样本对；SD 包含的是聚类划分一致而参考划分不一致的样本对；DS 包含的是聚类划分不一致而参考划分一致的样本对；DD 包含的是聚类划分和参考划分均不一致的样本对。显然，有 $|\mathrm{SS}|+|\mathrm{SD}|+|\mathrm{DS}|+|\mathrm{DD}|=n(n-1)/2$。

基于上述定义可导出以下常用的聚类质量外部评价指标。

Jaccard 系数（Jaccard coefficient，JC）为

$$\mathrm{JC}=\frac{|\mathrm{SS}|}{|\mathrm{SS}|+|\mathrm{SD}|+|\mathrm{DS}|} \tag{6-38}$$

FM 指数（Fowlkes and Mallows index，FMI）为

$$\mathrm{FMI}=\sqrt{\frac{|\mathrm{SS}|}{|\mathrm{SS}|+|\mathrm{SD}|}\cdot\frac{|\mathrm{SS}|}{|\mathrm{SS}|+|\mathrm{DS}|}}=\frac{|\mathrm{SS}|}{\sqrt{(|\mathrm{SS}|+|\mathrm{SD}|)(|\mathrm{SS}|+|\mathrm{DS}|)}} \tag{6-39}$$

Rand 指数（rand index，RI）为

$$\mathrm{RI}=\frac{2(|\mathrm{SS}|+|\mathrm{DD}|)}{n(n-1)} \tag{6-40}$$

显然，上述度量指标的值在 $[0,1]$ 区间，值越大越好。

需要说明的是，聚类质量的外部评价实际上依赖于人工主观判断，取决于人们对研究对象相关领域的认识。从严格意义上讲，因为需要知道一定数量的已知类别的样本，所以并不符合非监督学习问题的性质。采用外部指标评估很大程度上依赖于所用特征和聚类准则是否符合已知类别定义，对于完全没有先验认知的非监督学习问题，实际上完全无法采用这种方式进行评估。

6.6.2　内部评价指标

对于一个真正的非监督学习问题，人们通常依靠主观判断来考察聚类分析结果的意

义。需要特别注意的是，当聚类分析作为一种探索未知科学问题的手段时，主观判断会在无意识中加入人为的假设或猜测，或者倾向于人们已经认识或了解过的规律，而忽略以往没有认识过或猜想过的现象，从而错失发现新模式和新规律的机会。

为此，人们尝试从数学意义上评价聚类性能，并研究相应的评价指标。通过这些指标人们可以客观地理解和解释聚类结果，或作为比较不同聚类方法的基础。进一步地，为了发现数据中真实存在的类别结构，也需要评价聚类结果的显著性（类别结构是否真实存在）。基于上述原因，在评价聚类质量时，需要研究直接依赖于数据自身的评价指标，即内部评价指标。

内部度量是在没有参考划分结果的前提下，直接根据紧密度和分离度来考察聚类结果。内部评价指标则主要基于数据集的集合结构信息从紧致性、分离性、连通性和重叠度等方面对聚类划分进行评价。常用的内部聚类质量指标有以下几个。

1. 轮廓系数（silhouette coefficient，SC）

对于单个样本，设 a 是与它同类别中其他样本的平均距离，b 是与它距离最近不同类别中样本的平均距离，其轮廓系数为

$$\mathrm{SC}=\frac{b-a}{\max(a,b)} \tag{6-41}$$

对于样本集合，其轮廓系数是所有样本轮廓系数的平均值。轮廓系数的取值范围为 $[-1,1]$，同类别样本距离越相近，不同类别样本距离越远，SC 值越大。当 SC 值为负数时，说明聚类效果很差。SC 指标不适合 DBSCAN 聚类。

2. CH 指数（Calinski-Harabaz index，CH）

CH 指数通过计算类中各点与类中心的距离平方和来度量类内的紧密度，通过计算各类中心点与数据集中心点距离平方和来度量数据集的分离度，CH 指标由分离度与紧密度的比值得到。从而，CH 越大代表聚类自身越紧密，类与类之间越分散。

3. DBI 指数（Davies-Bouldin index，DBI）

DBI 指数为

$$\mathrm{DBI}=\frac{1}{k}\sum_{i=1}^{k}\max_{i\neq j} R_{ij} \tag{6-42}$$

式中：$R_{ij}=\dfrac{s_i+s_j}{d_{ij}}$。其中，$s_i$、$s_j$ 分别为聚类簇 i 和聚类簇 j 中的每个点与该簇的质心之间的平均距离，也称为簇直径；d_{ij} 为聚类 i 和 j 的质心之间的距离。算法生成的簇内距离越小（类内相似性越大）和簇间距离越大（类间相似性越小），那么 DBI 指数就会越小。

本章小结

尽管本书的大部分内容与监督模式识别相关，但并不意味着监督模式识别问题在日

常生产、生活中比非监督模式识别问题更为普遍。因为人们对于客观世界的认识是有限的，在社会学、心理学、经济学等很多领域，实际存在大量的人们缺乏深刻认识的问题，这些问题往往依赖非监督的数据分析方法来处理，而聚类分析作为一种重要的数据挖掘与分析手段，在这些领域有广泛的应用前景。与监督模式识别相比，非监督模式识别存在更大的不确定性，但也意味着非监督模式识别方法在探索未知世界中能够发挥更大的作用。

此外，人们对于客观世界未知科学问题的认识，都经历过从缺乏认识到有所认识的过程，在对未知还缺乏认识的阶段，往往能借助的分析手段就是非监督学习，所以也可以说，非监督模式识别是监督模式识别的基础。在实际问题中，也常常借助非监督聚类技术来判断数据中是否存在显著的模式类，以及选择描述模式的合适特征。

在非监督学习问题中，由于没有明确的学习目标，因此不同方法对于学习目标做了不同的假定。在一个实际问题中，所用特征和聚类方法能否有效发现有意义的聚类，以及所采用的评价准则能否有效检验聚类显著性，首先取决于非监督学习的目标是否符合所研究的问题，这是在解决具体非监督学习问题时需要特别关注的。同时也需要分析数据的特点，设法有效利用领域专门知识，以弥补数据标注的不足。对于聚类结果，也需要依靠更多的相关知识进行有价值的解释。

习　题

T6.1　用 k-均值算法对下列 6 个模式样本进行聚类分析，设聚类中心数 $k=2$。

$$\boldsymbol{x}_1=[0\quad 0]^{\mathrm{T}},\ \boldsymbol{x}_2=[1\quad 0]^{\mathrm{T}},\ \boldsymbol{x}_3=[1\quad 1]^{\mathrm{T}}$$

$$\boldsymbol{x}_4=[4\quad 4]^{\mathrm{T}},\ \boldsymbol{x}_5=[5\quad 4]^{\mathrm{T}},\ \boldsymbol{x}_6=[5\quad 5]^{\mathrm{T}}$$

T6.2　用 ISODATA 算法对图 6-16 中 10 个模式样本进行聚类分析。

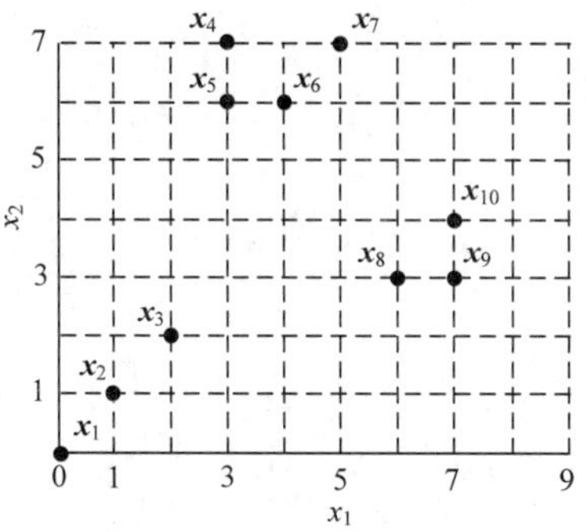

图 6-16　模式样本

T6.3　设有 5 个二维模式样本如下：

$$\boldsymbol{x}_1=[0\quad 0]^{\mathrm{T}},\ \boldsymbol{x}_2=[0\quad 1]^{\mathrm{T}},\ \boldsymbol{x}_3=[2\quad 0]^{\mathrm{T}},\ \boldsymbol{x}_4=[3\quad 3]^{\mathrm{T}},\ \boldsymbol{x}_5=[4\quad 4]^{\mathrm{T}}$$

定义类间距离为最短距离，且不得小于 3。利用层次聚类法对这 5 个样本进行分类。

T6.4　已知观测数据：

-67，-48，6，8，14，16，23，24，28，29，41，49，56，60，75

试估计两个分量的高斯混合模型的 5 个参数。

T6.5 请编程生成如图 6-17 所示的数据样本，并采用 DBSCAN 聚为 3 类。

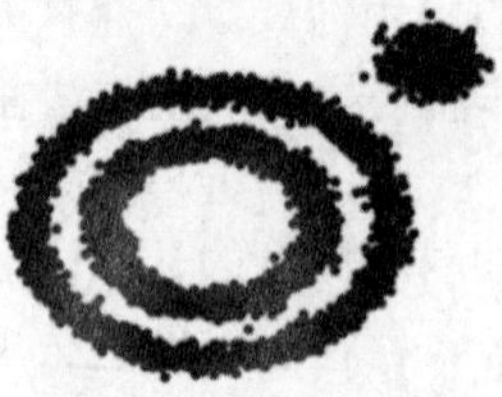

图 6-17 数据样本

思 考 题

S6.1 样本的空间分布和样本特征有很大关系，选取特征不同的样本，其聚类的方式就不一样，如何保证选用的特征是有利于聚类任务的？

S6.2 目前关于聚类算法的研究工作很多，而这些工作或多或少都基于一定的先验知识，有没有能够自动发现聚类的通用算法？

S6.3 监督和非监督识别问题在于人们对问题的认知是否确切，或是否引入认知以及引入什么形式的认知，那么从认知的角度来说，分别在哪种情况下应该采用全监督、半监督或无监督方法来解决它？

第 7 章　模式识别模型评估与选择

7.1 引　　言

为了解决模式识别问题，人们从不同的视角和对问题理解的不同，发展出了很多方法，本书前面介绍的只是其中一些有代表性的方法，实际上在各种文献中，针对前面每一类方法，还有大量的改进方法以及其他先进方法。需要说明的是，针对同一问题，各种方法只是选取的模型不一样，利用数据的方式不一样。根据机器学习领域关于归纳偏好和 NFL 定理，模式识别方法本身并不存在绝对的优劣之分，也就是说，一旦脱离具体问题，并不能认为某方法一定优于另一种方法，任何方法都有它的优点和局限性，都有适用的和不适用的问题。因此，针对具体问题，需要解决的是如何找到与问题相匹配的模式识别方法。为此，需要对模式识别方法进行评估，并在此基础上找到合适的解决实际问题的方法，这也是在面对具体任务时必须妥善处理的问题。本章主要针对分类问题，介绍模式识别模型的评估与选择的原理与方法。

7.2 关 于 误 差

尽管希望模式识别分类器能够完美地预测样本的类别标签，但是基于任何一种模式识别方法得到的分类器模型都会产生错误，分类器的预测类别和真实类别不一致所产生的错误可以用误差来衡量，但是关于误差的定义有两种情况需要加以区分。

① 经验误差。训练好的分类器在训练样本集上的误差称为经验误差，通常也叫作训练误差。经验误差衡量的是分类器对于已知样本的预测性能。

② 泛化误差。分类器在新的未知样本上的误差称为泛化误差。泛化误差评估的是分类器对于未知样本的预测性能。

面对实际的分类任务，人们的目标当然是希望获得泛化误差小的分类器，但是实际上并不能事先知道未知样本的情况。因此，在设计分类器时，往往只能获得在已知样本上经验误差小的分类器。理论上只要采用的分类器模型足够复杂，就具备足够强大的学习能力，甚至得到经验误差为零，也就是对已知训练样本分类准确率 100%的分类器也不是问题。但是这样的分类器往往并不是人们想要的泛化误差小的分类器。因为这样的分类器学到的可能是样本中的特殊性质，而不是一般的普遍性规律。

为了评估模型对于未知样本的误差，通常的做法是选取一部分已知样本作为校验样本，分类器对于校验样本的分类误差可以作为泛化误差的估计。分类器对于训练样本和校验样本的误差曲线如图 7-1 所示。在分类器学习开始阶段，模型处于欠学习状态，可以观察到经验误差和校验误差都随着学习迭代次数的增加而下降，但是当学到一定阶段后，经验误差仍继续下降，但是校验误差反而上升，说明模型实际上已经处于过学习状态。此时分类器泛化误差增大，性能变差，这是需要极力避免的。

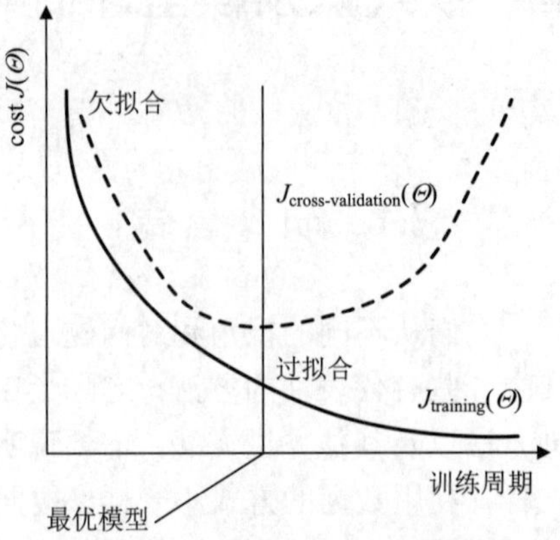

图 7-1 欠学习与过学习的学习误差曲线

由此可知，对于实际问题，人们有的只是有限的已知样本，而实际需要面对的却是未来需要判断的无限的未知样本。判断一个分类器性能是否好，显然并不取决于分类器对已知样本决策性能的高低，而是取决于分类器对未知样本的分类性能。但是困难在于是否存在有效的方法来避免过学习，同时保证用少量的已知样本训练得到的分类器具有良好的泛化性能，且采用有效的评估方法可以合理估计出模型的泛化误差。

对于现实的分类任务，往往可以设计很多的分类器模型来解决它。但是最终应该选用哪一类模型、使用哪一种参数配置则是“模型评估和选择”问题，要解决好它，需要处理好三方面的问题，包括评估方法、评价指标和比较检验。

7.3 评估方法

为了合理估计出模型的泛化误差，必须找到合适的评估方法。显然，从理论上分析模型的泛化误差通常是非常复杂和困难的，因此在实践中，通常采取实验测试的方式来估计模型的错误率，从而判断模型的误差。为此，通常的做法是挑选一部分已知样本作为测试集，并将模型对测试集的分类误差作为泛化误差的近似估计。但是需要注意的是，测试样本需要单独预留，不能参与训练，也就是需要将已知样本分成独立的训练样本集和测试样本集，两者不能交叠。

至于为什么测试样本不能参与训练，其实是非常容易理解的。模型训练过的样本相当于模型已经掌握的知识，而需要判断的是模型是否具有解决未见过的类似问题的能力。不妨将训练比喻为学习，样本看作习题，测试当作考试，如果测试样本同时也作为训练样本，相当于拿学过的训练习题作为考试题，当然得到的误差估计会偏“乐观”。

对于已知标签的 n 个样本构成的样本集 $\mathcal{D}=\{(\boldsymbol{x}_1,y_1),(\boldsymbol{x}_2,y_2),\cdots,(\boldsymbol{x}_n,y_n)\}$，划分训练集 S 和测试集 T 的做法很多，常用的有留出法、交叉验证法和自助法。

7.3.1　留出法

留出法就是将样本集$\mathcal{D}$划分为两个互斥的样本集，分别作为训练集S和测试集T，其满足$S \cup T = \mathcal{D}$，$S \cap T = \varnothing$。训练集用于模型训练，测试集用来评估模型的测试误差，作为泛化误差的估计。留出法的原理和做法虽然简单，但是在实际操作中需要遵循一定的原则才能获得满意的结果。

在划分训练集和测试集时，第一个要遵循的原则是保持数据分布的一致性。比如，一个两分类任务，其数据样本的标签值为+（或–）。那么，在使用留出法划分训练集和测试集时，要保证训练集中标签为+（或–）的样本比例与测试集中标签为+（或–）的样本比例相似。通常可以采用分层采样的方法来实现。例如，$\mathcal{D}$中含有 1000 个样本，划分时 700 个样本作为训练样本，300 个样本作为测试样本。假设其中+类和–类样本的比例为 6∶4，则抽取训练集时，应该分别抽 420 个+类样本和 280 个–类样本，剩余的样本作为测试集，其中 180 个+类样本和 120 个–类样本。也就是训练样本和测试样本中两类样本的比例大致不变，如图 7-2 所示。

图 7-2　留出法示意图

第二个要遵循的原则是多次反复划分，然后取多次测试的平均性能。由于每次随机划分所得到的训练集和测试集中的样本往往不相同，因此在不同的训练样本和测试样本下，所得到的模型性能也会有一定的差异。为了尽可能消除这种由于随机划分所产生的估计偏差，如可以做 100 次随机划分，最后统计 100 次测试的平均值作为输出。

第三个要遵循的原则是测试集的规模要适当，它在样本集$\mathcal{D}$中所占比例不能过大或过小。如果测试集过大，则训练集会过小，由此训练出来的模型可能无法学习到整个原始数据集$\mathcal{D}$的规律。反之，如果测试集过小，训练集过大，模型可能会比较容易学习到原始数据$\mathcal{D}$中的规律，但由于测试集过小，测试出的性能不稳定，难以代表模型的真实性能。在具体实践中，一般可以将训练集与测试集的比例设置为 3∶1 或 4∶1。

7.3.2　交叉验证法

采用留出法评估模型时，由于训练样本S只是全部样本$\mathcal{D}$的一部分，样本并没有得到充分利用。当样本规模比较小时，问题会变得比较严重，很难有足够多的样本既能充分训练模型，又能对模型做可靠评估。为了充分利用样本，此时可以采用交叉验证法，也就是将样本划分成很多子集，每次轮换用其中一个子集做测试，其余子集做训练，最终用多次训练和测试结果的平均值来评估模型的性能。这么做还有一个优点，就是所有的样本都既用于了训练，也用于了测试，不像留出法，即使经过多次重复划分，也不能保证模型的训练和测试能用到所有样本。

例如，k-折交叉验证（k-fold cross validatioin）就是将数据集 $\mathcal{D}$ 划分为 k 个大小相同的互斥子集，即 $\mathcal{D}=D_1\cup D_2\cup\cdots\cup D_k$，$D_i\cap D_j\,(i\neq j)$。其中每个子集 D_i 都应尽量保持数据分布的一致性，需要按照分层采样的方式从 $\mathcal{D}$ 中抽取得到。然后，每次都用其中的 $k-1$ 个子集的并集作为训练集，余下一个作为测试集，这样就可以得到 k 组训练集/测试集，从而可以进行 k 次模型的学习和测试，并把这 k 次测试结果的均值作为评估结果。同样，为了减小因样本划分随机性引入的差别，k-折交叉验证也可以随机使用不同的划分重复 p 次，称为“p 次 k-折交叉验证”。图 7-3 所示为 10 折交叉验证示意图。

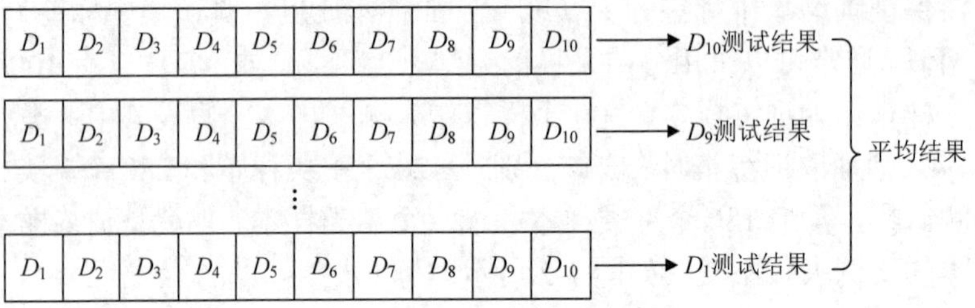

图 7-3　10 折交叉验证示意图

极端情况下，每次只拿 1 个样本做测试，其余样本做训练，此时称为留一法，留一法可以充分利用样本进行模型训练，和人们希望评估的用全部样本集 $\mathcal{D}$ 训练得到的模型最为接近，而且全部样本都能得到充分利用。留一法的缺陷是，如果样本集较大，则训练多个模型的计算量极为庞大，往往难以接受，在实践中无法应用。

7.3.3 自助法

不管是留出法还是交叉验证法，都会留一部分测试集，所以总有一部分样本不会参与模型的训练，因此训练得到的模型和期望评估的由全部样本集 $\mathcal{D}$ 训练得到的模型有一些差距，这是由于训练样本变小产生的偏差。留一法尽管受样本规模变化的影响较小，但是计算量太大，为了既能获得同等规模样本训练出的模型，又能高效地进行实验评估，自助法被提出。

自助法是一种采样方法，它对含有 n 个样本的数据集 $\mathcal{D}$ 进行采样得到新的数据集 $\mathcal{D}'$，每次从 $\mathcal{D}$ 中随机采样一个样本放入 $\mathcal{D}'$，同时将该样本放回 $\mathcal{D}$ 中，直到 $\mathcal{D}'$ 采样得到 n 个样本。由于 $\mathcal{D}'$ 和 $\mathcal{D}$ 一样拥有 n 个样本，用 $\mathcal{D}'$ 训练的模型所用到的样本规模没有减小。这样的采样过程会导致有的样本会在 $\mathcal{D}'$ 中出现多次，而有的样本可能一次也不出现。根据理论估计，实际上样本在 n 次采样中始终不能采到的概率是 $\left(1-\frac{1}{n}\right)^n$，取极限

$$\lim_{n\to\infty}\left(1-\frac{1}{n}\right)^n\to\frac{1}{\mathrm{e}}=0.368 \tag{7-1}$$

也就是说，通过自助法采样，数据集 $\mathcal{D}$ 中约有 36.8%的样本不会出现在数据集 $\mathcal{D}'$ 中，于是可以将 $\mathcal{D}'$ 用作训练集，$\mathcal{D}/\mathcal{D}'$ 用作测试集。此时训练模型的样本规模和 $\mathcal{D}$ 相

同，同时还有约 1/3 的独立样本可以用于测试。

自助法在数据集规模比较小时特别有用，此时很难有效划分训练/测试样本集。但是自助法实际上改变了初始数据集中样本的分布规律，由此也会引入估计偏差，因此，在数据集样本充足的情况下，还是会优先采用留出法和交叉验证法。

7.4 评 价 指 标

对模型的泛化性能进行评估，不仅取决于有效的实验估计方法，还取决于评价用的性能指标。在对比不同模型的能力时，使用不同的性能度量评价指标往往会导致不同的评判结果。采用何种性能评价指标与具体任务需求有关。如果只想评估总体出错情况，可以采用准确率；如果关注的是尽可能降低漏检或误检，那么采用查全率或查准率更为合适；相应地，如果想比较的是两个分类器谁的性能更优，则查准率-查全率（precision-recall，P-R）曲线和 ROC 曲线是常用的评价方式。下面主要介绍分类任务常用的性能评价指标。

7.4.1　错误率和准确率

错误率和准确率是评价分类模型最常用的指标。关于错误率和准确率理论上的严格定义为

$$\mathrm{err}=\int P(e\mid \boldsymbol{x})p(\boldsymbol{x})\mathrm{d}\boldsymbol{x} \tag{7-2}$$

$$\mathrm{acc}=\int[1-P(e\mid \boldsymbol{x})]p(\boldsymbol{x})\mathrm{d}\boldsymbol{x}=1-\mathrm{err} \tag{7-3}$$

由于利用理论公式计算错误率和准确率非常困难，所以一般通过实验估计的方法来计算。实验估计对于错误率和准确率的定义非常简单：错误率就是被错分的样本占全部测试样本的比例；而准确率则是正确分类的样本占全部测试样本的比例，错误率加准确率为 1。根据定义，对于一个样本数为 m 的测试集，模型 f 的错误率和准确率的实验估计计算公式为

$$\mathrm{err}=\frac{1}{m}\sum_{i=1}^{m}I\big(f(x_i)\neq y_i\big) \tag{7-4}$$

式中：$I(\cdot)$ 为标示函数，括号内表达式为真时，其输出值为 1。式（7-4）计算的就是模型预测输出类别 $f(x_i)$ 和实际类别 y_i 不一致的样本数占全部样本数 m 的比值。同理，

$$\mathrm{acc}=\frac{1}{m}\sum_{i=1}^{m}I\big(f(x_i)=y_i\big)=1-\mathrm{err} \tag{7-5}$$

7.4.2　查准率、查全率和 F_1

错误率和准确率指标是对分类器模型总体分类性能的评价，但是在很多实际任务中，人们关注的并不是总体性能。例如，在产品外观缺陷检测任务中，厂方有时尤为关注的是有缺陷的产品是不是都被检出来了（查全率），有时关注的则是所有检出的有瑕疵的产品中有多少比例确实为次品（查准率）。在这样的任务中，模型关注的实际上只是其中

某一类别或某些类别的特定分类性能，如漏检或误检情况，而不是整体的分类性能。以两类别问题为例，下面具体介绍在这类任务中常用的评价指标，即查全率（recall，也叫作召回率）、查准率（precision，也叫作精度）、F_1（综合查全率和查准率的指标）。

在两分类问题中，假设样本类别为正例（positive）、反例（negative）两类。根据模型预测结果和真实标记的异同可以出现 4 种组合，由此定义真正例（true positive，TP）、假正例（false positive，FP）、假反例（false negative，FN）和真反例（true negative，TN）4 种情况，并表示为表 7-1 所示的混淆矩阵。

表 7-1 分类结果混淆矩阵

真实标签	模型预测标签	
	正例	反例
正例	TP（真正例）	FN（假反例）
反例	FP（假正例）	TN（真反例）

根据表 7-1 所列的混淆矩阵，定义查准率和查全率分别为

$$\text{precision} = \frac{\text{TP}}{\text{TP} + \text{FP}} \tag{7-6}$$

$$\text{recall} = \frac{\text{TP}}{\text{TP} + \text{FN}} \tag{7-7}$$

查准率和查全率是一对矛盾的度量指标，一般来说，查准率高时，查全率会降低，反之查全率高时，往往查准率会偏低，这个比较好理解。例如，将全部样本都判为正例，自然查全率高，但是会出现反例样本全部被误判为正例，此时查准率很差。反过来，如果只将最有把握的样本判为正例，此时查准率高，但是正例样本漏检数增大，查全率变低。如果希望查准率和查全率取得较好的平衡，则可以采用综合指标 F_1，即

$$F_1 = \frac{2 \cdot \text{precision} \cdot \text{recall}}{\text{precision} + \text{recall}} = \frac{2\text{TP}}{\text{全部样本数} + \text{TP} - \text{TN}} \tag{7-8}$$

有时，人们对查准率和查全率有不同的偏好。例如，在商品推荐时，希望推荐的内容确实是用户感兴趣的，此时查准率更重要；而在缺陷检测时，为了避免次品进入市场，人们希望尽可能将全部次品检出来，此时查全率更受关注。为了控制查准率和查全率的相对重要性，以及更好地表示决策偏好，可以采用 F_β 替代 F_1，即

$$F_\beta = \frac{\left(1+\beta^2\right) \cdot \text{precision} \cdot \text{recall}}{\left(\beta^2 \cdot \text{precision}\right) + \text{recall}} \tag{7-9}$$

式中：$\beta > 0$ 用来控制决策时对于查准率和查全率的偏好，$\beta = 1$ 时 F_β 退化为 F_1；$\beta > 1$ 时查全率更为重要；$\beta < 1$ 时查准率有更大影响。

7.4.3 P-R、ROC 与 AUC

很多情况下，不仅需要评估已经设计好的单个模型的性能，很多时候还需要判断不同分类器模型的性能高低，以便找到相对性能更优的分类器模型。由此引出如何评价分类器孰优孰劣的问题。

对于很多分类器模型来说，模型输出的是一个实值或概率预测值，根据模型输出值可以判断测试样本属于决策类别的程度，一般值越大则属于该类的可能性越大，按照取值大小可以对测试样本进行排序，并设置阈值来判断哪些样本应该归于决策类别。以两分类的正类为例，根据属于正类的输出值对测试样本进行决策，由于样本的决策类别取决于决策阈值的大小，对于某样本来说，如果其输出值较低，则当决策阈值较大时，其归属于负类，而当决策阈值选得较小时，则可以将其决策为正类。因此，随着决策阈值的不同，归属于正类和负类的样本也会发生调整，针对正类样本的查准率和查全率也会发生变化，因此在不限定决策阈值或决策阈值不具有同等含义的前提下，简单地比较某种情况下的查准率或查全率并不能全面衡量两个分类器模型的好坏。为了合理评估不同分类器模型的好坏，提出了 P-R 曲线、ROC 曲线等综合评价方法。

1. P-R 曲线

将样本根据输出值大小进行排序后，依序选择样本对应的输出作为决策阈值，分别计算得到查准率和查全率。然后以查准率为纵轴、查全率为横轴画图，即可得到查准率-查全率曲线，简称 P-R 曲线，图 7-4 所示为 P-R 曲线示意图。

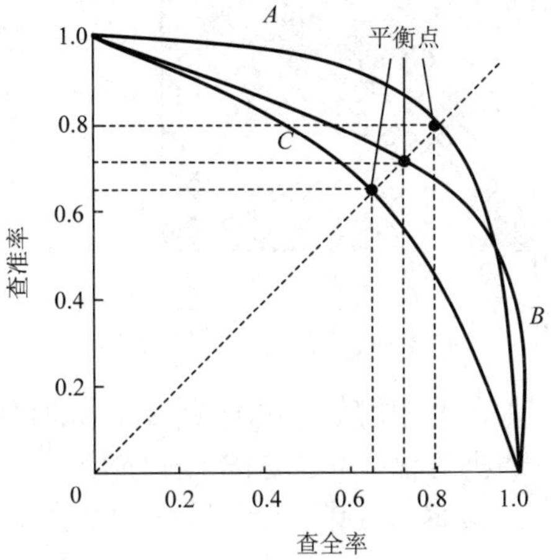

图 7-4　P-R 曲线示意图

比较两个分类器的优劣时，如果一个分类器的 P-R 曲线完全包含另一个分类器的 P-R 曲线，则前者的性能优于后者。例如，图 7-4 中分类器 A 的性能优于分类器 C；如果两条曲线不存在完全的包裹关系，如曲线 A 和 B，则难以简单判断两者的优劣，此时可以计算 P-R 曲线下的面积，通过面积大小来比较两个分类器的优劣，或者利用平衡点来比较分类器的优劣。所谓平衡点，指的是 precision=recall 时的值。在图 7-4 中，平衡点时的曲线 A 和曲线 B 的值分别是 0.8 和 0.72，所以 A 优于 B。

2. ROC 曲线

ROC 曲线和 P-R 曲线一样，也用于分类器的综合性能比较，但是其绘制时是以真正例率（true positive rate，TPR）为纵轴，以假正例率（false positive rate，FPR）为横轴。

同样通过调节决策阈值，分别计算得到各种情况下的真正例率和假正例率指标，从而绘制出 ROC 曲线。真正例率和假正例率的计算定义式为

$$\mathrm{TPR}=\frac{\mathrm{TP}}{\mathrm{TP}+\mathrm{FN}} \tag{7-10}$$

$$\mathrm{FPR}=\frac{\mathrm{FP}}{\mathrm{TN}+\mathrm{FP}} \tag{7-11}$$

ROC 曲线如图 7-5 所示。其中有 4 个特殊点：第一个点是（0,1），即 $\mathrm{FPR}=0$、$\mathrm{TPR}=1$ 的点，这一点代表的分类器很强大，它将所有的样本都正确分类；第二个点是（1,0），即 $\mathrm{FPR}=1$、$\mathrm{TPR}=0$，可以发现这是一个很糟糕的分类器，所有的样本都决策出错；第三个点是（0,0），即 $\mathrm{FPR}=\mathrm{TPR}=0$，此时分类器将所有的样本都决策为负例；第四个点是（1,1），即 $\mathrm{FPR}=\mathrm{TPR}=1$，此时分类器将所有的样本都决策为正例。

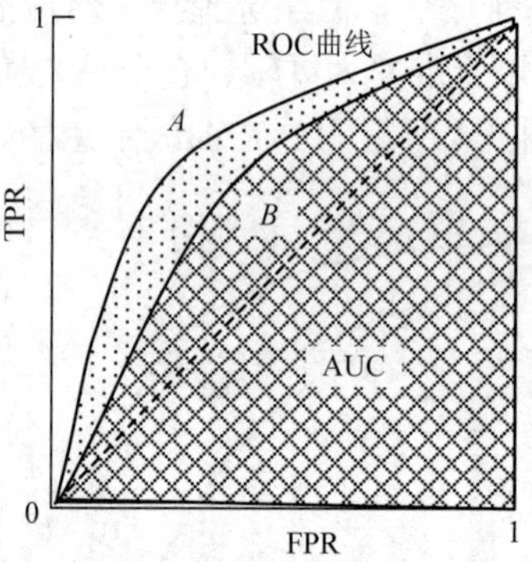

图 7-5 ROC 曲线与 AUC 示例

ROC 曲线的对角线表示决策时采用随机猜测的结果，此时任何样本均按照一定的概率随机决策为正例和负例。随机猜测也可以看作一种分类模型，设计的分类器模型的 ROC 曲线一般应该在对角线之上，否则意味着分类器完全无学习效果，因为其决策性能比随机猜测还要差。

同样，当 ROC 曲线用于分类器比较时，如果某分类器的 ROC 曲线被另一个分类器的 ROC 曲线包裹，则后者的性能优于前者；否则，也需要计算曲线下面积，利用 AUC 指标来衡量分类器性能的优劣。AUC 指标可通过对 ROC 曲线下各部分的面积求和而得。图 7-5 中显然曲线 A 包围的面积 AUC_A 要大于曲线 B 包围的面积 AUC_B，因此分类器 A 的性能优于分类器 B。

P-R 曲线和 ROC 曲线指标通常非常适合类别不平衡样本。所谓类别不平衡，在两分类问题中，不妨假设为正类样本数目远少于负类样本数目。在这类问题中，人们往往更关注正类样本是否被正确分类，即 TP 的值。因为在 PR 曲线中查准率和查全率的计算都会关注 TP，所以 PR 曲线对正类样本更敏感。而 ROC 曲线对正类样本和负类样本一视同仁，在类别不平衡时 ROC 曲线往往会给出偏乐观的结果。

7.5* 比较检验

即便有了评估方法和评价指标，对分类器的性能进行比较仍是一个复杂问题，这里还涉及很多复杂因素：①人们希望比较的是分类器的泛化性能，而不是简单的测试集性能，两者未必相同；②测试集性能和测试样本选取有很大关系，它不仅受测试样本规模的影响，也受测试集包含的具体样例的影响；③分类器模型本身具有随机性，即便利用同样的训练样本，采用相同的参数进行模型训练多次，每次获得的模型也会有差异。因此，为了不受限于有限样本，以及避免随机性的影响，有时更希望在统计意义上比较两个分类器的性能优劣，也称之为统计假设检验或比较检验。根据假设检验的结果，可以推断若在测试集上分类器 A 优于分类器 B，则 A 的泛化性是否能在统计意义上优于 B，以及这个结论的把握有多大。下面将首先介绍两种基本的假设检验，然后再介绍几种常用的比较检验方法。

7.5.1　假设检验

统计假设检验是数理统计学中根据一定假设条件由样本推断总体的一种方法。在总体的分布函数完全未知或已知其形式，但不知其参数的情况下，为了推断总体的某些未知特性，提出某些关于总体的假设。人们要根据样本对所提出的假设做出是接受还是拒绝的决策。

对于分类任务来说，现实中并不知道分类器的泛化错误率，只能获知其测试错误率。但是两者的分布情况极有可能相似。这就符合了定义中“分布函数完全未知或已知其形式但不知其参数”的情况。也就是说，泛化错误率的分布未知，但可通过测试错误率去推断。分类问题中的统计假设检验具体做法为，通常假设泛化错误率取 $\epsilon=\epsilon_0$ 时，然后评估分类器模型错误率为 ϵ_0 的显著度或置信区间。下面首先介绍针对单个分类器模型的假设检验，即二项检验和 t 检验。

如果分类器的泛化错误率为 ϵ，测试错误率记为 $\hat{\epsilon}$，测试样本数为 m，则在一次测试中，样本错分的数目恰为 $\hat{\epsilon}\times m$。如果测试样本符合总体样本的分布规律，则泛化错误率为 ϵ 的分类器将其中 $\hat{\epsilon}\times m$ 个样本错分的概率为

$$P(\epsilon;\hat{\epsilon})=\binom{m}{\hat{\epsilon}\times m}\epsilon^{\hat{\epsilon}\times m}(1-\epsilon)^{m-\hat{\epsilon}\times m} \tag{7-12}$$

式（7-12）是一个二项分布（binomial distribution），其表示泛化错误率为 ϵ 的分类器通过测试样本检测后测试错误率为 $\hat{\epsilon}$ 的概率。当 $m=10$、$\epsilon=0.3$ 时的二项分布如图 7-6 所示。

给定测试错误率，则解 $\partial P(\epsilon;\hat{\epsilon})/\partial\epsilon=0$，可以求得当 $\epsilon=\hat{\epsilon}$ 时 $P(\epsilon;\hat{\epsilon})$ 取最大值，随着 $|\epsilon-\hat{\epsilon}|$ 的增大，$\hat{\epsilon}$ 偏离 ϵ 越远，则 $P(\epsilon;\hat{\epsilon})$ 越小。

如果使用“二项检验”来判断分类器的可靠性，即假设 $\epsilon\leqslant\epsilon_0$（分类器泛化错误率不大于 ϵ_0），需要判断该假设是否成立及其可靠性程度。从二项分布中，如果估算出分类器错误率大于 ϵ_0 的概率不大于 α，则可以认为分类器的泛化错误率不大于 ϵ_0 的置信度是

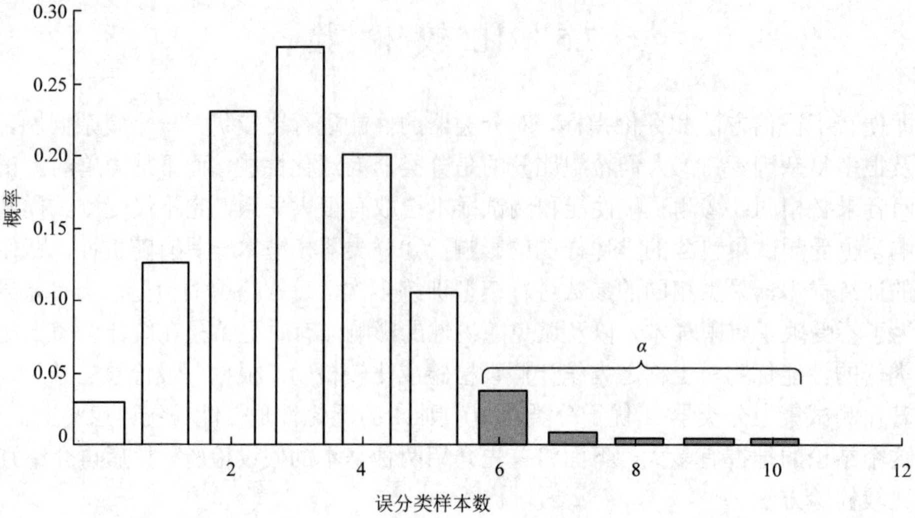

图 7-6 二项分布示例图（$m=10$、$\epsilon=0.3$）

$1-\alpha$。具体判断时，需要计算出测试错误率的临界值$\bar{\epsilon}$，即

$$\bar{\epsilon}=\max\epsilon \quad \text{s.t.} \sum_{i=\epsilon_0\times m+1}^{m}\binom{m}{i}\epsilon^i(1-\epsilon)^{m-i}<\alpha \tag{7-13}$$

如果测试错误率$\hat{\epsilon}<\bar{\epsilon}$，则可以得出结论：在$\alpha$显著度下，假设$\epsilon\leqslant\epsilon_0$不能被拒绝，或者可以认为分类器的泛化错误率$\epsilon\leqslant\epsilon_0$的置信度为$1-\alpha$；否则，在$\alpha$显著度下，分类器的泛化错误率大于$\epsilon_0$。$\alpha$显著度的常用取值为 0.05 和 0.1。

为了消除因为单次样本划分的随机性造成的错误率估计偏差，经常采用留出法划分或交叉验证法等进行多次训练和测试，从而得到多个测试错误率$\hat{\epsilon}_1,\hat{\epsilon}_2,\cdots,\hat{\epsilon}_k$，所有的错误率理论上来讲都是泛化错误率$\epsilon_0$的一次独立估计，其平均测试错误率$\mu$和方差$\sigma^2$为

$$\mu=\frac{1}{k}\sum_{i=1}^{k}\hat{\epsilon}_i \tag{7-14}$$

$$\sigma^2=\frac{1}{k-1}\sum_{i=1}^{k}(\hat{\epsilon}_i-\mu)^2 \tag{7-15}$$

此时变量为

$$\tau_t=\frac{\sqrt{k}(\mu-\epsilon_0)}{\sigma} \tag{7-16}$$

服从自由度为$k-1$的t分布如图 7-7 所示，其中阴影部分的面积取决于显著度α的取值。

对于假设$\epsilon_0=\mu$和显著度α来说，当计算的平均测试错误率为ϵ_0时，可以在$1-\alpha$的概率内观察到最大错误率。也就是说，如果τ_t位于临界范围$\left[t_{-\frac{\alpha}{2}},t_{\frac{\alpha}{2}}\right]$内，即可认为分类

器的泛化错误率为$\epsilon_0=\mu$的置信度为$1-\alpha$，或者可以认为在α显著度下，泛化错误率与ϵ_0没有显著不同。在$\alpha=0.05$、0.1的情况下，临界值如表 7-2 所示。

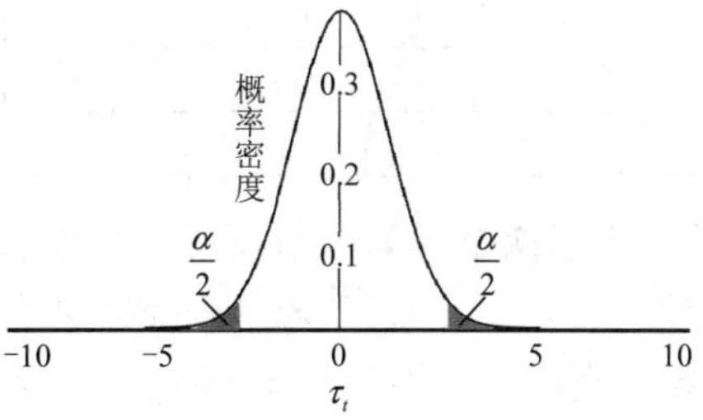

图 7-7　$k=10$时的t分布示意图

表 7-2　双边t检验常用临界值

α	k				
	2	5	10	20	30
0.05	12.706	2.776	2.262	2.093	2.045
0.1	6.314	2.132	1.833	1.729	1.699

7.5.2　交叉验证 t 检验

对两个分类器A和B的性能做比较，判断哪个性能更好。此时若采用k-折交叉验证法共测得k次测试错误率，分别记作ϵ_i^A和$\epsilon_i^B(i=1,2,\cdots,k)$，$\epsilon_i^A$和$\epsilon_i^B$分别是其中第$i$-折交叉验证时的测试错误率，根据$t$检验的思想，可以引入成对的$t$检验来评估分类器$A$和$B$的性能是否有显著差异。其基本思想是，如果两个分类器性能相同，则它们采用相同训练/测试集得到的测试错误率应该相同，即满足$\epsilon_i^A=\epsilon_i^B$。具体做法是对$k$次测试错误率求差，得到$\Delta_i=\epsilon_i^A-\epsilon_i^B(i=1,2,\cdots,k)$。如果假设分类器$A$和$B$性能相同，则$\Delta_i$的均值应该为0。因此，根据$t$检验的思想，计算出$\Delta_i$的均值$\mu$和方差$\sigma^2$，在显著度$\alpha$下，如果变量

$$\tau_t=\left|\frac{\sqrt{k}(\mu-0)}{\sigma}\right|=\left|\frac{\sqrt{k}(\mu)}{\sigma}\right| \tag{7-17}$$

在这里$\epsilon_0=0$，代入式（7-16）得到式（7-17）的变量τ_t的值，如果小于临界值$t_{\alpha/2,k-1}$，则认为两个分类器性能没有显著差别；否则，两个分类器性能有明显差异，平均错误率较小的性能较优。$t_{\alpha/2,k-1}$是自由度为$k-1$的t分布上全部累积分布为$\alpha/2$的临界值。

7.5.3　McNemar 检验

对于两类别问题，采用留出法进行评估时，不仅可以估算分类器A和B的测试错误率，还可以获得两个分类器的分类结果的差别，即两者都正确、两者都错误、一个正确一个错误的样本数，从而得到表 7-3 所示的列联表。

表 7-3 两个分类器分类差别列联表

分类器 A	分类器 B	
	正确	错误
正确	e_{00}	e_{01}
错误	e_{10}	e_{11}

表 7-3 中 e_{00} 和 e_{11} 分别表示两个分类器都决策正确或错误的样本数，e_{01} 表示分类器 A 分类正确而 B 分类出错的样本数，e_{10} 则表示分类器 A 分类出错而 B 分类正确的样本数。此时决定两个分类器差别的实际上只有 e_{01} 和 e_{10}，如果 $e_{01}=e_{10}$，则两个分类器性能相同。如果不同，则此时 $|e_{01}-e_{10}|$ 应当符合正态分布，其均值为 1、方差为 $e_{01}+e_{10}$。此时变量

$$\tau_{\chi^2}=\frac{\left(|e_{01}-e_{10}|-1\right)^2}{e_{01}+e_{10}} \tag{7-18}$$

服从自由度为 1 的卡方 χ^2 分布。给定显著度 α，则当 τ_{χ^2} 小于临界值 χ^2_α 时，认为两个分类器没有显著差别；否则认为两个分类器有显著差别，平均错误率小的更优。自由度为 1 的 χ^2 检验的临界值在 $\alpha=0.05$ 时为 3.8451、$\alpha=0.1$ 时为 2.7055。

7.5.4 Friedman 检验与 Nemenyi 检验

前面介绍的 t 检验和 McNemar 检验都是针对单个数据集对两个分类器进行测试的比较，如果多个分类器需要在一组数据集上进行综合评估，则可以采取的策略有两种：一种策略是在每个数据集上按照前面介绍的检验方法进行两两比较；另一种策略是采用基于算法排序的 Friedman 检验。

假定使用留出法或交叉验证法得到每个分类器在每个数据集的测试结果，在每个数据集上根据测试性能由好到坏排序，并赋予序值 $1,2,\cdots,n$，若测试性能相同，则平分序值。例如，D_1 数据集上，A 最好，其次 B，最后 C，在 D_2 数据集上，A 最好，B 和 C 性能相同，可列出表 7-4，最后一行对每一列的序值求平均，得到平均序值。

表 7-4 分类器比较序值

数据集	分类器 A	分类器 B	分类器 C
D_1	1	2	3
D_2	1	2.5	2.5
D_3	1	2	3
D_4	1	2	3
平均序值	1	2.125	2.875

用 Friedman 检验判断这些分类器是否性能都相同，若相同，则平均序值相同。假设在 N 个数据集上比较 k 个分类器，r_i 表示第 i 个分类器的平均序值。由于原始 Friedman 检验过于保守，实际常使用变量

$$\tau_F = \frac{(N-1)\tau_{\chi^2}}{N(k-1)-\tau_{\chi^2}} \tag{7-19}$$

其中，

$$\tau_{\chi^2} = \frac{k-1}{k}\frac{12N}{k^2-1}\sum_{i=1}^{k}\left(r_i - \frac{k+1}{2}\right)^2 = \frac{12N}{k(k+1)}\left(\sum_{i=1}^{k} r_i^2 - \frac{k(k+1)^2}{4}\right) \tag{7-20}$$

τ_F 变量服从自由度为 $k-1$ 和 $(k-1)(N-1)$ 的 F 分布。根据 F 检验的临界值，若“所有算法的性能都相同”这个假设被拒绝，说明分类器性能显著不同，则可用 Nemenyi 后续检验进一步区别分类器。Nemenyi 检验可以计算出平均序值差别的临界值域为

$$\mathrm{CD} = q_\alpha \sqrt{\frac{k(k+1)}{6N}} \tag{7-21}$$

表 7-5 给出 $\alpha = 0.05$ 和 0.1 时常用的 q_α 值。如果两个分类器平均序值之差超过临界值域 CD，则以相应置信度拒绝“两个分类器性能相同”的假设。

表 7-5　Nemenyi 检验中常用的 q_α 值

α	分类器个数 k								
	2	3	4	5	6	7	8	9	10
0.05	1.960	2.334	2.569	2.728	2.850	2.949	3.031	3.102	3.164
0.1	1.645	2.052	2.291	2.459	2.589	2.693	2.780	2.855	2.920

以表 7-4 所列数据为例，根据式（7-19）和式（7-20）计算出 $\tau_F = 24.429$，查表可知，它大于 $\alpha = 0.05$ 时的 F 检验临界值（5.143），因此拒绝“所有算法性能相同”的假设。然后再使用 Nemenyi 后续检验，表 7-5 中 $k=3$ 时 $q_\alpha = 2.334$，根据式（7-21）计算 $\mathrm{CD} = 1.657$。由表 7-4 可知，分类器 A 与 B、分类器 B 与 C 的平均序值差距均未超过临界值域，而分类器 A 与 C 的差距超过了临界值域，因此认为分类器 A 与 C 的性能显著不同，而分类器 A 与 B、分类器 B 与 C 的性能没有显著差别。

图 7-8 所示为 Friedman 检验图。可以看出，分类器 A 与 B 的临界值域横线段有交叠，表示没有显著差别，分类器 A 与 C 横线段没有交叠区域，表示 A 显著优于 C。

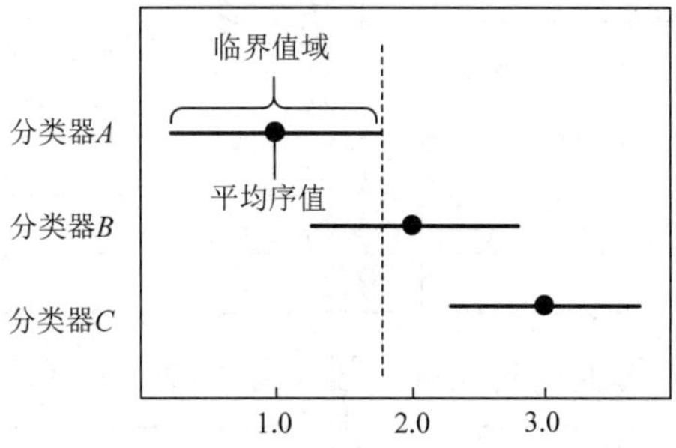

图 7-8　Friedman 检验图

本章小结

模型性能的评估是模式识别系统设计中很重要的一个环节，任何模型设计后，都必须对其进行必要的性能评价，以便判断模型性能是否符合预期要求，以及指导人们选择更为优秀的解决方案。本章介绍的评估方法、评价指标和比较检验是模型评估中需要解决的 3 个方面的问题，选取哪种评估方法、采用什么评价指标和比较检验方法，并没有通行的做法，都需要根据实际情况酌情考虑。在任何实际问题中，最好的模式识别方法都是那些最能适应数据特点的方法。

尽管本章只讨论了分类模型，并根据模式分类结果开展评价，但是实际上，不同方法在计算效率、内存开销、实现难易等方面也会不同，这些因素也是在实践中需要考虑的，关于这些讨论和分析不在本章的学习范畴，感兴趣的读者可以参考其他的相关文献资料。

习　题

T7.1　试结合个人在前面的学习内容，列举在实验教学和实践训练中遇到过哪些属于过学习或欠学习的情况，具体表现形式是什么？你采取什么措施加以解决？

T7.2　某数据集包含 1000 个样本，其中正例和负例各 500 个，采用留出法进行评估，如果按 8∶2 的比例划分训练集和测试集，有多少种划分方式？

T7.3　如果分类器 A 的 F_1 值比分类器 B 高，试分析 A 的 BEP 值是否也比 B 高。

T7.4　请阐述假正例率(FPR)、假反例率(FNR)、真正例率(TPR)、真反例率(TNR)、查全率、查准率之间的关系。

T7.5　对于多类分类问题，可以按照第 i 类和非第 i 类方式将其归为多个两类别问题，假设有一个五类别问题，其统计得到的混淆矩阵如下所示，给出针对各类的查全率和查准率的计算公式。

		预测类				
		0	1	2	3	4
真实类	0	m_{00}	m_{01}	m_{02}	m_{03}	m_{04}
	1	m_{10}	m_{11}	m_{12}	m_{13}	m_{14}
	2	m_{20}	m_{21}	m_{22}	m_{23}	m_{24}
	3	m_{30}	m_{31}	m_{32}	m_{33}	m_{34}
	4	m_{40}	m_{41}	m_{42}	m_{43}	m_{44}

T7.6　为了验证肺癌与吸烟的关系，假设得到如下数据：

是否肺癌患者	吸烟	不吸烟	合计	吸烟比例
是	158	169	327	48%
否	82	311	393	20%
合计	240	480	720	33%

采用 χ^2 卡方检验，判断：吸烟和肺癌是否有关？已知自由度为 1，显著度 α=0.05 时的临界检验值为 3.8451。

T7.7　分别采用 SVM 和神经网络模型对 MINIST 手写数字识别数据集进行 5 次 10 折交叉测试，并记录测试结果。最后采用交叉验证 t 检验判断两种分类器模型性能是否有显著差异。

思 考 题

S7.1　评估方法、评估指标和比较检验分别从三个方面来处理模型的评估和选择问题，这充分表明了该问题的复杂性，基于这一点思考解决复杂问题时应该养成的多角度、多维度的思维习惯。

S7.2　思考和总结留出法、交叉验证法和自助法各自的特点和适用情况，并深入探讨还可能有哪些评估方法或改进策略。

S7.3　不同的评估指标衡量的是模型不同的性能表现，选用哪种评估指标取决于所关注的目标和目的，思考这对于人们解决实际问题所需采取的多元价值评判的启发意义。

参 考 文 献

陈新泉，2014．聚类算法中的优化方法应用[M]．北京：电子科技大学出版社．

李航，2012．统计学习方法[M]．北京：清华大学出版社．

李航，2022．机器学习方法[M]．北京：清华大学出版社．

李映，2023．模式识别与机器学习[M]．北京：电子工业出版社．

刘馨月，2020．k-均值聚类[M]．北京：科学出版社．

齐敏，李大健，郝重阳，2009．模式识别导论[M]．北京：清华大学出版社．

邱锡鹏，2020．神经网络与深度学习[M]．北京：机械工业出版社．

吴建鑫，2020．模式识别[M]．北京：机械工业出版社．

徐勇，张大鹏，杨健，2010．模式识别中的核方法及其应用[M]．北京：国防工业出版社．

张学工，2010．模式识别[M]．3 版．北京：清华大学出版社．

张学工，汪小我，2021．模式识别（模式识别与机器学习）[M]．4 版．北京：清华大学出版社．

周志华，2016．机器学习[M]．北京：清华大学出版社．

BISHOP C M，2006．Pattern recognition and machine learning[M]. Berlin: Springer Press.

CRISTIANINI N, SHAWE-TAYLOR J，2005．支持向量机导论[M]．北京：机械工业出版社．

DUDA R O, HART P E, STORK D G, 2001. Pattern classification[M]. 2ed. New York: John Wiley & Scons Inc.

MARQUES DE SÁ J P，2002．模式识别：原理、方法及应用[M]．吴逸飞，译．北京：清华大学出版社．

SHAWE-TAYLOR J, CRISTIANINI N, 2020．模式分析的核方法（英文版）[M]．北京：世界图书出版公司．

THEODORIDIS S, KOUTROUMBAS K，2010．模式识别[M]．李晶皎，王爱侠，王骄，等译．4 版．北京：电子工业出版社．